国家科学技术学术著作
出版基金资助出版

自然语言处理技术
——实体关系抽取研究

NATURAL LANGUAGE PROCESSING:
RESEARCH ON ENTITY RELATION EXTRACTION

黄河燕　著

北京理工大学出版社
BEIJING INSTITUTE OF TECHNOLOGY PRESS

内 容 简 介

本书共分为 7 章，针对实体关系抽取领域的关键难题，尽可能梳理出问题成因、关键问题的思路、关键技术，以及未来的发展趋势。第 1 章介绍了实体关系抽取的研究背景及意义，概述了基本概念及问题描述。第 2 章介绍了本书涉及的自然语言处理与深度学习相关基础理论知识和模型。第 3、4、6 章围绕句子级别的关系抽取进行研究，讨论一些有效的方法（嵌套实体识别、多关系抽取、实体关系联合抽取），并介绍相关的应用场景。第 5 章介绍了两种篇章级别关系抽取方法。第 7 章对本书的主要研究工作和创新点进行了总结，并对实体关系联合抽取的未来研究方向进行了展望。

本书可作为高等院校计算机及相关专业本科生或者研究生课程的教材，也可供自然语言处理爱好者自学和参考。

版权专有　侵权必究

图书在版编目（CIP）数据

自然语言处理技术：实体关系抽取研究 / 黄河燕著.
北京：北京理工大学出版社，2024.8.
ISBN 978-7-5763-4394-6

Ⅰ．TP391

中国国家版本馆 CIP 数据核字第 2024UN6007 号

责任编辑：曾　仙	文案编辑：曾　仙
责任校对：刘亚男	责任印制：李志强

出版发行 / 北京理工大学出版社有限责任公司
社　　址 / 北京市丰台区四合庄路 6 号
邮　　编 / 100070
电　　话 / （010）68944439（学术售后服务热线）
网　　址 / http://www.bitpress.com.cn
版 印 次 / 2024 年 8 月第 1 版第 1 次印刷
印　　刷 / 廊坊市印艺阁数字科技有限公司
开　　本 / 710 mm×1000 mm　1/16
印　　张 / 15
彩　　插 / 2
字　　数 / 277 千字
定　　价 / 76.00 元

图书出现印装质量问题，请拨打售后服务热线，负责调换

前 言

当前社会正处在信息"爆炸"时代,面对浩如烟海的数据,化繁为简成为人类社会的一种新需求,实体关系抽取技术应运而生。该技术能够帮助人们凝练文本内容、挖掘事实知识,在语义理解、信息检索、推荐系统、智能问答及自动化知识库构建等领域扮演着至关重要的角色,尤其是近10年来,该领域发展速度之快,应用之广泛,深刻地影响着人们的生活和思维方式。

通过多年自然语言处理课程的教学,作者发现学生在学习实体关系抽取的过程中,只是对实体和关系的概念有初步了解,对如何抽取实体、关系等信息仍然存在疑惑。带着这些问题,作者进行了一系列实体关系抽取课程的教学改革探索与实践,并取得了一定的成绩。由此,决定动手编写一套让学生真正懂得什么是实体关系抽取、如何进行实体关系抽取和如何应用实体关系抽取的教材,这便是编写本书的初衷。本书虽然不一定能完全达到目标,但至少开始了有益的尝试。

本书面向实体关系抽取这一理论研究和应用实践并重的课题,内容覆盖了实体关系抽取的基本方法及评测数据集、相关基础理论及模型、实体关系抽取进一步发展与完善所必须面对的关键问题和挑战,以模型简洁性、准确性、可解释性等为线索,创新性地提出了基于超图网络的嵌套实体识别、基于力引导图的关系关联学习、基于图推理的多关系抽取、关系模式识别、多粒度语义表示关系抽取等技术,并在领域内首次系统性地提出了单模块同步实体关系联合抽取方法。本书中的部分内容填补了领域空白,对进一步促进信息抽取与人工智能技术升级,推动智能语义理解更好地服务社会经济发展有重要意义。除此之外,本书还分享了作者团队对实体关系抽取的应用和发展趋势的分析、思考与判断。具体来说,本书内容包括以下几部分:

实体关系抽取的基本概念(第1章和第2章):这部分介绍了实体关系的研究背景、问题描述、应用场景、典型方法、数据集、评测指标、深度学习的模型等基本概念。

实体关系抽取的方法(第3章、第4章和第5章):第3章围绕嵌套实体识别这一难点任务,介绍了一种通过标注超图上超边的嵌套实体识别方法,并构建实现这种方法的超图网络模型。第4章围绕更为复杂的单模块同步实体关系联合抽取任务,首先分析当前方法"宏观联合、微观异步"的特点及其造成的错误传播问题,然后介绍了三种实体关系联合抽取模型。第5章针对篇章级别的关系抽取,介绍了基于多层聚合和推理的篇章级别关系抽取模型、基于实体选择注意力的篇章级别关系抽取模型。

实体关系抽取的应用(第6章):这部分介绍了实体关系抽取的实际应用场景,包括知识图谱构建、知识表示及推理方法、基于知识的推荐算法、基于知识的问答方法、基于知识的检索方法和基于知识的检测方法等。

实体关系抽取的总结(第7章):这部分对本书的主要研究工作和创新点进行了总结,并对实体关系联合抽取的未来研究方向进行了展望。

本书汇集了作者团队的最新研究成果,涵盖了一系列实体关系抽取关键核心技术的基础理论研究和实践经验,适合人工智能与自然语言处理领域的学习者和研究人员阅读。限于篇幅和学识,本书无法对实体关系抽取的诸多细节一一涵盖,仅是抛砖引玉,希望能为同行学者带来启发,一起对该领域进行深入探索。在本书撰写过程中,参阅了大量的文献资料,在此向相关作者表示衷心的感谢。在本书的成稿和审阅环节,袁长森、尚煜茗和雷鸣博士参与了相关工作,在此向他们表示真诚的感谢。

由于作者水平有限,加之时间和精力不足,书中难免存在疏漏之处,诚挚欢迎各位读者给予批评指正。

目 录

第1章 绪论 ········· 1
  1.1 研究背景及意义 ········· 1
  1.2 基本概念及问题描述 ········· 3
    1.2.1 实体识别 ········· 3
    1.2.2 嵌套实体识别 ········· 3
    1.2.3 关系抽取 ········· 4
    1.2.4 多关系抽取 ········· 4
    1.2.5 实体关系联合抽取 ········· 4
    1.2.6 实体关系抽取应用 ········· 5
  1.3 典型方法与代表性系统 ········· 5
    1.3.1 半监督抽取 ········· 5
    1.3.2 监督抽取 ········· 6
    1.3.3 远程监督抽取 ········· 7
    1.3.4 序列标注模型 ········· 8
    1.3.5 句子分类模型 ········· 9
    1.3.6 句法树模型 ········· 9
    1.3.7 图模型 ········· 10
  1.4 相关数据集与评测指标 ········· 10
    1.4.1 ACE 2005 数据集 ········· 11
    1.4.2 SemEval 数据集 ········· 11
    1.4.3 CoNLL 数据集 ········· 11
    1.4.4 GENIA 数据集 ········· 11
    1.4.5 WebNLG 数据集 ········· 11
    1.4.6 NYT 数据集 ········· 12
    1.4.7 GIDS 数据集 ········· 12
    1.4.8 性能评测及指标 ········· 12
  1.5 本书章节组织架构 ········· 13

1.6 本章参考文献 … 14
第2章 基础理论及模型 … 21
2.1 词汇语义表示 … 21
  2.1.1 One-hot 表示 … 21
  2.1.2 Word2Vec 词向量表示 … 22
  2.1.3 GloVe 词向量表示 … 26
  2.1.4 ELMo 词向量表示 … 27
  2.1.5 BERT 词向量表示 … 29
2.2 条件随机场 … 32
2.3 支持向量机 … 33
2.4 全连接神经网络 … 35
2.5 循环神经网络 … 36
  2.5.1 普通循环神经网络 … 36
  2.5.2 长短时记忆网络 … 37
  2.5.3 门控循环单元网络 … 38
  2.5.4 双向循环神经网络 … 39
  2.5.5 递归神经网络 … 40
2.6 卷积神经网络 … 41
2.7 自注意机制网络 … 42
2.8 图神经网络 … 43
  2.8.1 图卷积神经网络 … 44
  2.8.2 图循环网络 … 47
2.9 多任务学习 … 48
2.10 本章参考文献 … 51
第3章 嵌套实体识别和多关系抽取 … 53
3.1 命名实体识别 … 53
3.2 基于超图网络的嵌套实体识别 … 55
  3.2.1 概述 … 55
  3.2.2 问题描述 … 58
  3.2.3 模型架构 … 59
  3.2.4 实验验证 … 62
3.3 基于力引导图的多关系关联学习 … 64
  3.3.1 概述 … 65
  3.3.2 问题描述 … 66
  3.3.3 力引导图构建 … 66
  3.3.4 模型架构 … 66

       3.3.5 实验验证 ·· 72
  3.4 基于图推理的多关系抽取模型 ·· 76
       3.4.1 概述 ·· 77
       3.4.2 问题描述 ··· 78
       3.4.3 模型架构 ··· 79
       3.4.4 实验验证 ··· 86
  3.5 关系模式识别 ··· 90
       3.5.1 概述 ·· 90
       3.5.2 问题描述 ··· 91
       3.5.3 模型架构 ··· 92
       3.5.4 实验验证 ··· 96
  3.6 多粒度语义表示关系抽取模型 ·· 99
       3.6.1 概述 ·· 99
       3.6.2 问题描述 ·· 101
       3.6.3 模型架构 ·· 102
       3.6.4 实验验证 ·· 106
  3.7 本章小结 ··· 110
  3.8 本章参考文献 ·· 110

第4章 单模块同步实体关系联合抽取 ·· 121
  4.1 实体关系联合抽取 ··· 121
       4.1.1 研究背景及意义 ·· 121
       4.1.2 本章问题描述及解决思路 ·· 123
  4.2 基于关系推理的单模块同步实体关系联合抽取 ···························· 124
       4.2.1 概述 ··· 124
       4.2.2 模型架构 ·· 127
       4.2.3 实验验证 ·· 131
  4.3 基于二部图链接的单模块同步实体关系联合抽取 ························ 143
       4.3.1 概述 ··· 144
       4.3.2 模型架构 ·· 145
       4.3.3 实验验证 ·· 151
  4.4 基于细粒度分类的单模块同步实体关系联合抽取 ························ 159
       4.4.1 概述 ··· 160
       4.4.2 模型架构 ·· 162
       4.4.3 实验验证 ·· 167
  4.5 本章小结 ··· 174
  4.6 本章参考文献 ·· 175

第5章 篇章级别的关系抽取 …… 177
5.1 篇章级别关系抽取概述 …… 177
5.2 基于多层聚合和逻辑推理的篇章级别关系抽取 …… 179
5.2.1 概述 …… 179
5.2.2 相关工作 …… 181
5.2.3 模型架构 …… 183
5.2.4 基于多层聚合和逻辑推理的关系抽取模型 …… 185
5.2.5 实验验证 …… 190
5.3 基于实体选择注意力的篇章级别关系抽取 …… 197
5.3.1 概述 …… 197
5.3.2 模型架构 …… 198
5.3.3 实验验证 …… 201
5.4 本章小结 …… 206
5.5 本章参考文献 …… 206

第6章 实体关系抽取的应用 …… 210
6.1 概述 …… 210
6.2 知识图谱构建 …… 210
6.3 知识表示及推理方法 …… 214
6.4 基于知识的推荐算法 …… 217
6.5 基于知识的问答方法 …… 220
6.6 基于知识的检索方法 …… 222
6.7 基于知识的检测方法 …… 223
6.8 本章小结 …… 224
6.9 本章参考文献 …… 224

第7章 总结与展望 …… 226
7.1 本书总结 …… 226
7.2 未来研究展望 …… 227
7.2.1 实体识别技术展望 …… 228
7.2.2 关系抽取技术展望 …… 228
7.2.3 实体关系联合抽取技术展望 …… 229

第 1 章

绪　　论

1.1　研究背景及意义

计算机和网络技术的应用促进了社会的发展，改变了人们的生产生活方式，同时也拉开了信息爆炸时代的序幕。近年来，电子文档信息总量飞速增长，共享交互水平不断提升，需要处理的信息已经远超人工分析能力范畴。为了应对海量信息带来的挑战，就迫切需要能够自动发现特定目标信息的技术，信息抽取（information extraction，IE）正是解决这个问题的有效手段。信息资源已成为当今社会的一种重要战略资源，因此信息抽取技术在经济、政治、军事、科学研究等领域扮演着至关重要的角色。

对信息抽取的研究始于 20 世纪 60 年代中期，纽约大学和耶鲁大学分别在其项目中提出了信息抽取的概念，并开始了相关技术的研究。20 世纪 80 年代末，消息理解会议（Message Understanding Conference，MUC）的召开吸引了很多研究者的参与，并取得了大量关于信息抽取的理论成果，极大地促进了信息抽取技术的研究。MUC 将信息抽取的核心内容概括为命名实体识别、关系抽取、事件抽取、共指消解等内容。至此，信息抽取成为自然语言处理（natural language processing，NLP）领域的一个重要分支。在 MUC 之后，美国国家标准技术研究所组织的自动内容抽取（Automatic Content Extraction，ACE）测评会议对多种语言的文本信息抽取技术进行研究，构造了英语、阿拉伯语、汉语等多语种的信息抽取任务数据集，成为另一个对信息抽取研究产生重要影响的国际会议。此外，文本理解会议（Document Understanding Conference，DUC）和多语种实体任务评测（Multi-Lingual Entity Task Evaluation，MET）等学术会议促进了信息抽取技术在多语种、多领域的研究应用。21 世纪初兴起的 SemEval 会议关注语义关系分析研究，由领域专家人工标注构造了高质量的评测数据集，继续推动实体关系抽取研究的蓬勃发展。

MUC、ACE 和 SemEval 等国际学术会议在信息抽取领域取得了丰硕的理论研究成果，一些项目实现了信息抽取技术的实际应用。国际万维网组织 W3C 的开放互联数据（Linked Open Data，LOD）项目利用信息抽取技术从文本中抽取关系三元组，构建了一个能被计算机理解的语义数据网络，并基于此实现了支持更智能的应用。华盛顿大学的开放信息抽取（Open Information Extraction，OpenIE）项目从互联网网页等半结构和无结构文本数据中抽取出结构化信息，构建了事实知识库，为智能应用提供了基础。这些项目将信息抽取技术的理论研究转化为实际成果，进一步促进了信息抽取研究的发展。

最近十几年，知识图谱（knowledge graph）在自然语言处理领域的成功应用催生了许多知识库系统。例如，中文知识图谱OpenKG、YAGO多语言知识库、DBpedia语义网、Freebase知识库等；还有研究机构和企业发布并运营的知识图谱，如Microsoft Satori、Google知识图谱和百度知心等。它们为人工智能的发展提供了重要基础。知识图谱是具有属性的实体（或概念）由关系链接而成的巨型网络，这些实体、概念、属性和关系的获取离不开实体关系抽取技术，因此实体关系抽取在知识图谱自动化构建和更新扩展中发挥着至关重要的作用。与此同时，知识图谱的成功应用使得实体关系抽取得到更加广泛的重视。

实体关系抽取旨在找出文本中的实体及实体间的语义关系，是信息抽取的重要研究内容，它具有重大的研究意义和实用价值，具体包括以下几方面。

1. 应对信息爆炸的挑战

在信息爆炸时代，以文本为载体的信息总量以指数级增长，待处理信息已经超出人工处理能力，信息抽取就成为一种有效的解决方案。实体关系抽取是信息抽取的核心任务，它可以利用计算机自动从海量的文本或互联网网页内容中抽取有用的信息，形成了文本挖掘（text mining）、网络信息挖掘（web mining）等技术，以应对信息爆炸带来的挑战。

2. 辅助其他自然语言处理任务

实体关系抽取得到的知识三元组对机器翻译（machine translation）、自动摘要（automatic summarization）、智能问答（question answering）、文本分类（text categorization）等任务有很大帮助，而且实体关系抽取从文本中识别实体并判定实体对之间的语义关系，能提高信息检索（information retrieval）的查准率、召回率和搜索效率。

3. 知识图谱自动构建和扩展更新

知识图谱是一种通用的语义知识形式化描述框架，它以三元组为基本语义单元，将世界万物规范化描述为计算机可以理解和便于处理的形式，是人工智能的重要基础手段，在信息检索（information retrieval）、智能问答（question answering）、语义理解（semantic understanding）等多种自然语言处理系统中发挥重要作用。知识图谱自动构建的核心技术包括实体识别（named entity recognition）、关系抽取（relation extraction）、实体链接（entity linking）、知识融合（knowledge fusion）、知识演化（knowledge evolution）等内容。

4. 文本知识发现

关系抽取技术可以通过发现实体之间潜在的、有用的联系获取知识。例如，生物医学领域的大量电子文本中蕴含着领域知识，仅凭人力完成这些数据的处理需要付出难以承受的经济成本和时间代价。一些研究工作[1]在生物医学文献中通过抽取"药物-突变""药物-疾病"二元关系和"药物-基因-突变"等三元关系来挖掘药物、疾病、基因和突变之间的内在联系，从而获得领域知识。

1.2 基本概念及问题描述

1.2.1 实体识别

实体（entity）是指自然界中的事物或概念，在文本中可由名词、名词短语或代词表示。实体识别，一般也指命名实体识别（named entity recognition），是找出文本中表示实体的词或短语并将它们分为预定义类型的任务。例如，在句子"John Williams arrived in Africa to carry out the peacekeeping mission"中需要找出两个实体，一个是 John Williams，另一个是 Africa，并把前者分为 Person 类，后者分为 Location 类。实体识别是关系抽取、信息检索、自动问答等自然语言处理任务的基础。

一般来说，实体类型包括人名、地名、组织机构名、时间、日期、货币、百分比等类型。特定领域的实体有更细的划分。例如，生物医学领域有药名、疾病名、蛋白质、DNA、细胞等实体类型；法律领域有原告、被告、受害人、法院、检察院、案发地点、家庭住址等实体类型。

1.2.2 嵌套实体识别

在现实中，有的实体会嵌套在别的实体中。以句子"White House press secretary Perino is a fan of Chicago Bulls"为例，组织实体 White House、press 嵌套在人物实体 White House press secretary 中，地名实体 Chicago 嵌套在组织实体 Chicago Bulls 中。

嵌套实体广泛存在于文本中。以分别来自生物医学文献和新闻网页内容的两个语料为例：GENIA 数据集中 17% 的实体嵌套在另一个实体中；ACE 2005 数据集中 35% 的句子包含嵌套实体。现有的实体识别有关研究已经取得巨大的成功，但是它们之中的大多数仅关注于普通实体的识别，而忽略了嵌套实体。因此，亟须对嵌套实体识别问题关注并进行针对性研究。

1.2.3 关系抽取

关系是实体之间的语义联系，一般以三元组（实体1,关系类型,实体2）为格式化表示。关系抽取是找出文本中实体间的语义关系并将其分类的任务，它将无结构的文本变成结构化的信息，是信息抽取的重要研究内容。例如，在句子"John Williams arrived in Africa to carry out the peacekeeping mission"中，实体John Williams和Africa之间存在着Entity-Destination类型的关系，其抽取结果为（entity 1：John Williams；relation type：Entity-Destination；entity 2：Africa）。

关系抽取可以从文本中自动抽取有用的信息，应对信息爆炸的挑战；关系抽取也是知识图谱自动构建和自动扩展的关键步骤，抽取的结果形成易于被计算机理解和处理的结构化信息，为人工智能的实现提供了基础；关系抽取的知识三元组还能提供有用信息，以辅助其他自然语言处理任务提高性能；关系抽取能够在文本中发现事物之间的联系，从而获取知识。因此，关系抽取同样是信息抽取领域的重要研究方向之一。

1.2.4 多关系抽取

在进行关系抽取时，有的句子中可能包含多个实体，一个实体可能属于多个不同的三元组。这种抽取任务称为多关系抽取任务。根据实体对的位置，三元组形成重叠、嵌套、交叉等复杂结构，增加了抽取任务的难度。

例如，在句子"The detection mutation on exon-19 of EGFR gene was present in 16 patients, while the L858E point mutation on exon-21 was noted in 10. All patients were treated with gefitinib"中，包含多个实体：EGFR（DNA）、L858E（肿瘤）、gefitinib（药物）；多个关系三元组：（EGFR,变异,L858E）和（gefitinib,治愈,L858E），其中，"DNA""肿瘤""药物"是实体类型，"变异""治愈"是关系类型。多个关系三元组需要同时被抽取出来，这样的任务为多关系抽取。

1.2.5 实体关系联合抽取

实体关系联合抽取是指从非结构化文本中直接抽取三元组（头实体,关系,尾实体），而不需要提前标注实体信息。在抽取结果中，只有实体的类型和跨度全部正确时，实体识别才是正确的；只有当头实体、尾实体和它们之间的关系类型都正确时，关系才是正确的。

例如，在句子"北京理工大学是中国共产党创办的第一所理工科大学，隶属于中华人民共和国工业和信息化部，1949年定址于北京"中，通过联合学习的方式，抽取出实体：北京理工大学（组织）、工业和信息化部（组织）、北京（地点）；同时抽取出关系：（北京理工大学,隶属于,工业和信息化部）、（北京理工大学,位于,北京）。其中，"组织""地点"是实体类型，"隶属于""位于"是关系类型。

实体关系抽取按抽取逻辑一般分为流水线（pipelined）方式和联合（joint）方式。流水线方式利用两个独立的模型，先进行实体识别，然后区分已识别实体之间的关系。联合抽取方式利用一个端到端模型架构完成实体和关系的抽取。流水线方式将复杂的任务分解为两个步骤，使得问题得到简化。但是有两个缺点：其一，实体识别产生的错误会传播到下游的关系分类任务，即错误传播（error propagation）问题；其二，会割裂实体和关系之间的联系。联合抽取方式通过参数共享、语义空间共享等策略，可有效缓解流水线方式存在的上述问题。

1.2.6 实体关系抽取应用

知识图谱为人工智能的实现提供了基础，在自然语言处理领域取得了广泛且成功的应用。实体关系抽取是自动构建和扩展更新知识图谱的关键步骤。实体关系抽取的应用方法包括知识融合方法、知识表示方法、知识补全方法、知识推理方法。实体关系抽取的应用领域包括基于知识的推荐算法、基于知识的问答方法、基于知识的检索方法、基于知识的检测方法等内容。

1.3 典型方法与代表性系统

实体关系抽取自20世纪80年代成为信息抽取的研究分支以来，大致经历的发展过程有：由单一类型到多种类型；由使用简单分类器到使用复杂神经网络；由人工构造模板（或规则）到模型自动学习潜在特征；由依赖人工标注数据到借助知识库标注数据；由预定义关系抽取向开放关系抽取。尤其是关系抽取任务，总体上呈现任务本身和模型架构由简单到复杂、自动化程度由低到高的发展趋势。按照学习方式的不同，现有的关系抽取模型可以大致分为半监督（semi-supervised）抽取、监督（supervised）抽取、远程监督（distant supervised）抽取三类。

就模型架构设计而言，当前的实体关系抽取方法可大致分为序列模型、句法树模型和图模型三类。其中，序列模型包含序列标注模型和句子分类模型两类。不同的句子建模方式会直接影响实体关系抽取系统的抽取逻辑。

1.3.1 半监督抽取

早期的关系抽取模型多采用基于人工设计规则或模式的半监督方法。

Hearst[2]和Oakes[3]等构造了基于规则的模型,通过定义一系列匹配规则,将其用于特定关系抽取。Brin[4]、Agichtein等[5]和Nakashole等[6]采用Bootstrapping技术[7-9],将关系模式与候选关系进行匹配,不断迭代关系模式,重复匹配过程来抽取关系。Blum等[10]和Chen等[11]研究了一套在关系图上的标签传递规则,根据已有标签的节点对无标签的节点进行标注。Corro等[12]在关系模式中引入依存句法特征和词汇特征,以此提高抽取查准率和召回率。Fader等[13]增加了词汇约束和句法约束规则,通过学习语法空间的表示进行关系分类。Cetto等[14]使用人工编写的规则去除非核心信息,把复杂语言结构的句子转换成简单而紧凑、语法上合理的句子,从中提取核心短语组成关系元组。Wu等[15]应用半监督的方式将信息抽取模型从新闻语料扩展到维基百科文本,延伸了信息抽取的应用领域和范围。Liu等[16]构造了不同关系共享的关系模式,提出一个抽取多个关系类型的模型,增强了半监督方式解决多个关系类型问题的能力。半监督的学习方式不需要大量的人工标注数据,能够处理无标签语料,因此得到研究领域内很多学者的重视。然而,现有的大多数半监督模型都是抽取像"著作–作者"关系、"is–a"上下位关系等单一的关系,或者完成如人物关系和组织地点关系等类型较少的简单任务,而且由于难以设计既精确又有高召回率的规则或模式,抽取效果也不是很理想。因此,半监督关系抽取已被监督和远程监督方式取代,不再是目前的主流。总之,半监督关系抽取能够减少人为干预,从而提高自动化程度。但是,其抽取性能有待提升,未来的突破还依赖于词汇、句法、语法分析技术的进步。

1.3.2 监督抽取

随着机器学习技术的发展,由标注数据驱动的监督学习模型大量涌现,尤其是深度学习的成功,使得监督模型几乎取代了规则匹配或模式匹配的半监督方法。这些监督学习模型按分类器的不同可以分为使用核函数的支持向量机(support vector machine,SVM)分类模型[17-19]和神经网络(neural network,NN)分类模型。神经网络模型主要分为以下几类:基于循环神经网络(recurrent neural network,RNN)的[20-24]、基于卷积神经网络(convolutional neural network,CNN)的[25-28]、基于图卷积网络(graph convolutional network,GCN)的[29-30]、基于Transformer的[31]、基于混合网络的[32]。Zelenko等[17]使用基于核函数的支持向量机学习关系模式,代替了人工构造的方法。Culotta等[33]使用实体特征、词汇特征和依存特征构造核函数,在实体间的最小依存树上训练SVM进行关系分类。Zhao等[34]对依存特征、分词特征等多个特征分别构造核函数,通过组合多个核函数来相互补充,共同捕捉关键信息。Zhang等[35]使用双向RNN从句子的词嵌入向量的语义信息中学习关系模式。Socher

等[36]为每个单词设置了一个向量和一个矩阵,借助句法分析(syntactic analysis)工具,采用 RNN 捕捉该单词和句法树路径上相邻单词的含义。作为改进的 RNN,长短时记忆网络(long short-term memory, LSTM)[37]能够捕捉更长距离的依赖,得到广泛和成功的应用。Miwa 等[21]借助于 POS 标签识别实体,在实体对之间的最短依存路径上应用 Tree LSTM[38]捕捉关键短语信息。Zhou 等[39]在 LSTM 中加入注意力机制,为关键信息学习高权重,取得较好的分类效果。在此基础上,Qin 等[40]应用计算复杂度低于 LSTM 的门控循环神经网络(gated recurrent unit, GRU)[41],将实体信息加入注意力层,进一步提高了关系分类性能。然而,这些模型只能完成句子级的关系分类任务,不能处理一个句子中包含多个三元组的多关系抽取问题。为此,Peng 等[1]将句子和关系分成两个有向无环图,提出 Graph LSTM 来抽取多个关系。Zeng 等[28]利用一个深度 CNN 提取词汇和句子特征,并使用了大量的人工特征和 NLP 工具对关系进行分类,其性能在很大程度上取决于特征和工具的数量和质量。Xu 等[25]利用句子的依存结构捕捉关键短语,研究了一种基于 CNN 对实体间依存路径分类的模型。Zhang 等[42]认为仅使用依存树最短路径的方法存在过度剪枝的问题,因此提出了一种通过保留最短路径周围特定距离单词的新的剪枝方法,并利用图卷积网络(GCN)学习剪枝后的依存树结构,避免了关键信息的丢失。作为上述研究的扩展,Guo 等[43]提出一种完全依存树上软剪枝的方法,仍然使用 GCN 结合不同的注意权重来确定单词的重要性。除了通过增加词汇特征、句法特征和语义特征等有用的特征外,关系抽取模型还不断采用更加强大的分类器追求性能的提升。例如,Vu 等[32]采用 RNN、CNN 的混合模型进行关系分类。随着 Transformer[44]编码器在自然语言处理任务中的成功应用,研究人员[31,45]将 Transformer 编码器应用于关系分类任务,提高了分类准确性。

在这些监督学习模型中,基于核函数的模型需要人为选取特征集和构造核函数,而神经网络模型可以自动学习潜在特征完成分类任务。有监督的方式在关系抽取准确性上有了很大提高,已几乎取代早期半监督的抽取方式,但是需要大量的标注数据来训练模型。

1.3.3 远程监督抽取

为了减少人力劳动,降低对人工标注数据的依赖,Bunescu 等[46]研究了一种利用已有知识库和无标签语料,通过对齐实体来产生标注数据训练关系抽取模型的方法,称之为远程监督关系抽取。然后在 Bunescu 等[46]和 Mintz 等[47]的推动下,远程监督已成为目前关系抽取的主流方式之一。远程监督基于"句子与知识库对齐的实体表达相同的关系"这一假设标注数据,这样会产生大量的错误（称为噪声）。Riedel 等[48]提出了改进的"至少表达一次"假设，并使用置信度较高的样例作为训练语料。这种方法减少了错误标注，降低了噪声数据的影响，称为多实例学习（multi-instance learning, MIL）。Zeng 等[28]采用 MIL 方法，构造了 PCNNs（piecewise convolutional neural networks, 分段卷积神经网络）。该模型将句子分为三段进行编码，能够很好地捕捉实体和语义信息，但是一个实体对仅使用置信度高的一个样例，未能充分利用大量的其他样例。为了解决这个问题，Lin 等[49]应用注意力机制为每个样例赋予不同的权重，通过不断降低标注错误样例的权重去除噪声。这种方法充分利用了所有句子的信息并降低了噪声数据的影响。Sahu 等[50]提出了一个在文档图上标注边的方法，采用 GCN 学习文档图结构，利用句子间和句子内的各种依赖关系捕捉局部和全局语义关系。Huang 等[51]设计了一个带残差连接的 CNN 网络，用于解决远程监督关系抽取中网络层数过多引起的梯度消失问题。Zhang 等[52]在远程监督关系抽取中引入胶囊网络（capsule network）[53]，可处理实体对齐时产生的多标签问题。Takanobu 等[54]采用一个层次强化学习（reinforcement learning, RL）[55-56]框架，联合进行实体识别和关系抽取，以此来增强实体和关系类型之间的交互作用。远程监督关系抽取利用知识库与文本对齐获取标注数据，但也需要一个有效的监督关系抽取模型作为内核。在这些对远程监督的研究工作中，有一些关注于内核模型的创新[51]，另一些侧重于研究噪声数据的处理[49-51]。尽管已经取得了巨大的成就，但是当前的远程监督关系抽取技术还存在两个重要缺陷：其一，难以回避的噪声数据会影响模型训练效率；其二，需要利用已有知识库通过对齐实体来进行标注数据，实体和关系的不完备性大大限制了其应用范围。

1.3.4 序列标注模型

序列标注模型把实体关系抽取转化为序列标注任务，通过分类器标注单词在句子中的成分与角色，然后根据标签把单词组装为关系三元组。Zheng 等[57]研究了一种新的标注方法，构造了一个基于 Bi-LSTM 的端到端模型（end-to-end tagging model）抽取实体关系三元组。该标注方法将文本中的词分为两类：一类是非实体单词，用标签"O"（other）标注；另一类是实体单词，它们的标签由三部分组成——单词在实体中的位置、所属关系类型、实体在关系中的角色。其中，单词在实体中的位置用标签"B"（begin）、"I"（inside）、"E"（end）、"S"（single）标注；关系类型从预先定义的关系类型集中获得；实体在关系中的角色用标签"1"或"2"标注，分别表示实体 1 和实体 2。最后，根据标注结果将同种关系类型的两个相邻实体组合为一个三元组。这是一个基于 Bi-LSTM 的序列标注模型，其中包含输入层、编码层、解码层和输出层，每个时间步输出的标签被输入下一时刻的解码向量，通过标注单词的方法来实现实体关系联合抽取。Lei 等[58]认为非实体词中包含表达语义关系类型的关键词和非关键词,用一个标签标注它们是不合理的。为了解决用一个标签标注非实体词的问题,该研究设计了另一种标注方案,其中每个词的标签都由三部分(实体部分、关系部分和数字部分)组成。对于非实体词,实体部分用标签"N"标注,关系部分和数字部分用标签"X"标注。由于在目标函数中未计算标签"X"的损失,因此其值是不确定的。利用不确定标签"N－X"对非实体词进行标注,可减少非实体词对关系分类的干扰信息。序列标注模型的联合抽取方式将实体信息和关系信息整合到一起,实现了实体信息和关系信息的关联,也避免了流水线方式产生的错误传播问题。但是,这种方法很难处理一个句子中包含多个三元组,以及一个实体属于多个三元组的多关系抽取问题。

1.3.5　句子分类模型

句子分类模型将关系抽取视为句子级的分类任务,根据句子中实体对的信息,利用分类器从单词级语义捕捉句子语义特征,然后对句子进行分类,句子表达的语义关系即实体对之间的关系。与序列标注模型不同,它通过标注整个句子而不是标注单词来完成关系抽取任务。句子分类的关系抽取模型比较普遍。Xu 等[25]使用 RNN 学习句子语义特征,进而将句子级的特征向量进行分类。Socher 等[36]使用 CNN 把每个句子的局部信息与全局信息通过卷积映射编码为其对应的语义特征,进一步提高了关系分类性能。Zeng 等[28]提出的 PCNNs 首先根据实体对将句子分为三段——第一段为句首到实体 1、第二段为实体 1 到实体 2、第三段为实体 2 到句尾,然后对每一段分别进行卷积、池化,最后将得到的向量作为句子级的语义表示进行分类。句子分类模型根据实体信息对句子进行分类,句子表达的语义关系即实体对之间的关系。由于需要事先已知实体信息,所以句子分类模型多用于流水线方式的关系抽取。句子分类仍属序列处理任务,同样难以对多关系中实体对形成的交叉、嵌套、重叠等复杂结构进行建模。

1.3.6　句法树模型

句法树模型把句子建模为树结构,一般借助于依存句法分析工具和剪枝策略来忽略不相关的词、捕捉关系分类的关键词,然后应用树状网络或图网络(如 Tree LSTM 或 GCN)学习句子表示,通过对树表示分类来实现关系抽取。Miwa 等[21]提出一种基于树结构的关系抽取模型,其主要思想是将一个 Tree LSTM 堆叠到序列 LSTM 上,首先采用序列 LSTM 识别出相应的实体,接着 Tree LSTM 沿着实体对之间最短依存路径学习句子依存树结构表示,这两个

LSTM 网络通过共享训练参数实现了实体和关系信息的关联。Zhang 等[42]认为仅使用依存树最短路径的方法会导致一些关键信息（如否定关系）丢失，存在过度剪枝的问题，因此提出了一种新的剪枝方法，即保留最短路径周围特定距离单词，以尽可能保存关键信息。该模型应用图卷积网络学习句子表示，并对句子进行关系分类。作为上述研究的扩展，Guo 等[43]认为先前的最短依存路径和硬剪枝策略都不能保证没有遗漏关键信息，提出了一种完全依存树上软剪枝的方法，构造了一个利用注意力机制引导的 GCN 学习句子表示，然后进行关系分类。该剪枝方法使用不同的注意权重来确定单词的重要性，权重的值是在 0~1 之间的连续实数，而不是硬剪枝策略中的非 0 即 1；通过学习来不断调整权重，以便在去除无关信息的同时有效地保留关键信息。基于依存树的模型可有效地过滤无关信息而捕捉到关系分类的关键信息，在关系抽取任务上表现出良好的性能。然而，缺点是需要使用一个依存句法分析工具获得句子的树状结构，而工具本身产生的错误会传播到关系抽取任务，即存在错误传播的问题。

1.3.7 图模型

图模型将句子表示为图结构，单词、实体短语或实体对为图的节点，词或短语间的关系为图的边，通过标注图的节点和边完成实体关系抽取任务。Li 等[59]利用特征矩阵学习实体对之间的图结构，然后通过对特征向量分类实现多关系抽取。Wang 等[60]定义了一系列实体和关系转换动作，并将抽取任务转化为一个图的动态生成过程。Fu 等[29]采用双向循环神经网络（Bi-RNN）和图卷积网络（GCN）提取序列和区域依存词特征，然后应用关系加权 GCN 提取所有词对之间的隐含特征。Peng 等[1]将单词之间的依存关系泛化为邻接关系、句法依存关系和语义关系，提出一种 Graph LSTM 网络进行关系抽取。Graph LSTM 学习单词之间的广义关系表示及实体表示，然后通过对实体表示的拼接进行分类，有效地解决了序列标注模型和句子分类模型难以处理多关系分类的问题。基于图的模型有效地建模了多关系抽取任务中实体对之间形成的重叠、嵌套、交叉等复杂结构，能够很好地解决多关系抽取问题，然而，图模型一般需要全参数化所有的边，如果图中的节点过多，就会存在计算复杂度高的问题。

1.4 相关数据集与评测指标

实体关系抽取任务中常用的数据集包括 ACE 2005、SemEval、CoNLL、GENIA 和 WebNLG 等，性能评价指标有查准率、召回率、F 值和准确率。

1.4.1　ACE 2005 数据集

ACE 2005 数据集包含三种语言的网络日志、广播新闻和新闻通讯数据，定义了人物（PER）、组织（ORG）、地理/社会/政治（GPE）、位置（LOC）、设施（FAC）、武器（WEA）和交通工具（VEH）共 7 种实体类型，Physical、Part-Whole、Personal-Social、ORG-Affiliation、Agent-Artifact 和 Gen-Affiliation 共 6 种关系类型，包含约 12 000 个句子、30 900 个实体和 7100 个关系三元组。其中，有 1800 多个句子包含 2 个以上的关系三元组；在一个句子中包含三元组的最大数量是 11 个；有 3200 多个句子中存在嵌套实体。因此，ACE 2005 是一个存在嵌套实体的多关系抽取数据集。

1.4.2　SemEval 数据集

SemEval 数据集通常用于评估关系分类模型的性能，定义了 9 种实际关系和 1 种 Other 关系类型；实体分为实体 1 和实体 2 两种角色。SemEval-2010 训练集包含 8000 个句子，测试集包含 2717 个句子，每个句子只包含一对实体。

1.4.3　CoNLL 数据集

CoNLL 数据集是一个标注了实体信息的新闻语料库，它包含 4 种实体类型：LOC、ORG、PER 和 MISC。CoNLL 2003 的训练集约有 14 900 个句子和 23 500 个实体，验证集约有 3500 个句子和 5900 个实体，测试集约有 3600 个句子和 5600 个实体。

1.4.4　GENIA 数据集

GENIA 是一个为研究生物医学领域信息抽取系统开发的数据集，包含 2000 个医学文献摘要和 5400 个实体，其中约有 17% 的实体嵌套在另一个实体中。该数据集定义了 protein、DNA、RNA、cell line 和 cell type 等 5 种实体类型，还定义了"药物-突变"二元关系和"药物-基因-突变"等三元关系。

1.4.5　WebNLG 数据集

WebNLG 数据集是为了自然语言生成（natural language generation，NLG）任务而构建的，包含 DBpedia 中的 6 类三元组（宇航员、建筑、纪念碑、大学、运动队、著作）及其描述，目的是根据三元组生成对应的自然语言描述。例如，给定三元组（张国荣,主演,《霸王别姬》）和（张国荣,角色,程蝶衣），NLG 模型会生成自然语句"张国荣在电影《霸王别姬》中扮演角色程蝶衣"。后来，该数据集被用于实体关系联合抽取。

1.4.6 NYT 数据集

NYT 数据集是将纽约时报（New York Times，NYT）语料和 Freebase 知识图谱通过远程监督方法对齐得到的，是该领域内最常见的数据集。原始版本的 NYT 数据集有个缺点——其训练集和测试集有所重叠。因此，在本书中使用的是筛选过的 NYT 数据集，包含约 52 万训练语句和约 17.2 万测试语句，且在数据集中共有 53 个不同的关系（包含表示"实体之间无关系"的 NA 关系）。

1.4.7 GIDS 数据集

GIDS 数据集由 Jat 等[30]开发，通过扩展谷歌关系提取语料库，为每个实体对添加额外的实例，包含 10 000 个训练句、5000 个测试句和 5 个关系（包括一个特殊关系 NA）。

1.4.8 性能评测及指标

实体关系抽取系统常见的性能评价指标有查准率（precision，P）、召回率（recall，R）、F 值和准确率（accuracy）。根据不同数据集的特点，使用合适的评价指标才能更好地评测系统的性能。例如，在 ACE 数据集上，一般使用查准率、召回率和 F1 值作为评价指标。在生物医学数据集 GENIA 上采用平均准确率来评估系统性能。在 SemEval 数据集使用宏平均 F1 值评估模型。下面将详细介绍各个指标的计算与适用情况。

分类系统将总的样本分为四类。

（1）真正样例（true positive）：实际类别为正样例，预测类别为正样例，数目记作 TP。

（2）假正样例（false positive）：实际类别为负样例，预测类别为正样例，数目记作 FP。

（3）假负样例（false negative）：实际类别为正样例，预测类别为负样例，数目记作 FN。

（4）真负样例（true negative）：实际类别为负样例，预测类别为负样例，数目记作 TN。

计算如下：

准确率：

$$\text{Accuracy} = \frac{TP + TN}{TP + TN + FP + FN} \quad (1.4.1)$$

查准率：

$$P = \frac{TP}{TP + FP} \tag{1.4.2}$$

召回率：

$$R = \frac{TP}{TP + FN} \tag{1.4.3}$$

从计算表达式可以看出，查准率反映的是找对正样例的能力（即召回的正样例有多少是正确的），召回率反映的是召回正样例的能力（即有多少正样例被召回）。单独使用查准率或召回率并不能反映系统性能，它们一般配合使用计算加权调和平均 F 值作为评价指标。公式如下：

$$F_\varphi = \frac{(1+\varphi^2) \times P \times R}{\varphi^2 \times P + R} \tag{1.4.4}$$

式中，φ——可调节权重，决定查准率 P 和召回率 R 的相对重要程度。

当 $\varphi^2 > 1$ 时，计算得到的 F_φ 值强调 P 比 R 重要；当 $\varphi^2 < 1$ 时，计算得到的 F_φ 值强调 R 比 P 重要；当 $\varphi^2 = 1$ 时，计算得到是 F1 值，此时 P 和 R 具有同等重要程度。

在多分类任务中，F 值有两种计算方式。

（1）微平均 F 值（F – Micro）：先得到累计的 TP、FP、FN、TN；接着计算总的查准率 P 和召回率 R；最后计算 F 值，得到微平均 F 值。

（2）宏平均 F 值（F – Macro）：先统计各个类别的 TP、FP、FN、TN，得到各类的查准率 P 和召回率 R；接着分别计算各类的 F 值；最后取算术平均值，得到宏平均 F 值。

从这两种计算方式可以看出，F – Macro 平等地看待每个类别，当数据集中各类别样例数差别很大（数据不平衡）时，F – Macro 是更严格的指标，使用 F – Macro 更能反映系统的性能。然而，F – Micro 平等地看待每个样例，所以偏重于样例数多的类别，易受优势类别的影响。当数据集中的各类别样例数差不多时，一般使用 F – Micro。在多分类任务中没有指明的情况下，F 值一般是指较常用的 F – Micro。准确率是正确识别样例数（包括正样例和负样例）与样例总数的比值，这个指标同时关注正样例与负样例，从总体上反映系统分类性能。

1.5 本书章节组织架构

本书分为 7 章，各章介绍如下。

第 1 章为绪论部分，介绍了实体关系抽取的研究背景及意义，概述了基本概念及问题描述，详细分析了典型方法与代表性系统，以及相关数据集与评测指标。

第2章介绍了实体关系抽取领域的常用技术和基础模型,包括词汇语义表示方法、条件随机场、支持向量机、全连接神经网络、循环神经网络、卷积神经网络、自注意神经网络、图神经网络和多任务学习的基本技术和实现原理。

第3章介绍了实体识别基础方法,从基于超图网络的嵌套实体识别、基于力引导图的多关系关联学习、基于图推理的多关系抽取模型、关系模式识别和多粒度语义表示关系抽取模型等五个方面进行详细介绍。

第4章针对当前实体关系联合抽取模型"宏观联合、微观异步"的特点及其造成的错误传播问题,研究单模块同步实体关系联合抽取,分别提出TransRel、BipartRel、FineRel等三种模型,达到了当前最优的抽取性能。

第5章针对目前篇章级别的关系抽取实体对多、关系复杂的特点,提出了基于多层聚合和推理的篇章级别关系抽取模型和基于实体选择注意力的篇章级别关系抽取模型。实验结果表明,所提出的方法明显优于可比较的方法。

第6章介绍了实体关系抽取的应用,包括知识图谱构建、知识表示及推理方法、基于知识的推荐算法、基于知识的问答方法、基于知识的检索方法、基于知识的检测方法等内容。

第7章对本书的主要研究工作和创新点进行了总结,并对实体关系联合抽取的未来研究进行了展望。

1.6 本章参考文献

[1] PENG N Y, POON H F, QUIRK C, et al. Cross – sentence n – ary relation extraction with graph LSTMs [J/OL]. Transactions of the association for computational linguistics, 2017, 5: 101 – 115. http://aclweb.org/anthology/Q17 – 1008.

[2] HEARST M A. Automatic acquisition of hyponyms from large text corpora [C/OL]//The 15th International Conference on Computational Linguistics, 1992: 539 – 545. http://www.aclweb.org/anthology/C92 – 2082.

[3] OAKES M P. Using Hearst's rules for the automatic acquisition of hyponyms for mining a pharmaceutical corpus [C]//International Workshop Text Mining Research, Practice and Opportunities, 2005: 63 – 67.

[4] BRIN S. Extracting patterns and relations from the world wide web [C/OL]//Selected Papers from the International Workshop on the World Wide Web and Databases, 1998: 172 – 183. DOI: 10.5555/646543.696220.

[5] AGICHTEIN E, GRAVANO L. Snowball: extracting relations from large plain – text collections [C/OL]//Proceedings of the 5th ACM Conference on Digital

Libraries,2000:85 - 94. DOI:10. 1145/336597. 336644.

[6] NAKASHOLE N, TYLENDA T, WEIKUM G. Fine - grained semantic typing of emerging entities [C/OL]//Proceedings of the 51st Annual Meeting of the Association for Computational Linguistics, 2013: 1488 - 1497. http://www. aclweb. org/anthology/P13 - 1146.

[7] GOLDSTEIN G B, SWERLING P. Bootstrapping the generalized least - squares estimator in colored Gaussian noise with unknown covariance parameters [J/OL]. IEEE transactions on information theory, 1970, 16(4): 385 - 392. DOI: 10. 1109/TIT. 1970. 1054475.

[8] SCHWARZ B B, KOHN A S, RESNICK L B. Bootstrapping mental constructions: a learning system about negative numbers [C/OL]//Proceedings of the 2nd International Conference on Intelligent Tutoring Systems, 1992:286 - 293. DOI: 10. 1007/3 - 540 - 55606 - 0_36.

[9] MALLINAR N, SHAH A, UGRANI R, et al. Bootstrapping conversational agents with weak supervision [C/OL]//The 33rd AAAI Conference on Artificial Intelligence, the 31st Innovative Applications of Artificial Intelligence Conference, the 9th AAAI Symposium on Educational Advances in Artificial Intelligence, 2019:9528 - 9533. DOI:10. 1609/aaai. v33i01. 33019528.

[10] BLUM A, LAFFERTY J, RWEBANGIRA M R, et al. Semi - supervised learning using randomized mincuts [C/OL]//Proceedings of the 21st International Conference on Machine Learning, 2004:13. DOI:10. 1145/1015330. 1015429.

[11] CHEN J, JI D, TAN C L, et al. Relation extraction using label propagation based semi - supervised learning [C/OL]//Proceedings of the 21st International Conference on Computational Linguistics and 44th Annual Meeting of the Association for Computational Linguistics, 2006: 129 - 136. http://www. aclweb. org/anthology/P06 - 1017.

[12] CORRO L D, GEMULLA R. ClausIE: clause - based open information extraction [C/OL]//Proceedings of the 22nd International Conference on World Wide Web, 2013:355 - 366. DOI:10. 1145/2488388. 2488420.

[13] FADER A, SODERLAND S, ETZIONI O. Identifying relations for open information extraction [C/OL]//Proceedings of the Conference on Empirical Methods in Natural Language Processing, 2011: 1535 - 1545. DOI: 10. 5555/ 2145432. 2145596.

[14] CETTO M, NIKLAUS C, FREITAS A, et al. Graphene: semantically - linked propositions in open information extraction [C/OL]//Proceedings of the 27th International Conference on Computational Linguistics, 2018: 2300 - 2311.

https://www.aclweb.org/anthology/C18-1195.

[15] WU F, WELD D S. Open information extraction using Wikipedia[C/OL]// Proceedings of the 48th Annual Meeting of the Association for Computational Linguistics,2010:118-127. https://www.aclweb.org/anthology/P10-1013.

[16] LIU X, YU N. Multi-type web relation extraction based on bootstrapping[C]// 2010 WASE International Conference on Information Engineering,2010,2:24-27.

[17] ZELENKO D, AONE C, RICHARDELLA A. Kernel methods for relation extraction[J]. Journal of machine learning research,2003,3:1083-1106.

[18] BUNESCU R C, MOONEY R J. Subsequence kernels for relation extraction [C/OL]//Proceedings of the 18th International Conference on Neural Information Processing Systems,2005:171-178. DOI:10.5555/2976248.2976270.

[19] QIAN L, ZHOU G, KONG F, et al. Exploiting constituent dependencies for tree kernel-based semantic relation extraction[C/OL]//Proceedings of the 22nd International Conference on Computational Linguistics,2008:697-704. http://www.aclweb.org/anthology/C08-1088.

[20] XU Y, JIA R, MOU L L, et al. Improved relation classification by deep recurrent neural networks with data augmentation[C/OL]//Proceedings of the 26th International Conference on Computational Linguistics, 2016: 1461-1470. http://www.aclweb.org/anthology/C16-1138.

[21] MIWA M, BANSAL M. End-to-end relation extraction using LSTMs on sequences and tree structures [C/OL]//Proceedings of the 54th Annual Meeting of the Association for Computational Linguistics, 2016(1):1105-1116. http://www.aclweb.org/anthology/P16-1105.

[22] ZHANG S, ZHENG D Q, HU X C, et al. Bidirectional long short-term memory networks for relation classification [C/OL]//Proceedings of the 29th Pacific Asia Conference on Language, Information and Computation, 2015: 73-78. http://www.aclweb.org/anthology/Y15-1009.

[23] ZHANG H J, LI J X, JI Y Z, et al. Understanding subtitles by character-level sequence-to-sequence learning [J]. IEEE transactions on industrial informatics,2017,13(2):616-624.

[24] HUANG H Y, LEI M, FENG C. Graph-based reasoning model for multiple relation extraction[J/OL]. Neurocomputing,2021(420):162-170. DOI:10.1016/j.neucom.2020.09.025.

[25] XU K, FENG Y S, HUANG S, et al. Semantic relation classification via convolutional neural networks with simple negative sampling [C/OL]//

第 1 章 绪论

Proceedings of the 2015 Conference on Empirical Methods in Natural Language Processing,2015:536 – 540. http://www. aclweb. org/anthology/D15 – 1062.

[26] WANG L L,CAO Z,DE MELO G,et al. Relation classification via multi – level attention CNNs [C/OL]//Proceedings of the 54th Annual Meeting of the Association for Computational Linguistics,2016(1):1298 – 1307. http://www. aclweb. org/anthology/P16 – 1123.

[27] DOS SANTOS C,XIANG B,ZHOU B W. Classifying relations by ranking with convolutional neural networks [C/OL]//Proceedings of the 53rd Annual Meeting of the Association for Computational Linguistics and the 7th International Joint Conference on Natural Language Processing,2015(1):626 – 634. http://www. aclweb. org/anthology/P15 – 1061.

[28] ZENG D J,LIU K,CHEN Y B,et al. Distant supervision for relation extraction via piecewise convolutional neural networks[C/OL]//Proceedings of the 2015 Conference on Empirical Methods in Natural Language Processing, 2015: 1753 – 1762. DOI:10. 18653/v1/d15 – 1203.

[29] FU T J,LI P H,MA W Y. GraphRel:modeling text as relational graphs for joint entity and relation extraction[C]//Proceedings of the 57th Annual Meeting of the Association for Computational Linguistics,2019:1409 – 1418. https://www. aclweb. org/anthology/P19 – 1136.

[30] JAT S, KHANDELWAL S, TALUKDAR P. Improving distantly supervised relation extraction using word and entity based attention [J]. arXiv preprint arXiv:1804.06987, 2018.

[31] VERGA P,STRUBELL E,MCCALLUM A. Simultaneously self – attending to all mentions for full – abstract biological relation extraction [C/OL]//North American Chapter of the Association for Computational Linguistics,2018. DOI: 10. 18653/v1/N18 – 1080.

[32] VU N T, ADEL H, GUPTA P, et al. Combining recurrent and convolutional neural networks for relation classification [C/OL]//Proceedings of the 2016 Conference of the North American Chapter of the Association for Computational Linguistics:Human Language Technologies,2016:534 – 539. DOI:10. 18653/ v1/N16 – 1065.

[33] CULOTTA A, SORENSEN J. Dependency tree kernels for relation extraction [C/OL]//Proceedings of the 42nd Annual Meeting of the Association for Computational Linguistics,2004:423 – 429. DOI:10. 3115/1218955. 1219009.

[34] ZHAO S B, GRISHMAN R. Extracting relations with integrated information using kernel methods[C/OL]//Proceedings of the 43rd Annual Meeting of the

Association for Computational Linguistics,2005:419 – 426. DOI:10. 3115/1219840. 1219892.

[35] ZHANG D X, WANG D. Relation classification via recurrent neural network [Z/OL]. DOI:10. 48550/arXiv. 1508. 01006.

[36] SOCHER R, HUVAL B, MANNING C D, et al. Semantic compositionality through recursive matrix – vector spaces[C/OL]//Proceedings of the 2012 Joint Conference on Empirical Methods in Natural Language Processing and Computational Natural Language Learning, 2012:1201 – 1211. http://www. aclweb. org/anthology/D12 – 1110.

[37] HOCHREITER S, SCHMIDHUBER J. Long short – term memory [J/OL]. Neural computation, 1997, 9(8):1735 – 1780. DOI:10. 1162/neco. 1997. 9. 8. 1735.

[38] JOHN A K, CARO L D, ROBALDO L, et al. Textual inference with tree – structured LSTM[C/OL]//BNAIC 2016:Artificial Intelligence, 2016:17 – 31. DOI:10. 1007/978 – 3 – 319 – 67468 – 1_2.

[39] ZHOU P, SHI W, TIAN J, et al. Attention – based bidirectional long short – term memory networks for relation classification [C/OL]//Proceedings of the 54th Annual Meeting of the Association for Computational Linguistics, 2016(2): 207 – 212. DOI:10. 18653/v1/P16 – 2034.

[40] QIN P D, XU W R, GUO J. Designing an adaptive attention mechanism for relation classification[C/OL]//2017 International Joint Conference on Neural Networks,2017:4356 – 4362. DOI:10. 1109/IJCNN. 2017. 7966407.

[41] CHUNG J, GULCEHRE C, CHO K H, et al. Empirical evaluation of gated recurrent neural networks on sequence modeling [Z/OL]. DOI: 10. 48550/arXiv. 1412. 3555.

[42] ZHANG Y H, QI P, MANNING C D. Graph convolution over pruned dependency trees improves relation extraction[C/OL]//Proceedings of the 2018 Conference on Empirical Methods in Natural Language Processing, 2018:2205 – 2215. DOI: 10. 18653/v1/D18 – 1244.

[43] GUO Z J, ZHANG Y, LU W. Attention guided graph convolutional networks for relation extraction [C/OL]//ACL, 2019:241 – 251. DOI: 10. 18653/v1/p19 – 1024.

[44] VASWANI A, SHAZEER N, PARMAR N, et al. Attention is all you need [C/OL]//Advances in Neural Information Processing Systems, 2017:5998 – 6008. DOI:10. 48550/ arXiv. 1706. 03762.

[45] LEI M, HUANG H Y, FENG C. Multi – granularity semantic representation

model for relation extraction[J/OL]. Neural computing and applications,2021, 33(12):6879-6889. DOI:10.1007/s00521-020-05464-8.

[46] BUNESCU R, MOONEY R. Learning to extract relations from the web using minimal supervision[C/OL]//Proceedings of the 45th Annual Meeting of the Association of Computational Linguistics, 2007:576-583. http://www.aclweb.org/anthology/P07-1073.

[47] MINTZ M, BILLS S, SNOW R, et al. Distant supervision for relation extraction without labeled data[C/OL]//Proceedings of the Joint Conference of the 47th Annual Meeting of the ACL and the 4th International Joint Conference on Natural Language Processing of the AFNLP,2009:1003-1011. http://www.aclweb.org/anthology/P09-1113.

[48] RIEDEL S, YAO L, MCCALLUM A K. Modeling relations and their mentions without labeled text[C/OL]//Proceedings of the 2010 European Conference on Machine Learning and Knowledge Discovery in Databases,2010:148-163. DOI:doi.org/10.1007/978-3-642-15939-8_10.

[49] LIN Y K, SHEN S Q, LIU Z Y, et al. Neural relation extraction with selective attention over instances[C/OL]//Proceedings of the 54th Annual Meeting of the Association for Computational Linguistics,2016(1):2124-2133. DOI:10.18653/v1/P16-1200.

[50] SAHU S K, CHRISTOPOULOU F, MIWA M, et al. Inter-sentence relation extraction with document-level graph convolutional neural network[C/OL]//Proceedings of the 23rd Annual Meeting of the Association for Computational Linguistics,2019:4309-4316. DOI:10.18653/v1/p19-1423.

[51] HUANG Y Y, WANG W Y. Deep residual learning for weakly-supervised relation extraction[C/OL]//Proceedings of the 2017 Conference on Empirical Methods in Natural Language Processing, 2017:1803-1807. https://www.aclweb.org/anthology/D17-1191.

[52] ZHANG N Y, DENG S M, SUN Z L, et al. Attention-based capsule networks with dynamic routing for relation extraction[C/OL]//Proceedings of the 2018 Conference on Empirical Methods in Natural Language Processing,2018:986-992. DOI:10.18653/v1/D18-1120.

[53] ALY R, REMUS S, BIEMANN C. Hierarchical multi-label classification of text with capsule networks [C/OL]//Proceedings of the 57th Conference of the Association for Computational Linguistics,2019:323-330. DOI:10.18653/v1/P19-2045.

[54] TAKANOBU R, ZHANG T Y, LIU J X, et al. A hierarchical framework for

relation extraction with reinforcement learning [C/OL]//Proceedings of the AAAI Conference on Artificial Intelligence, 2019, 33:7072 - 7079. DOI:10. 1609/aaai. v33i01. 33017072.

[55] LYNNE K J. Competitive reinforcement learning [C]//Proceedings of the 5th International Conference on Machine Learning, 1988:188 - 199. DOI:10. 1016/B978 - 0 - 934613 - 64 - 4. 50025 - 6.

[56] CHRISTIANO P F, LEIKE J, BROWN T B, et al. Deep reinforcement learning from human preferences [C/OL]//Proceedings of the 31st International Conference on Neural Information Processing Systems, 2017:4302 - 4310. DOI: 10. 5555/3294996. 3295184.

[57] ZHENG S C, WANG F, BAO H Y, et al. Joint extraction of entities and relations based on a novel tagging scheme [C/OL]//Proceedings of the 55th Annual Meeting of the Association for Computational Linguistics, 2017:1227 - 1236. DOI:10. 18653/v1/P17 - 1113.

[58] LEI M, HUANG H Y, FENG C, et al. An input information enhanced model for relation extraction [J/OL]. Neural computing and applications, 2019, 31(12): 9113 - 9126. DOI:10. 1007/s00521 - 019 - 04430 - 3.

[59] LI Q, JI H. Incremental joint extraction of entity mentions and relations [C/OL]//Proceedings of the 52nd Annual Meeting of the Association for Computational Linguistics, 2014(1):402 - 412. DOI:10. 3115/v1/P14 - 1038.

[60] WANG S L, ZHANG Y, CHE W X, et al. Joint extraction of entities and relations based on a novel graph scheme [C/OL]//Proceedings of the 27th International Joint Conference on Artificial Intelligence, 2018:4461 - 4467. DOI:10. 24963/ijcai. 2018/620.

第 2 章

基础理论及模型

2.1 词汇语义表示

长期以来，自然语言处理领域都是直接用词汇和符号来表达概念。然而，使用词汇和符号这种抽象的方法进行表达时，存在难以表达词汇语义关联性的问题。为了更好地表示高维的自然文本，在进行自然语言处理时引入了语言模型词向量技术，将不同的单词统一表示为低维空间中的连续、低维、稠密的向量，通过转换可计算不同层次的语言单元之间的相似度，且能被神经网络直接使用。词汇语义表示可以分为三个阶段：One–hot 表示、分布表示（如 Word2Vec 词向量表示和 GloVe 词向量表示）、预训练语言模型（如 ELMo 词向量表示和 BERT 词向量表示）。

2.1.1 One–hot 表示

One–hot 表示又称为独热表示，在最初的词汇语义表示研究中是一种较常用的方法。该方法利用了词袋模型的思想，即对文本中包含的所有单词进行聚合，形成词语序列（又称词表）。

每一段自然文本都可以看作词表中部分单词的特定组合。由于在词表中每个词均被独立看待，因此其顺序可以是任意的；特别地，确定的词表顺序在后续的文本处理中不发生改变。每个词均利用同等长度的向量进行表示（其长度即词表的大小），并且给每个词按照词表中的索引位置分配对应的表示位置。在形成的编码向量中，只有分配的位置设置为 1，其余位置均设置为 0，最终形成对应于词表的向量表示矩阵。例如，文本词表中包括词语"李明""是""男生""女生"，将其利用独热编码表示如表 2.1.1 所示，那么对于文本"李明是男生"，其利用独热表示向量为 [1,1,1,0]。

表 2.1.1　One – hot 词表示例

词表	独热表示			
李明	1	0	0	0
是	0	1	0	0
男生	0	0	1	0
女生	0	0	0	1

该方法将自然文本转换为计算机可以利用的向量形式，一定程度上扩充了特征表示的维度。虽然该方法的思路较简洁，但存在以下不足：

（1）存在数据稀疏问题。由于为词典中的每个词都分配了唯一的位置进行标记表示，因此语义向量的长度和词典的大小是一致的，这就导致向量空间庞大，而有效信息仅仅是其中的一个维度，语义表示矩阵为稀疏矩阵。

（2）不能反映语义信息。独热表示是根据词语在词表中的检索位置进行向量生成的，每个词语均是独立的，通过编码方式对每个词进行区分，只能反映单词在词表中的位置关系，且独立看待，因此并不能反映其在自然文本上下文中的语义信息。

（3）计算代价较高。由于独热表示空间较为稀疏，随词表规模扩大，表示向量的维度也随之增加，因此在后续利用向量进行计算时，其计算消耗会成倍增加。

2.1.2　Word2Vec 词向量表示

为了降低 One – hot 表示方法导致的数据稀疏问题，并且充分利用上下文信息更好地对自然文本进行处理，研究人员进行了分布式词向量表示的研究，其中 Word2Vec 词向量表示是应用得最广泛的分布式词向量表示方法。

Word2Vec 词向量表示是词向量嵌入方法的一种，其主要思想是：将目标词语和上下文单词进行组合，并判断该组合是否符合自然语言规则；经训练的模型参数即可表示上下文中的每一个单词，也就是转换成了低维表示的词向量。模型的输入为单词的 One – hot 表示，经过一层神经网络映射后得到维度为 k 的向量，从而达到降维的目的，并且在单词表示中融入上下文语义信息，使得在语义上存在相似性的词向量表示距离更加接近。

Word2Vec 词向量中的语言模型主要包括两类：CBOW 模型、Skip – gram 模型。这两个模型的主要区别在于生成上下文相关词向量的依据不同。

1. CBOW 模型

CBOW 模型（continuous bag – of – words model，连续词袋模型）的主要思

路为利用窗口内的上下文单词计算当前词的向量表示。其中，模型输入为目标单词窗口内的上下文单词，模型输出为融合了上下文特征信息的目标词语的词向量表示。CBOW 模型结构如图 2.1.1 所示，包括输入层、隐含层和输出层三个主要模块。

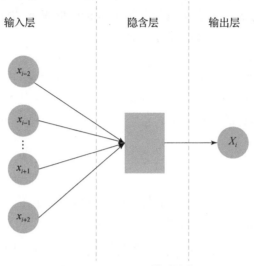

图 2.1.1　CBOW 模型结构

1）输入层

输入为设定窗口内各词语的表示，其中窗口为自行设定值，单词利用独热表示，其表示维度就是词表的大小。例如，词表大小为 D，则每个词的独热表示维度为 D，设定的上下文窗口大小 $w=2$，那么在对句子"李明是男生"中的"是"进行向量表示时，则以该词语为基准，将窗口边界分别向左右移动两个词语长度，最终得到窗口内的上下文词语"李明"和"男生"，模型的输入则为词表中"李明"和"男生"的独热表示，按照上一小节的词表表示，则模型的输入为 [1,0,1]。

2）隐含层

隐含层的主要目的是将窗口内独立的各单词信息进行融合，其中每个词语的信息利用隐含层的权重表示，最终通过模型训练达到向量表示降维的目的。隐含层的处理操作包括查表、加和、求平均等三步。

查表操作的目的是将输入层的 One–hot 表示看作词语信息表示的索引，通过索引向量和权重矩阵相乘得到对应于窗口内词语的语义表示向量。操作过程可用如下公式表示：

$$v_i = d_i^{\mathrm{T}} \cdot W \tag{2.1.1}$$

式中，d_i——输入的窗口内 One–hot 表示向量；

　　　W——权重矩阵。

该乘法操作即可看作查表操作，通过乘法操作可以得到窗口内词语对应标号的权重表示 v_i，即其语义表示向量，其在权重矩阵表示中的顺序即第 i 个词语在词表中的编号。

经过查表操作后，可以得到中心词对应的每一个上下文词语的语义向量，之后对窗口大小为 $2w+1$ 个向量的除了中心词的向量 v_k 进行加和操作，从而实现上下文词语的融合，该过程可表示为

$$v_{\text{sum}} = v_{k-w} + v_{k-w+1} + \cdots + v_{k-1} + v_{k+1} + \cdots + v_{k+w-1} + v_{k+w} \quad (2.1.2)$$

在 CBOW 模型中，将窗口内的每一个上下文词语对于中心词词义向量影响的占比看作是等同的，得到求和后的向量表示后，对其求取平均值，得到融合了上下文词语信息的向量表示 v_k：

$$v_k = \frac{v_{\text{sum}}}{2w} \quad (2.1.3)$$

3）输出层

经过模型训练得到的词向量的每一位就是各窗口上下文生成中心单词的概率值，可利用 Softmax 函数计算概率。操作如下：

$$P(v_k \mid v_{k-w}, \cdots, v_{k-1}, v_{k+1}, \cdots, v_{k+w}) = \frac{\exp[u_i^{\mathrm{T}}(v_{k-w} + \cdots + v_{k-1} + v_{k+1} + \cdots + v_{k+w})]}{\sum_{j=1}^{D} \exp[u_j^{\mathrm{T}}(v_{k-w} + \cdots + v_{k-1} + v_{k+1} + \cdots + v_{k+w})]} \quad (2.1.4)$$

式中，D——词表大小；

u_j——词语 j 对应于输出层权重矩阵的表示。

通过迭代训练，就可以得到每个单词融合了上下文语义信息的向量表示。

由以上步骤可以看到，通过该方法得到的词向量中，语义相近的词会具有距离较近的向量表示。其实该类方法也可以看作选取了连续的词语形成词袋，对词袋中的向量进行融合，而对于词袋中的词语顺序不做考虑。

2. Skip – gram 模型

Skip – gram 模型是 Word2Vec 词向量的另一种模型，与 CBOW 模型的不同之处在于，其输入、输出利用中心词对其上下文词语共现的概率进行计算。如图 2.1.2 所示，Skip – gram 模型包括输入层、隐含层、输出层三部分。

1）输入层

输入层的输入为每个单独的词语，每个词语均用 One – hot 编码进行表示。在模型进行训练时，需要选定预测上下文的窗口大小 skip_w 和输出词语个数 num_skip。以句子"I will tell you all about it when I see you again"为例，以词语"about"为中心词，选定上下文窗口 skip_w = 2，num_skip = 2，就会得到两组训练数据（about, all）和（about, it），以此进行模型的训练，目的是得到每个词和选定词共现的概率值，并以此为依据进行窗口内单词的预测。

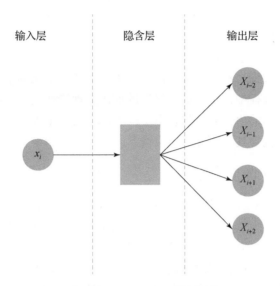

图 2.1.2　Skip – gram 模型结构

2）隐含层

由于 Skip – gram 是由选定词生成上下文词语的过程，因此不需要在隐含层进行信息融合（这与 CBOW 模型有所不同），Skip – gram 模型中隐含层的主要作用是对神经网络的权重矩阵进行训练，并利用查表操作得到选定词语的语义表示向量。在隐含层的向量操作如图 2.1.3 所示，与 CBOW 模型中的查表操作相同，在输入层输入选定词语的 One – hot 编码，可作为其语义词向量的索引，并选取权重矩阵中的对应向量作为该词向量表示。在隐含层进行的操作就可以将稀疏的 One – hot 编码进行降维，得到稠密的语义表示向量。

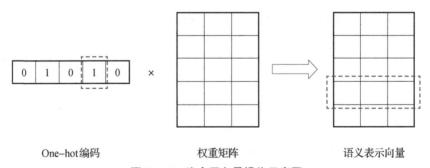

图 2.1.3　隐含层向量操作示意图

3）输出层

经过隐含层的操作，得到选定词的向量表示，将其输入输出层，以此为依据计算其他词共现的概率。在输出层的操作分为两个步骤：距离计算；概率计算。其中，距离运算的目的是计算选定词语和窗口内各词语间的距离，从而得到选定词和各词语共现的特征信息，为了方便分类计算，将距离计算的结果进行归一化操作，得到用于分类的特征信息。在进行概率计算时，利用Softmax分类器，将各特征信息转换为0~1之间的概率值，根据设定上下文窗口的大小，按照概率由大到小的顺序保留词语作为预测的上下文词语。

在模型训练过程中，希望语义接近的词语共现概率更高。经过上述训练步骤，可以对表示词的语义向量的权重矩阵不断进行调整优化，从而使每个词语的向量表示都能包含其上下文的语义信息，更好地应用于下游任务。

2.1.3 GloVe词向量表示

GloVe（global vectors for word representation，全局向量的词嵌入）方法也是将自然文本转换为包含语义信息的实数向量表示。与Word2Vec方法中利用局部信息进行上下文概率预测训练词向量表示的方式不同，GloVe词向量表示是一种基于全局信息进行词向量训练的方法，该方法基于词频统计和词表征进行向量训练，其本质是构建各词语之间的共现矩阵，并依据矩阵信息构建词向量。

1）共现矩阵

共现矩阵用于记录两个词在特定窗口内共现的频率，该矩阵是基于对整个语料库的计数统计建立的，矩阵中的每个元素$X_{i,j}$代表单词i和单词j在特定的窗口遍历语料库后同时出现的次数。一般地，在自然文本中，距离较近的词语表达的语义信息也有可能更为接近，其共现的概率更高。为了在进行词向量表示时更好地融合上下文信息，频率统计并非仅仅计数，而是在进行频率统计时加入衰减权重函数。该权重函数为

$$\text{decay} = 1/d \tag{2.1.5}$$

式中，d——中心词和窗口内各词之间的距离。

通过设置这样的频率权重，可削减窗口内距离较远的词对于整体频率的影响，加强窗口内距离较近的词对于整体频率的影响。由此，实现自然文本语义信息的捕捉。

2）构建词向量表示

共现矩阵自身的统计信息体现了语料库中各词语之间的关系，但共现矩阵并不适合直接应用于计算，因此需要进一步对其进行降维，构建词向量表示。在构建词向量的过程中，首先依据共现矩阵中的频率进行泛化，得到词之间共现的概率：

$$P_{ij} = P(j/i) = X_{ij}/X_i \tag{2.1.6}$$

式中，X_{ij}——共现矩阵中元素(i,j)的频率值，即单词i和单词j共现的频率；

X_i——语料库中所有单词在单词 i 的上下文窗口遍历中共现的概率，计算式为

$$X_i = \sum_m X_{im} \tag{2.1.7}$$

由于词共现矩阵中存在频率衰减（与上述分析相同，对于语义相近的词，其共现概率就会较高，而对于语义关联较小的单词，其共现的概率较小），因此可以利用共现概率比来表示单词间的语义关联程度。例如，在语料库中存在单词 i = "I"，单词 j = "soft"，单词 k = "me"，那么从语义角度分析，单词 "me" 和单词 "I" 语义较近而与单词 "soft" 的关联性不大，因此希望提高单词对共现的概率比 P_{ik}/P_{jk}；如果单词 k = "mild"，那么就希望降低共现概率比 P_{ik}/P_{jk}。如果三个单词之间并没有语义上的明显关联，则希望该比例接近于 1，即三个单词之间并不存在单词对相近的情况。

因此，GloVe 模型公式可以表示为

$$F(\mathbf{w}_i, \mathbf{w}_j, \mathbf{w}_k) = P_{ik}/P_{jk} \tag{2.1.8}$$

式中，$F(\cdot)$ 函数是衡量单词间距离的函数。

在线性空间中进行关系表示时，通常利用两个表示向量的差进行距离的表示。为了得到同样的标量表示，可采用向量内积的方式进行向量的标量化，计算公式为

$$F(\mathbf{w}_i^\mathrm{T}\mathbf{w}_k - \mathbf{w}_j^\mathrm{T}\mathbf{w}_k) = P_{ik}/P_{jk} \tag{2.1.9}$$

进一步可变形为

$$\exp(\mathbf{w}_i^\mathrm{T}\mathbf{w}_k)/\exp(\mathbf{w}_j^\mathrm{T}\mathbf{w}_k) = P_{ik}/P_{jk} \tag{2.1.10}$$

等式左右两边相等，则可以得到最终的模型公式，即

$$\exp(\mathbf{w}_i^\mathrm{T}\mathbf{w}_k) = P_{ik} = X_{ik}/X_i \tag{2.1.11}$$

对式（2.1.11）两边取对数，可得

$$\mathbf{w}_i^\mathrm{T}\mathbf{w}_k = \log X_{ik} - \log X_i \tag{2.1.12}$$

式中，$\log X_i$ 和 k 无关，所以在计算过程中可将其看作标量，用偏置量 b_i 表示，为了保证对称性，同时增加关于 k 的偏置量 b_k。至此，就可以利用模型公式计算词向量和共现矩阵间的近似关系：

$$\mathbf{w}_i^\mathrm{T}\mathbf{w}_k + b_i + b_k = \log X_{ik} \tag{2.1.13}$$

由此，模型训练的目标函数可以表示为

$$J = \sum_{ik} (\mathbf{w}_i^\mathrm{T}\mathbf{w}_k + b_i + b_k - \log X_{ik})^2 \tag{2.1.14}$$

2.1.4 ELMo 词向量表示

在前两节介绍了 Word2Vec 模型和 GloVe 模型训练词向量的方法，这两类方法均能生成包含上下文信息的向量表示。在训练过程中，这两类模型都利用固定语料库学习词语义分布来生成语义向量表示，因此也称为向量静态生成方

式。这种学习特点就使得每个词的词向量表示都是固定的，并不会随着句子的更新而变化，且对于每个词都只存在唯一的向量表示。事实上，自然语言的形式复杂多变，存在一词多义的情况，因此静态的向量表示方法在实际应用中受到诸多局限。

针对如何更好地表达自然语言的复杂特征的问题，Peters 等[1]提出了 ELMo（embeddings from language models）词向量表示方法，即基于语言模型的词向量训练。其思路是通过预训练方法训练得到语言模型，在实际应用时，不再是取训练好的固定向量，而是将输入句子通过预训练的语言模型实时得到在输入语境下对应的词向量表示，这就使得词向量不仅融合了上下文的语义信息，还可以根据上下文信息的动态来调整词向量表示，从而适应下游任务需要处理的复杂语境。

ELMo 得到词向量的操作过程可以分为两步：利用语料训练语言模型；利用下游任务语料库进行微调。

第 1 步，语言模型预训练。

ELMo 预训练模型包括两层双向-长短时记忆单元网络（Bi-LSTM），模型架构如图 2.1.4 所示。该模型包括输入层、网络层及输出层，其训练目标是能够根据选定单词的上下文信息正确预测该单词。

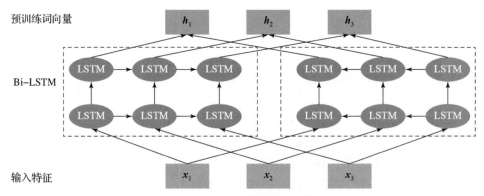

图 2.1.4　ELMo 模型架构示意图

模型的输入即自然文本中每个词语的单词特征，在预训练阶段，初始的单词特征是通过卷积神经和最大池化得到的。上述初始单词特征也可以视作融合了上下文信息的静态单词向量表示。初始的单词特征并不能对多语义进行表示，因此初始的单词特征将输入预训练网络层，即 Bi-LSTM 编码器。其中，编码器分为正向编码器和反向编码器，正向编码器的预测顺序为正序（即从左到右），而反向编码器是逆序（即从右到左），通过以上机制就可以更好地对上下文信息进行编码。除此之外，每个编码器均由两层 LSTM 叠加而成，这就增加了编码器网络的深度，使得在生成词向量时可以融入更多语义信息，其中浅层 LSTM 得到的编码特征可以看作抽取自然文本的句法特征，而深层 LSTM 得到的编码特征可以看作自然文本的深层次语义特征。经过两层叠加的 Bi-LSTM 模型的学习，就可以得到单词嵌入及根据上下文信息动态调整形成向量的预训练网络；对于每个单词，都可以得到对应的三个嵌入向量——单词嵌入、句法嵌入、语义嵌入，这就使得每个单词的向量表示信息更加丰富，并且可以根据所处语境动态调整向量表示。

第 2 步，应用微调。

上述模型是利用整体语料库训练得到的，且预训练得到的词向量是静态的词向量。在下游任务应用词向量时，将下游任务中的语料作为 ELMo 模型的输入，经过模型预测后，就可以得到针对下游任务语境的微调后的词向量表示。本质上，在微调过程中起主导作用的就是 LSTM 层学习得到的句法特征和语义特征，不同的输入向量经过模型学习得到不同的隐含层特征。

经过在阅读理解、语义关系判断、关系抽取等下游任务中的实际应用，ELMo 模型较前期的基于分布学习的词向量表示方法展现出了明显的提升，且任务迁移能力较强，为词向量预训练模型的进一步发展打下了坚实的基础。

2.1.5　BERT 词向量表示

在提出 ELMo 预训练模型之后，谷歌公司提出了预训练模型 BERT[2]，BERT 的全称为 Bidirectional Encoder Representations from Transformer，由此可以看出三个核心概念：Bidirectional、Transformers、Representation。BERT 是由 Transformer 演化而来的，能够建模句子顺序和逆序双向（bidirectional）依赖的特征表示模型。BERT 具有强大的上下文特征建模能力、良好的并行计算能力和即插即用的特性，已经被广泛用于各种自然语言处理任务，并取得了令人瞩目的成就，是自然语言处理研究领域又一里程碑，掀起了注意力机制应用于预训练模型的浪潮，使各项自然语言处理任务得到较大提升。

BERT 是由完形填空（masked language model）和句子预测（next sentence prediction）两个自监督任务组成的多任务模型。完形填空任务就是通过一定概率遮蔽（masked）来部分输入词语，类似"完形填空"试题那样留空，然后让模型预测被遮蔽词语，其重点在于学习词语之间的细粒度特征；句子预测任务是预测句子 B 是（isnext）否（notnext）为句子 A 的下一句话，其重点在于学习句子之间较为粗粒度的特征。从这两个任务可以看出，BERT 同时具备单词和句子、局部和全局的特征建模能力。在具体下游任务应用过程中，与 ELMo 操作类似，即采用在特定数据集上对预训练 BERT 进行微调的方式，获取高质量字符表示。接下来，对 BERT 模型的输入、输出及预训练任务进行说明。

1. BERT 输入

BERT 模型的输入为语言文本 Token 级别的特征表示，主要包括三部分——Token 序列、Segment 序列及 Position 序列，如图 2.1.5 所示。

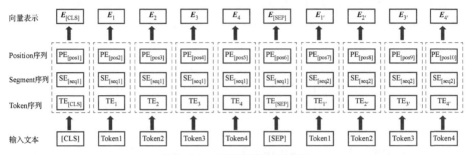

图 2.1.5　BERT 输入示意图

Token 序列输入文本进行分词后每个 Token 对应的嵌入表示，其中用于分词的字典利用 BPE 编码得到，即根据单词组成部分出现的次数对单词进行再次拆分，从而降低词表的大小，如单词"playing"可拆分为"play"和"ing"。为了更好地应用于下游任务，除了输入句子本身形成的 Token 序列之外，BERT 在序列的开头加入特定标志"[CLS]"，用于标志序列的开始，一般该标志对应的最终输出特征可以看作整个文本的输出特征。对于存在多个句子输入的情况，BERT 还加入了特定标志"[SEP]"，作为文本的结尾，用于分隔不同句子。Segment 序列就是可以用来区分不同句子的可学习的嵌入。由于 Transformer 结构无法对输入文本的顺序进行编码，因此在 BERT 模型中加入了 Position 序列，以表示各 Token 的输入顺序，使模型对于处于不同位置的同一个 Token 可以进行区分。例如，在句子"I think I am outstanding."中，两个"I"处于不同的位置。因此，在进行特征表示时，应具有不同的特征表示。这三部分向量表示进行拼接后得到最终的向量表示：

$$h_0 = SW_T + W_P + W_S \qquad (2.1.15)$$

式中，S——所有输入文本对应的 One-hot 向量；

W_T, W_P, W_S——Token 序列、Position 序列、Segment 序列。

2. BERT 输出

BERT 模型由多层 Transformer Encoder 结构堆叠而成。通过多头自注意机制对输入的嵌入向量表示进行特征学习。每一层编码器包括多头自注意机制（multi-head self-attention）、层标准化（layer normalization）、前馈神经网络（feed forward neural network）、残差连接（residual connection）等计算单元。接下来，对一层编码器的计算过程进行详细介绍。

自注意机制是 Transformer 结构中的重要机制，该机制通过生成对应的三个向量（Q、K、V）来计算自注意（self-attention）：

$$\begin{cases} Q = W_Q h_i \\ K = W_K h_i \\ V = W_V h_i \end{cases} \qquad (2.1.16)$$

式中，W_Q, W_K, W_V——可训练的参数。

为了便于表达，式（2.1.16）中省略偏置项。

自注意机制的计算分为两步。

第1步，计算自注意分数。该分数决定了当前位置的词语对输入句子中其他词语的关注程度，也可以理解为当前词语与输入语句中其他词语之间的相关性：

$$\text{Score} = \text{Softmax}\left(\frac{q_i k_j^T}{\sqrt{d}}\right) \qquad (2.1.17)$$

式中，q_i——单词 i 的 Query 向量；

k_j——单词 j 的 Key 向量；

$\sqrt{d}$——用于缩放的常数项。

第2步，将上述权重与单词对应的 Value 值 V 相乘，所得结果即当前单词所对应的表示：

$$\text{Attention}(Q, K, V) = \text{Softmax}\left(\frac{QK^T}{\sqrt{d_k}}\right)V \qquad (2.1.18)$$

多头自注意机制就是为每个单词并行产生多组（如8组）Q、K、V 向量，将上述注意力求解过程计算多次，最后的结果为各个"头"计算结果的拼接。

输入特征在经过多头自注意机制计算之后，会再经历层标准化。在深度学习领域，标准化的方式有很多种（如 Batch Normalization、Layer Normalization、Instance Normalization、Group Normalization、Switchable Normalization 等），它们都有一个共同目的，即把输入转化为均值为0、方差为1的分布，使得数据尽可能落在激活函数的有效区，而非饱和区。层标准化主要由三步计算过程组成。

第1步，计算各层的期望和方差：

$$\mu^l = \frac{1}{H}\sum_{i=1}^{H} a_i^l$$

$$\sigma^l = \sqrt{\frac{1}{H}\sum_{i=1}^{H}(a_i^l - u^l)^2} \qquad (2.1.19)$$

式中，μ^l, σ^l——第 l 层的期望和方差；

H——该层的节点数；

a_i^l——第 l 层的第 i 个节点在激活之前的值。

第2步，通过 μ^l 和 σ^l 计算层标准化后的值：

$$\hat{a}_i^l = \frac{a^l - \mu^l}{\sqrt{(\sigma^l)^2 + \varepsilon}} \tag{2.1.20}$$

式中，ε——一个极小的数，用于避免除零错误。

第3步，通过一组可训练参数来保证标准化操作不会破坏原有的信息，又称增益 g 和偏置 b。设激活函数为 $f(\cdot)$，则第 l 层标准化后的输出为

$$h^l = f(g^l \odot a^l + b^l) \tag{2.1.21}$$

将式（2.1.20）、式（2.1.21）进行合并，可得

$$h = f\left(\frac{g}{\sqrt{\sigma^2 + \varepsilon}} \odot (a - \mu) + b\right) \tag{2.1.22}$$

之后，经过层标准化的特征会再通过前馈神经网络和再一次层标准化，最终结合残差连接得到该层编码器的输出。为了简便起见，本书将利用BERT模型计算输入文本特征的过程表示为

$$h^l = \text{Encoder}(h^{l-1}) \tag{2.1.23}$$

关于BERT模型的更多细节，参见文献［2］、［3］。

BERT模型的最终输出为每个token经过结合上下文信息训练后的词嵌入表示，同时［CLS］在最后一层的输出特征向量为输入句子的特征，因此BERT模型的输出可以应用于基于token级别，以及基于句子级别的文本相关下游任务。

3. 预训练任务

为了对模型的参数进行不断优化，在BERT模型中提出两个预训练任务对模型进行训练，包括MLM任务、NEP任务。其中，MLM任务将原输入文本中80%的词用［MASK］进行替换，将10%的词用其他词进行替换，利用BERT模型对替换为［MASK］的词进行预测训练，以提高模型的预测能力及纠错能力，增加模型的鲁棒性。NEP任务是利用BERT模型对输入文本进行排序，以提高模型对文本语义的学习能力。通过两个预训练任务，BERT模型得到的token表示能更加准确地表示文本的整体信息，为下游任务提供高质量的嵌入表示。

2.2 条件随机场

条件随机场（conditional random field，CRF）是自然语言处理的基础模型，广泛应用于中文分词、命名实体识别、词性标注等场景。CRF是一个序列化标注算法，接收一个输入序列如 $X = (x_1, x_2, \cdots, x_n)$，并输出目标序列 $Y = (y_1, y_2, \cdots, y_n)$。例如，在命名实体识别任务中，其输入为一系列单词或字符表示，其输出就是相应的词。

设 $G = (V, E)$ 为一个无向图，V 为节点集合，E 为无向边的集合。其中，

顶点对应的随机向量为 y，对于图中任意节点 v_i，与该节点有边连接的顶点集合为 W，除 v_i 之外的节点集合为 O。如果满足下式：

$$P(y_v|x,y_o) = P(y_v|x,y_w) \qquad (2.2.1)$$

则称条件概率 $P(y|x)$ 为条件随机场。

按照上述定义，条件随机场中任意一个隐变量的条件概率和该节点没有边连接的节点无关。条件随机场的条件概率可以按照如下方式计算：

$$P(y|x) = \frac{1}{Z(x)} \prod_{i=1}^{m} \psi_i(y_{C_i}, x_{C_i}) \qquad (2.2.2)$$

式中，m——最大团①的数量；

C_i——第 i 个最大团；

ψ_i——势函数；

$Z(x)$——归一化因子。

相较于隐马尔可夫模型，条件随机场的主要优势在于它的条件随机性，只需要考虑当前已经出现的观测状态的特性，没有独立性的严格要求，对整个序列的内部信息和外部观测信息均可有效利用。

2.3 支持向量机

支持向量机（support vector machines，SVM）是最常用的机器学习方法之一，在工业界、学术界均发挥着重要作用，也产生了巨大的影响。在介绍支持向量机之前，先介绍几个与之相关的基本概念。

1）线性可分

设 D_0 和 D_1 是欧氏空间中的两个点集。如果存在 n 维向量 $\boldsymbol{w}$ 和实数 b，使得所有属于集合 D_0 的点 x_i 都有 $\boldsymbol{w}x_i+b>0$，而对于所有属于集合 D_1 的点 x_j 都有 $\boldsymbol{w}x_j+b<0$，则称 D_0 和 D_1 线性可分。

2）最大间隔超平面

在上述定义中，将两个点集 D_0 和 D_1 完全正确地划分开的 $\boldsymbol{w}x_j+b=0$ 就成一个超平面。在所有超平面中，最佳超平面（即以最大的间隔将两类样本点区分开的平面）称为最大间隔超平面。

3）支持向量

在"线性可分"的定义中，我们设空间中存在两类样本点，分别满足 $\boldsymbol{w}x_i+b>0$ 和 $\boldsymbol{w}x_i+b<0$。在实际应用中，为了让样本点的分界线更加明显，会增加一个间隔（超平面与样本点之间的间隔），以保证分类结果的鲁棒性。根据点到直线的距离公式，空间中的样本点到划分超平面的距离为

---

① 对于一个团，如果无法添加另外一个点使得该团变得更大，那么它就是一个最大团。

$$d = \frac{|\boldsymbol{w}^\mathrm{T}\boldsymbol{x}+b|}{\|\boldsymbol{w}\|} \tag{2.3.1}$$

对于一个分类问题,做如下假设:

$$y_i = \begin{cases} 1, & \boldsymbol{w}^\mathrm{T}\boldsymbol{x}_i+b>0 \\ -1, & \boldsymbol{w}^\mathrm{T}\boldsymbol{x}_i+b<0 \end{cases} \tag{2.3.2}$$

即假设正样本位于分割超平面的上方,负样本位于分割超平面的下方。在上述表达式中,令等号成立的向量即支持向量。如图 2.3.1 所示,两条直线所经过的样本点即本例中的支持向量。

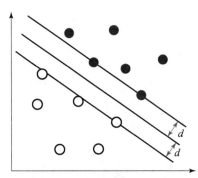

图 2.3.1 支持向量示意图

根据上述公式可得,两个异类的支持向量之间的距离为

$$r = \frac{2}{\|\boldsymbol{w}\|} \tag{2.3.3}$$

它被称为间隔。支持向量机的求解过程,就是寻找具有最大间隔的分割超平面。换言之,就是要寻找满足

$$y_i = \begin{cases} 1, & \boldsymbol{w}^\mathrm{T}\boldsymbol{x}_i+b>1 \\ -1, & \boldsymbol{w}^\mathrm{T}\boldsymbol{x}_i+b<-1 \end{cases} \tag{2.3.4}$$

的参数 w 和 b,使得间隔 r 最大。因此,支持向量机的求解过程可以形式化地定义为

$$\max_{\boldsymbol{w},b} \frac{2}{\|\boldsymbol{w}\|} \tag{2.3.5}$$

$$\mathrm{s.t.}\ y_i(\boldsymbol{w}^\mathrm{T}\boldsymbol{x}_i+b) > 1,\ i=1,2,\cdots,n$$

显然,为了最大化间隔,仅需要最大化 $\frac{1}{\|\boldsymbol{w}\|}$,这等价于最小化 $\|\boldsymbol{w}\|^2$。于是,式(2.3.5)可以重写为

$$\min_{\boldsymbol{w},b} \frac{1}{2}\|\boldsymbol{w}\|^2 \tag{2.3.6}$$

$$\mathrm{s.t.}\ y_i(\boldsymbol{w}^\mathrm{T}\boldsymbol{x}_i+b) > 1,\ i=1,2,\cdots,n$$

这就是支持向量机的基本型。

2.4 全连接神经网络

全连接网络（fully connected network，FCN）是由多个隐含层组成的网络模型，隐含层上的每个节点都与上一层的所有节点相连，所以称为全连接神经网络。在全连接神经网络中，各神经元可以接收前一层神经元的信号，并产生输出到下一层。第 0 层为输入层，最后一层为输出层，其他中间层为隐含层（又称隐藏层、隐层）。隐含层可以是一层，也可以是多层。这些神经网络单元通过可变的网络权重连接。输入数据显示在第一层，其值从每个神经元传播到下一层的每个神经元。最终从输出层中输出结果。

最初，所有的权重都是随机生成的，并且从网络输出的结果很可能是没有意义的。之后，全连接神经网络通过训练学习来确定网络权重 W，每一层的权重决定如何将线性不可分的数据空间转换到线性可分的数据空间，这一步通常使用激活函数来实现。激活函数的主要作用是完成数据的非线性变换，使全连接神经网络能够表示输入输出之间非线性的复杂的任意函数映射。常用的激活函数有 Tanh、Sigmoid、ReLU，如图 2.4.1 所示。

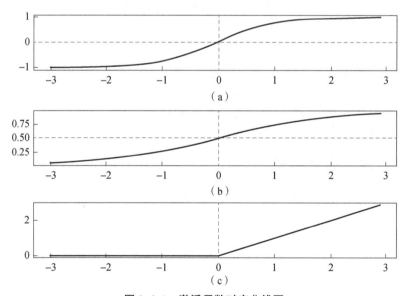

图 2.4.1　激活函数对应曲线图
(a) Tanh；(b) Sigmoid；(c) ReLU

全连接神经网络训练分为前向传播、后向传播两个过程。

前向传播过程中，数据沿输入到输出后，计算损失函数值。全连接网络中的一层计算过程可以表示为

$$y = f(\boldsymbol{W}\boldsymbol{x} + b) \qquad (2.4.1)$$

式中，x——输入；

$\qquad \boldsymbol{W}$——权重；

$\qquad b$——偏置；

$\qquad f(\cdot)$——激活函数。

后向传播是一个优化过程，利用梯度下降法减小前向传播产生的损失函数值，从而优化、更新参数。其主要包含以下三个步骤：

第1步，前向计算每个神经元的输出值；

第2步，反向计算每个神经元的误差项；

第3步，用随机梯度下降算法迭代更新权重 $\boldsymbol{W}$ 和偏置 b。

全连接神经网络是最基本的网络结构，其架构简单、结构直观，能够适应绝大部分应用场景。然而，由于全连接网络中隐含层上的每个节点都与上一层的所有节点相连，因此全连接神经网络的参数量相对较大，对应地，其计算量也相对较大，所需的存储空间随之变大。另外，全连接神经网络的堆叠虽然可以增强网络学习能力，但是缺乏先验知识的引入，学习效率较低。与此同时，过大的参数量也容易导致模型过拟合。

2.5 循环神经网络

自然语言处理领域所研究的对象主要是非结构化文本，这些文本内部的单词与单词之间存在顺序依赖关系。例如，"小明打小刚"和"小刚打小明"中的单词相同，但词序不同，所表达的含义就完全不同。对于这些序列输入的信息，不同时刻的输入会相互影响，因此需要构建一种模型来"记忆"前一时刻的历史输入，从而捕获文本的长距离依赖。

2.5.1 普通循环神经网络

循环神经网络（recurrent neural network，RNN）就是为了解决上述问题被构造出来的。RNN被广泛应用于命名实体识别（named-entity recognition，NER）、词性标注（part of speech，POS）等序列标注任务。RNN包含一个神经元，不仅存储了当前信息，还包含了历史时刻的输入信息，能够很好地捕捉文本的位置信息和长距离依赖。循环神经网络的结构如图2.5.1所示，它也是由输入层、隐含层和输出层组成的。

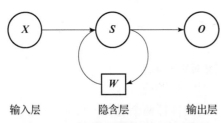

图2.5.1 循环神经网络的结构示意图

图2.5.1中的特别之处在于一个有循环箭头的矩阵 W, 表示该权重矩阵会参与每一步运算。这也是循环神经网络名称的由来。设 U 为输入层到隐含层的权重矩阵，S 为隐含层的值，O 为循环神经网络的输出向量，V 为隐含层到输出层的权重矩阵。由图2.5.1可得，循环神经网络当前隐含层的值 S_t 不仅取决于当前的输入，还和上一步的隐含层值 S_{t-1} 有关。通过这种方式，任意时刻的序列输入都会包含前面所有时刻的状态信息，从而达到"记忆"的目的，类似于一种残差网络结构。

循环神经网络的计算过程可以使用公式描述如下：

$$\begin{cases} \boldsymbol{O}_t = g(\boldsymbol{VS}_t) \\ \boldsymbol{S}_t = f(\boldsymbol{UX}_t + \boldsymbol{WS}_{t-1}) \end{cases} \quad (2.5.1)$$

循环神经网络有效地解决了序列依赖的问题。然而，在反向传播时，其循环网络参数共享，重复使用链式法则，导致在更新参数 W 梯度时必须同时考虑当前时刻的梯度和下一时刻的梯度，这样梯度的连乘就带来梯度消失和爆炸的问题。而且，在前向计算过程中，随着距离的增大，开始时刻的输入对后面时刻状态的影响逐渐缩小，从而就失去了"记忆"功能，无法解决长距离依赖的问题。

除此之外，由于RNN是序列模型，因此后续输入依赖前序输出，句子必须逐字计算。这种递归结构导致RNN模型难以并行计算，如果需要快速训练RNN，就需要大量的硬件资源，计算成本较高。

2.5.2 长短时记忆网络

长短时记忆网络（long short-term memory，LSTM）是一种特殊的 RNN。相较于经典的 RNN，其增加了一个状态 cell state，并且通过遗忘门、输入门和输出门的机制来解决梯度消失问题和捕捉长期依赖信息。

LSTM 借助门控机制来去除或者增加 cell state 的信息，实现了对重要内容的保留和非重要信息的移除。门控机制主要通过 Sigmoid(·) 激活函数实现，其作为激活函数会输出一个0~1之间的值，表示有多少信息量在当前输入中可被通过。当 Sigmoid(·) 激活函数输入为1时，表示信息可以全部通过保留；当 Sigmoid(·) 激活函数输入为0时，则拦截所有信息。

LSTM 的网络结构如图 2.5.2 所示，其中 x_t 表示 t 时刻的输入，h_t 表示 t 时刻的隐含层状态，c_t 表示 t 时刻的 cell state。

LSTM 的遗忘门决定了要从上一个状态 c_{t-1} 丢弃什么信息，其输入为上一时刻的隐含层状态 h_{t-1} 与当前输入序列 x_t，经过一个线性层 $W_f(·) + b_f$ 后，用 Sigmoid(·) 函数映射得到 0~1 范围的输出 f_t。计算公式如下：

$$f_t = \sigma(W_f[h_{t-1}, x_t] + b_f) \quad (2.5.2)$$

f_t 与上一时刻状态 c_{t-1} 相乘，便可决定当前要保留多少上一时刻状态的信息。

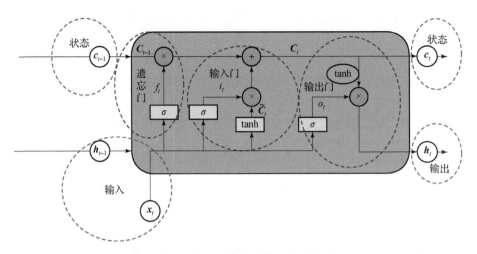

图 2.5.2 LSTM 单元示意图（附彩图）

LSTM 的输入门对输入有选择地进行记忆。首先，tanh(·)激活函数根据当前输入信息 x_t 和上一时刻的隐含层状态 h_{t-1} 创建新的候选 cell state $\tilde{C}_t$；之后，由 Sigmoid(·)生成输入门 i_t，决定 $\tilde{C}_t$ 具体更新多少状态值；有了遗忘门和输入门之后，就可以更新得到新的 C_t，输出公式如下：

$$\begin{cases} \tilde{C}_t = \tanh(W_c[h_{t-1}, x_t] + b_c) \\ i_t = \sigma(W_i[h_{t-1}, x_t] + b_i) \\ C_t = f_t \circ C_{t-1} + i_t \circ \tilde{C}_t \end{cases} \quad (2.5.3)$$

LSTM 的输出门决定了 cell state 要输出哪些信息。与之前类似，Sigmoid(·)激活函数根据 x_t 和 h_{t-1} 产生一个 0~1 的数值 o_t 来确定当前 cell state 有多少信息需要被输出。cell state 在与输出门 o_t 数位相乘时，会首先经过网络层 tanh(·)进行激活，最终得到 LSTM 的结果输出，即当前时刻的隐含层状态 h_t。输出公式如下：

$$\begin{cases} o_t = \sigma(W_o[h_{t-1}, x_t] + b_o) \\ h_t = o_t \circ \tanh(C_t) \end{cases} \quad (2.5.4)$$

2.5.3 门控循环单元网络

2.5.2 节介绍了 LSTM 的模型原理，门控网络是其中的重要结构之一，但从 2.5.2 节的介绍可以看到 LSTM 网络的门控网络设计较为复杂。为了进一步优化模型结构，Bengio 等[4]提出了门控循环单元网络（gated recurrent unit, GRU），该方法将 LSTM 中的遗忘门和输入门进行合并，形成了单独的更新门，重置门则将原有的记忆单元和隐含层进行合并。通过上述功能门的合并简化了模型的结构，使其更利于网络运算，且去除了功能上的冗余，提高了模型的训练效果。GRU 的结构如图 2.5.3 所示。

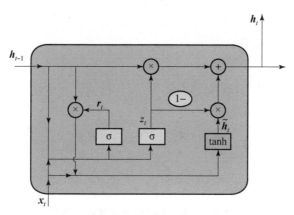

图 2.5.3　GRU 结构

状态更新的计算公式为

$$h_t = z_t \odot h_{t-1} + (1 - z_t) \odot \tilde{h}_t \tag{2.5.5}$$

式中，z_t——合并后的更新门，计算公式为

$$z_t = \sigma(W_z x_t + U_z h_{t-1} + b_z) \tag{2.5.6}$$

z_t 的取值范围为 $(0,1)$，x_t 为当前输入，h_{t-1} 为上一时刻的状态，b_z 为偏置。

状态更新公式中的 $\tilde{h}_t$ 表示当前时刻的候选状态，其计算公式为

$$\tilde{h}_t = \tanh(W_h x_t + U_h (r_t \odot h_{t-1}) + b_h) \tag{2.5.7}$$

式中，r_t——合并后的重置门，其计算公式为

$$r_t = \sigma(W_r x_t + U_r h_{t-1} + b_r) \tag{2.5.8}$$

重置门用来表示的是当前状态是否依赖于上一状态，当其取值为 0 时表示当前状态和之后输入状态相关，取值为 1 时则表示当前状态和当前输入及上一状态相关，也就是循环网络的基本结构。

2.5.4　双向循环神经网络

在单向 LSTM 中，当前状态只依赖于之前的序列信息（上文），而忽略了后面的文本信息（下文）影响。同时由于其本身的结构特点，越靠后的输入对输出的影响就越大，导致对句子中不同顺序单词的特征学习不平衡。为了解决这一问题，Hochreiter 等[5]提出了双向循环神经网络（bi - directional recurrent neural network），其中最有名的是 Bi - LSTM。这样的双向序列模型可以考虑到

整个句子的信息,对于当前序列 token 的预测,可以综合考虑过去的信息和将来的信息。Bi-LSTM 模型结构如图 2.5.4 所示。

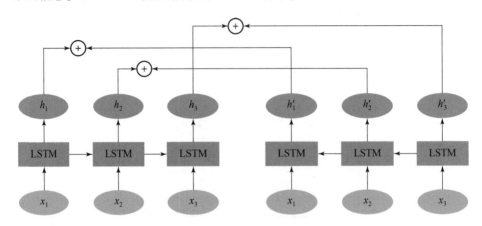

图 2.5.4　Bi-LSTM 模型结构示意图

与之前的模型不同的是,Bi-LSTM 模型包括了双向的 LSTM 结构,即前向 LSTM 和后向 LSTM 的结合网络。在前向 LSTM 中,输入特征按照顺序依次进行隐含层状态的求解;在后向 LSTM 中,输入特征按照逆序的方式进行特征的提取。通过以上步骤,对于同一个输入特征就可以得到两个对应的隐含层状态,分别表示过去的信息和将来的信息,将其进行拼接,就可以得到最终的融合双向信息的特征表示。

特别地,双向的两个 LSTM 之间是彼此独立的,换言之,两个网络之间不存在参数共享,两者仅共享相同的词嵌入向量,由此就可以得到更加丰富的语义信息。

2.5.5　递归神经网络

循环神经网络(RNN)的结构只能建模输入单元之间的线性依赖。然而,如前文所述,句子内部有较丰富的依存结构。为了解决这一问题,研究人员提出了递归神经网络[6](recursive neural network),其简写同样为 RNN,但模型结构和上述循环神经网络存在不同。本质上,循环神经网络是在时间上的递归,而递归神经网络改变了按线形顺序进行训练的模式,从一维序列扩展到二维空间,参照语义树等结构模式进行特征学习,是一种结构上的递归。这种树状结构更加贴合句法分析,因此可以更好地学习到语义信息,从而处理具有歧义的句子。

递归神经网络可以将输入的自然文本构建为树结构,并将结构树信息映射到向量空间中,而映射得到的向量即可看作融合了文本结构信息的特征向量。

具体步骤：递归神经网络的初始输入为文本的词嵌入特征，这些特征可以看作结构树的叶子节点，也就是递归操作的初始特征；之后，将每两个单词进行隐向量的计算，从而得到该单词对的父节点。以此类推，最终形成完整的树状结构，最终形成的根节点就可以用来表示对应于输入的树状结构的特征，也就是将结构树映射为了特征向量。

父节点的计算公式如下：

$$P = \tanh\left(W\begin{bmatrix}c_1\\c_2\end{bmatrix} + b\right) \quad (2.5.9)$$

式中，P——父节点的特征表示；

$\begin{bmatrix}c_1\\c_2\end{bmatrix}$——两个子节点的特征表示；

W——权重矩阵；

b——偏置。

在训练过程中，训练误差会沿着从父节点到子节点的路径进行反向传播。

从以上步骤可以发现，基于递归的神经网络可以得到任意上下文片段的特征表示。这是因为树状结构具有可以进行子树划分的特点，每个子树都可以看作一个输入片段所形成的树，那么子树的根节点表示就是该输入片段的特征表示。由此可以发现，递归神经网络的特征学习具备自由组合得到任意特征的特点，其特征表示能力比循环神经网络更加灵活。

注意：将输入文本转换为树状结构形式需要较大的开销，同时在训练过程中需要对文本进行句法标注，这会导致较大的资源开销。因此，在进行自然语言处理相关任务时，仍然较多采用时间递归类方法进行处理。

2.6 卷积神经网络

典型的卷积神经网络（convolutional neural network，CNN）由三部分构成——卷积层、池化层、全连接层。其中，卷积层通过多个卷积核来提取数据的局部特征；池化层用来大幅降低参数量级（降维）；全连接层类似全连接神经网络的部分，用来输出想要的结果。如前文所述，全连接神经网络参数过多，不仅效率低下、训练困难，而且大量参数会导致网络过拟合；卷积神经网络通过多个小的卷积核及池化操作，把大量参数降维成少量参数，可有效地缓解上述问题。

在情感分析、立场检测、关系抽取等自然语言处理任务中，对预测结果起决定性影响的往往是局部的单词或短语。因此，研究人员受到 n-gram 语言模型的启发，使用一维卷积神经网络建模句子，以分析和表征其语义内容。

在自然语言处理领域中，大多数任务的输入矩阵表示句子或文档。矩阵的每一行对应一个 token，表示一个单词或字符。在卷积神经网络中，一般使用卷积核滑过矩阵的一行单词，用卷积核的宽度表示每次捕获特征所对应的单词数目。

具体地，设向量 x_i 为句子的第 i 个单词表示，M 是需要训练的权重矩阵，一维卷积的核心思想就是将 M 与句子中的每 m 个连续单词表示相乘，以获取其对应的 $m-$gram 特征 c，公式如下：

$$c_j = M^T x_{j-m+1:j} \tag{2.6.1}$$

式中，$x_{j-m+1:j}$——从 x_{j-m+1} 到 x_j 的向量拼接。

由于 CNN 步长的原因，一维卷积得到的 $m-$gram 特征表示的个数要小于句子中的单词数量。为了让特征数目与输入语句的单词数量相等，以便执行序列标注、依赖学习等进一步任务，一般还需要对输入特征的两侧进行空白填充。池化层在卷积层之后应用，池化层对卷积层的输入进行"下采样"，最常用的方法是 max 操作，即只保留最大值。池化操作在减少了输出维度的情况下，保留了语义最显著的信息。

卷积神经网络的优势在于速度快，并且已经可以基于 GPU 硬件级实现。与 n-gram 方法相比，卷积神经网络在学习表征方面也更加高效，随着词汇量的增大，计算多于 5-gram 都会昂贵。而卷积滤波器自动学习表征，不需要表示所有词汇，大于 5 的卷积核是很平常的事，即卷积核捕捉了与 n-gram 相似的特征，但是以更简洁的形式表达。

卷积神经网络也存在自身的缺点。例如，文本特征经过池化层会丢失其位置信息；卷积神经网络难以捕获文本的全局依赖等。因此，构建更强大的文本特征提取器一直是自然语言处理领域研究的主要课题之一。

2.7 自注意机制网络

如前文所述，CNN 无法建模句子的全局依赖，RNN 难以并行计算。Transformer 的出现打破了这一困境。该模型最早应用于机器翻译领域，与大多数 Seq2Seq（Sequence-to-Sequence）模型一样，Transformer 也是由编码器（Encoder）和解码器（Decoder）两部分组成的。

编码器由 6 个堆叠的相同编码层组成，每一层的输入都是上一层的输出，可表示为

$$\text{Layer}_{i+1}(x) = \text{LayerNorm}(x + \text{Layer}_i(x)) \tag{2.7.1}$$

式中，$x + \text{Layer}_i(x)$——残差连接（residual connection）；

LayerNorm(·)——层归一化（layer normalization），其目的在于稳定数据分布，加速模型收敛。

一个编码层主要包括两个计算步骤：多头自注意（multi-head self-attention）；线性变换。多头自注意首先通过 n 个不同的线性变换对普通自注意机制中的 Q、K、V 进行投影，然后将不同线性变换的自注意结果进行拼接，即

$$\text{MultiHead}(Q, K, V) = \text{Concat}(\text{head}_1, \text{head}_2, \cdots, \text{head}_n) W \quad (2.7.2)$$

$$\text{head}_i = \text{Attention}(QW_i^Q, KW_i^K, VW_i^V) \quad (2.7.3)$$

Transformer 中自注意机制的计算过程如下：

$$\text{Attention}(Q, K, V) = \text{Softmax}\left(\frac{QK^{\mathrm{T}}}{\sqrt{d_k}}\right) V \quad (2.7.4)$$

式中，d_k——输入向量的维度。

Transformer 的解码器结构与编码器结构类似，区别之处是解码器在计算自注意时，会使用掩膜机制遮盖未来的信息。Transformer 的计算过程以自注意为主，它既可以支持高效的并行计算，又能有效地获取输入信息的全局依赖。近年来，随着 GPT、BERT 等基于 Transformer 架构的预训练模型的提出，使用预训练的 Transformer 及其变体作为编码器已成为自然语言处理领域的主流。具体到实践中，主要有两种方式：其一，用预训练模型输出的单词向量表示替换传统的词向量，作为 CNN、RNN 等神经网络的输入；其二，将预训练模型作为实体识别模型的编码器，并在其基础上使用训练数据进行微调。一般而言，后者的效果要优于前者。

2.8　图神经网络

卷积神经网络、循环神经网络等传统的深度学习方法在图像处理、自然语言处理等相关任务中取得了显著成效，但以上模型通常应用于欧氏空间，对于实际应用场景中常见的非欧氏空间中的任务，其处理效果仍然有较大的提升空间。

传统深度学习方法通常将数据样本之间看作相互独立的，但事实上，在应用场景中会存在数据样本间关联的情况。如图 2.8.1 所示，在社交网络信息处理任务中，邮件往来是常见的应用场景之一，在该场景下，邮件发送人和收件人之间往往存在交互，其联系相对复杂，而基于图结构的处理可以更好地将其中的交互信息进行表示。事实上，社交网络自身就可以看作一个连接图的结构，每一个节点和其他节点间都存在连接关系，而基于图的处理方式显然更适合该类任务。在实际应用场景中，类似于社交网络这样存在关联性的任务是较常见的（尤其是目前知识图谱发展迅速），因此对于图结构的处理是很有应用价值的。

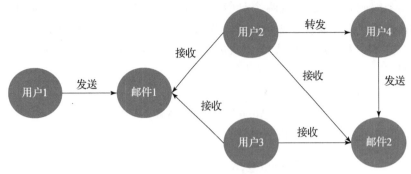

图 2.8.1 社交网络

然而，图的大小及连接是不规则的，这就导致传统的深度学习方法不适合直接用于类似图结构的处理任务。例如，利用卷积神经网络操作时，窗口内的输入具有相同的特征；然而，在图结构上，因其连接方式的不确定性，无法保证窗口内的结构相同，因此直接利用卷积神经网络进行操作是不适用的。同理，循环神经网络主要是在一维序列上按照时间顺序对信息进行处理，对于图这种复杂的结构，传统的循环神经网络无法对其进行有效处理；如果沿用机器学习方法中对于图结构的处理，则所需的资源消耗较大，不适用于大规模的图结构信息处理。

针对实际应用需求及传统深度学习方法在处理图结构时的不足，研究人员逐渐将研究目光转向在深度学习方法中对于图结构的处理方法。受到原有神经网络的启发，借鉴传统卷积神经网络、传统循环网络及自编码的思想，研究人员[3,7]提出了利用深度学习的思想处理图结构信息方法，即图神经网络（graph neural networks，GNN），并得到越来越广泛的关注，成为新的研究热点。常见的图神经网络主要包括图卷积神经网络、图循环网络等。

2.8.1 图卷积神经网络

图卷积神经网络是由文献[7]提出的在图结构上应用深度学习的方法。在上面的介绍中提到过，卷积神经网络在处理图像、文本相关任务时具有简洁、高效的特点，进行操作时通常需要预先固定处理窗口，之后利用滑动窗口机制对其进行迭代处理，每个窗口所对应的均为相同的结构。然而，对于图结构来说，我们可以将其连接看作是无限制的，也就是说，每个节点之间都可能存在连接，而每个连接也可能会连接新的节点。这就导致了图结构的不确定性及不规则性，每个节点具备自身的连接情况，使得卷积神经网络无法很好地对图结构进行有效处理。

通过分析可知，之所以想要保留图结构，是因为其包含了节点之间的连接信息，而这些信息对于下游处理任务是尤为重要的。事实上，这些重要的连接信息最基本的单元就是节点之间的"相邻"关系，通过邻居间的不断聚合，最终形成连接图。基于以上分析，研究人员[3,7]提出将卷积计算应用于图数据特征表示。

卷积计算是卷积神经网络方法中的核心步骤，其主要作用是将范围内的特征进行融合提取。与之类似，在处理图数据时，其核心思想就是通过卷积操作聚合选定节点及其邻居节点的特征表示，并对选定节点的表示进行更新，经过完整迭代，每个节点都包含了其邻居节点的信息，也就是包含了图的结构信息。

图卷积神经网络包括两个主要模块：卷积算子的构建、池化算子的构建。其中，卷积算子用于通过邻居节点信息融合捕捉局部的特征信息；为了降低卷积操作得到的特征表示维度，对特征进一步捕捉且更好地应用于后续操作，就加入了池化算子。按照卷积算子构建方式的不同，可将图卷积神经网络分为两种类型：基于谱方法的图卷积神经网络、基于空间方法的图卷积神经网络。

1. 基于谱方法的图卷积神经网络

基于谱方法的图卷积神经网络借鉴了信号处理领域的处理方式，从谱域角度对卷积算子进行定义。这种方法和利用卷积神经网络处理图像任务类似，将卷积算子定义为滤波器，其主要目的是去除处理过程中存在的噪声数据，从而增强特征的有效性。该过程利用了傅里叶变换的思想，通过该操作可以将在时域上较难完成的任务转换为在谱上的任务，从而可以更直接地对其进行处理。

用 X 表示图结构信息，它是包含了各节点信息的特征向量。在基于谱方法的图卷积神经网络方法中，将输入的图信息看作无向图，即节点之间没有交互信息方向的问题，其数学表示为正则化拉普拉斯矩阵：

$$L = I - D^{-\frac{1}{2}} A D^{-\frac{1}{2}} \quad (2.8.1)$$

式中，A——输入图信息的邻接矩阵；

D——对角矩阵，其元素可以表示为

$$D_{ii} = \sum_j A_{i,j} \quad (2.8.2)$$

正则化拉普拉斯矩阵可以利用实对称半正定的性质进行分解，那么无向图就可以表示为

$$L = U \Lambda U^{\mathrm{T}} \quad (2.8.3)$$

式中，U——由 L 的特征向量组成的矩阵；

Λ——对角线为 L 的特征值的对角矩阵。

为了将矩阵转换映射到可操作的向量空间中，进一步将图输入特征 X 映射为

$$X = \sum_i \hat{x}_i u_i \quad (2.8.4)$$

式中，$\hat{x}_i$——图中的节点 i 信息经过傅里叶变换后的映射信息。

经过以上变换后,就可以在映射空间中定义图卷积算子:
$$x_G^* y = U((U^T x) \odot (U^T y)) \tag{2.8.5}$$
式中,x,y——节点映射后的信息;

x_G^*——对图表示特征按照定义的图卷积算子进行卷积操作;

$\odot$——将向量对应位置的元素进行乘法运算。

基于以上思路,研究人员[8-12]提出了具体的基于卷积定理的图卷积神经网络,如谱卷积神经网络[8](spectral CNN)、小波神经网络[9](GWNN)、切比雪夫图卷积神经网络[10](ChebNet)、自适应图卷积神经网络[11](AGCN)、图热核网络[12](GraphHeat)等,这些图卷积神经网络的主要思想仍然是将图结构映射到谱空间进行卷积操作,不同之处主要在于针对卷积算子的定义方式进行了相应的改进。

从上述介绍中可以发现,基于谱方法的图卷积神经网络在对图信息进行操作时,输入的图信息为整个图结构组合而成的信息。在实际应用中,当面临知识图谱、社交网络等超大型图结构时,上述加载全部图信息的方法会严重影响模型的处理效率。

2. 基于空间方法的图卷积神经网络

基于空间方法的图卷积神经网络同样是将图结构信息映射到可以利用卷积操作的欧氏空间,与谱方法中利用全部图信息通过数学变换定义卷积算子的方式不同,基于空间方法的图卷积神经网络是基于图中各节点之间的连接关系对卷积算子进行定义。

二维图像可以看作一种特殊的图结构,其中每个像素点皆可视为图结构中的节点,通过节点间的规整连接,得到了图像。因此,类比于图像上的卷积操作,可以将卷积操作聚焦于图结构中选定节点及其相连节点间的信息,也就是通过空间上的相连关系转换为局部连接,之后对选定节点及其相邻节点的信息进行加权求和,实现信息的融合,并将其作为设定滤波器下的融合特征向量。如此,经过多层卷积层的叠加,就可以得到最终输出的图特征向量。特别地,卷积层的叠加方式主要包括两种类型:一种是 recurrent – based 方式,即利用相同的卷积层对特征进行更新;另一种是 composition – based 方式,即利用不同的卷积层堆叠对特征进行更新。

首次利用空间方法的图卷积神经网络是 Graph Neural Network (GNN),该模型直接对选定节点及其相邻节点进行累加,从而实现对特征的卷积操作。在更新下一层特征时,利用邻居节点的当前层特征进行计算。在 NN4G 模型中的特征公式表示为

$$h_i^{(k)} = f\left(W^{(k)T} x_i + \sum_{i=1}^{k-1} \sum_{j \in N(i)} \theta^{(k)T} h_j^{(k-1)}\right) \tag{2.8.6}$$

式中，$N(i)$——节点 i 的所有邻居节点集合；

i,j——节点的索引，其中 j 为 $N(i)$ 中的索引，即对于节点 i 的所有邻居节点集合进行遍历取得的每个节点索引；

k——卷积层的标号；

h——经过卷积操作得到的隐向量；

W,θ——需要学习的参数；

$f(\cdot)$——激活函数。

除了 NN4G 模型，研究人员还提出了 CGMM[13]（contextual graph Markov model）、DCNN[14]（diffusion convolutional neural network）、DGC[15]（diffusion graph convolution）等方法，对节点融合方式及相邻节点的查询进行改进。具体的细节在此不再赘述，推荐通过原始论文了解相关细节。

与基于谱方法的图卷积神经网络需要将图结构的全局信息输入神经网络进行操作不同，基于空间方法的图卷积神经网络更关注局部的连接信息，通过层级迭代可以得到全局的图特征，这使得该方法可以更好地适应大规模的图结构，因此有较好的应用前景。

2.8.2 图循环网络

除了基于卷积方法的图神经网络外，基于门控机制的图神经网络是其他研究趋势之一，利用这种基于门控机制的图神经网络称为图循环网络（GRN）。由于连接图可以看作特殊序列，因此可以将图结构转换为序列结构，从而将图结构映射到欧氏空间，利用循环网络学习到每个节点的隐含层状态信息。

GRN 常用的模型结构以 LSTM 作为网络架构，利用树状 LSTM（tree LSTM）对连接图进行处理。根据聚合信息方式的不同，该类方法可以分为两类：Child – Sum Tree – LSTM、N – ary Tree – LSTM。

1. Child – Sum Tree – LSTM

从名称可以看出，该类方法在进行信息聚合时利用 Tree – LSTM 将子节点进行隐含层状态的相加，从而得到父节点的信息表示，通过迭代得到图的最终表示。其中，每个 Tree – LSTM 均包括用来记录单元和节点隐含层状态的输入门和输出门，对于树状结构的每个节点都设置了遗忘门，也就满足了对于选定节点聚合其对应的子节点信息的目的。

2. N – ary Tree – LSTM

从名称容易理解到，该类方法基于 N 叉树结构的方法，适用于给定树中子节点范围固定且可以进行排序的情况。与 Child – Sum Tree – LSTM 的不同之处在于，该类方法中的每个子节点都具备单独的参数矩阵，这就使得模型可以学习到更加精细的特征向量。

基于以上树状LSTM的发展，研究人员提出了将树状结构进一步扩展到图结构之上，提出了Graph LSTM模型。Peng等[16]提出了基于N-art Tree-LSTM思想的图结构LSTM方法，但该类方法中的每个节点只存在父节点及兄弟节点两个交互信息。考虑到图中的连接边也具备信息，Peng等通过设置不同的矩阵表示不同的连接边，从而得到更加丰富的图信息。

在自然文本处理任务中，Zhang等[17]提出了基于LSTM图结构的文本编码方法（sentence LSTM，S-LSTM）。该方法首先将文本转换为图数据，具体操作为：句子中的每个单词都可以看作一个节点，而其上下文就可以看作图上的邻接节点，从而将一维顺序句子转换为图结构；然后，利用Graph LSTM模型就可以对文本信息进行聚合。

因为LSTM结构具有时间记忆等特点，因此对于每个选定节点（即文本中的某个词）不仅可以得到其上下文信息，还可以得到文本的全局信息。将局部信息和全局信息结合后，对其进行建模，最终可得到对选定词的表示信息。该方法在自然语言处理中得到了广泛应用，并且因其可以得到更加细节的特征，从而具有良好的训练效果。

2.9 多任务学习

多任务学习在图像处理、自然语言处理、推荐系统等领域得到广泛应用，多任务的概念是由单一任务概念引申出来的。所谓单一任务，可以将其简单地理解为一个神经网络仅用于处理一项任务。例如，在命名实体识别中，只利用LSTM神经网络进行语义特征的提取用于实体预测，这项任务就可以看作单任务学习，其中训练过程中只存在单一的目标函数，即只存在一个loss值。

顾名思义，多任务学习就是在模型学习中存在着对于多个目标任务的优化，也就是在反向传播时存在多个loss值并存的学习过程，且在过程中共享参数，这就是多任务学习的主要思想。单任务学习和多任务学习的学习流程对比如图2.9.1所示。

在很多实际应用场景中，所需要关注的信息可能是多方面的，也就是在模型学习过程中需要提取多维度的信息。例如，在信息抽取中，我们需要根据自然文本进行对应的实体抽取、关系抽取、事件抽取等。处理这些场景时，完全可以利用单模型分别进行处理，但这就意味着需要设定三个独立的模型分别针对实体识别、关系抽取、事件抽取三个任务，从而实现目标任务，这无疑会增加任务学习的模型训练开销。事实上，这三个任务的输入均为文本的语义特征，也就意味着三个模型之间是可以进行编码共享的。另外，这三个任务之间也存在着信息关联，对于关系抽取和事件抽取任务来说，需要实体识别任务对实体进行标注，任务间的信息交互可以促进整体任务的完成。如果使用单任务

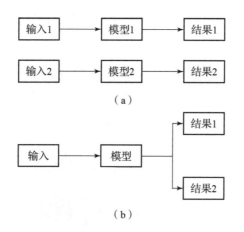

图 2.9.1 单任务学习和多任务学习的学习流程对比
(a) 单任务学习；(b) 多任务学习

学习方式，就会形成串行的学习模式，这就导致任务间是相互独立的，并不会进行信息交互，从而影响整体学习效果，且在任务间存在先后关系时，会因为训练和推理过程中存在暴露偏差，导致错误传播。

  多任务学习目前广泛应用于各项神经网络应用场景。具体来说，多任务学习较单任务学习具备以下几方面优势。一方面，降低模型学习消耗。多任务学习通过共享参数实现多目标的同时训练，从而使得模型学习更加方便，减少参数，降低模型训练在时间及存储空间的消耗。另一方面，能够进行任务间的互助训练。在相关联的多个任务之间，可能存在某个任务的训练数据较少，单任务学习在这种情况下就无法进行很好的处理，而利用多任务学习可以通过与其他任务的交互来实现该任务模型的调整，从而在一定程度上达到数据增强的效果，并且可以通过交互辅助来训练单任务中较难学习的参数，以较好地拟合数据。除此之外，多个任务模块的交互也可以削弱噪声数据影响，从而使模型更加鲁棒。

  根据参数共享方式的不同，多任务学习的基本框架可以分为两种类型：Hard parameter sharing、Soft parameter sharing。

  顾名思义，Hard parameter sharing 通过设定的参数共享来实现的多任务学习，是简洁且应用广泛的参数共享方法。该类模型通过底层参数的统一共享实现多任务学习，而在上层模块中各任务是独立的，其结构如图 2.9.2 所示。

  这类方法在任务处理时，实际上是将其各任务模块分别进行。与单任务学习的不同之处在于，该类方法用于预测的特征是共享的，一方面极大地减少了需要训练的参数规模，另一方面从底层进行了信息共享。这使得虽然在上层的任务处理仍然是相对独立的，但在参数信息方面融合了其他任务的信息，从而实现信息在底层模块的交互;同时,底层参数共享意味着共享了大部分参数,由此可以得到更加鲁棒的模型,不容易产生过拟合。

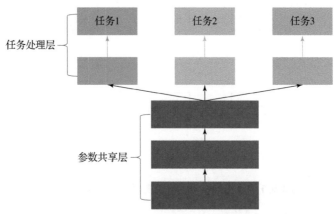

图 2.9.2　Hard parameter sharing 模型结构示意图

从上面的过程不难发现,对于任务处理层的参数并没有实现共享。针对这个问题,研究人员提出了 Soft parameter sharing[18]方法。该方法不再仅共享底层的参数,而是对每个任务均有自己的训练参数,同时在各任务网络层之间加入交互,以达到信息共享的目的,实现多任务学习。其模型结构如图 2.9.3 所示,其中,在各层间增加的交互可以视为对各部分参数的约束信息,通常利用 L2 规范及迹范数进行信息交互。

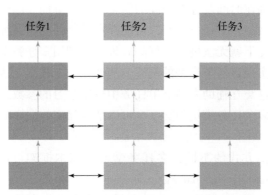

图 2.9.3　Soft parameter sharing 方法示意图

对于多任务学习来说,通常每个任务模块都存在一个训练目标函数,在训练过程中就会产生多个 loss 值。在对模型进行优化时,各模块的 loss 值将进行融合和反向传播,从而对每个模块均进行更新。最常用的融合优化方法是将各模块的 loss 值进行加权求和,最终得到模型整体的 loss 值:

$$\text{Loss} = \alpha_1 \text{Loss}_1 + \alpha_2 \text{Loss}_2 + \cdots + \alpha_n \text{Loss}_n \tag{2.9.1}$$

式中,Loss_k——各模块的 loss 值,$k=1,2,\cdots,n$;

α_k——线性加和的权重,可以通过改变权重调整各模块对模型学习的影响程度。

然而,模型优化的过程是复杂的,如果权重值设置得不合理,就可能严重影响模型整体的学习效果。针对如何更合理地为每个子任务进行权重赋值,研究人员采用了增加不确定项、对权重进行正则化、利用各模块的 loss 的比值动态调整权重等方法,不断优化多任务模型的优化过程。

除此之外,对于子任务间有前后关系的情况(即当某一子任务的输出是另一子任务的输入),可以考虑利用分步的方式对多任务学习模型进行训练(尤其是当任务的复杂程度相差较大时),从而得到更加鲁棒的模型。

2.10 本章参考文献

[1] PETERS M E, NEUMANN M, IYYER M, et al. Deep contextualized word representations[C]//2018 Conference of the North American Chapter of the Association for Computational Linguistics: Human Language Technologies, 2018,1:2227-2237.

[2] DEVLIN J, CHANG M W, LEE K, et al. BERT: pre-training of deep bidirectional transformers for language understanding[C/OL]//Proceedings of the 2019 Conference of the North American Chapter of the Association for Computational Linguistics,2019:4171-4186. DOI:10.18653/v1/N19-1423.

[3] VASWANI A, SHAZEER N, PARMAR N, et al. Attention is all you need [C/OL]//Advances in Neural Information Processing Systems,2017:5998-6008. DOI:10.48550/ arXiv.1706.03762.

[4] BENGIO Y. Learning deep architectures for AI[J/OL]. Foundations and trends® in machine learning,2009,2(1):1-127. DOI:10.1561/2200000006.

[5] HOCHREITER S, SCHMIDHUBER J. Long short-term memory[J]. Neural computation,1997,9(8): 1735-1780.

[6] IRSOY O, CARDIE C. Deep recursive neural networks for compositionality in language[J]. Advances in neural information processing systems, 2014, 3: 2096-2104.

[7] KIPF T N, WELLING M. Semi-supervised classification with graph convolutional networks[Z/OL]. DOI:10.48550/arXiv.1609.02907.

[8] BRUNA J, ZAREMBA W, SZLAM A, et al. Spectral networks and locally connected networks on graphs[J/OL]. CoRR. DOI:10.48550/arXiv.1312.6203.

[9] XU B B, SHEN H W, CAO Q, et al. Graph wavelet neural network[J]. ICLR. DOI:10.48550/arXiv.1904.07785.

[10] HE M G, WEI Z W, WEN J R. Convolutional neural networks on graphs with Chebyshev approximation, Revisited[J/OL]. NeurIPS. DOI:10.48550/arXiv.2202.03580.

[11] LI R Y, WANG S, ZHU F Y, et al. Adaptive graph convolutional neural networks[C]// AAAI,2018: 3546-3553.

[12] XU B B, SHEN H W, CAO Q, et al. Graph convolutional networks using heat kernel for semi-supervised learning[J/OL]. CoRR. DOI:10.24963/ijcai.2019/267.

[13] BACCIU D, ERRICA F, MICHELI A. Contextual graph Markov model: a deep and generative approach to graph processing[C]//ICML,2018: 304-313.

[14] ATWOOD J, TOWSLEY D. Diffusion-convolutional neural networks[C]// NIPS,2016: 2001-2009.

[15] KLICPERA J, WEIßENBERGER S, GÜNNEMANN S. Diffusion improves graph learning[C]//NeurIPS,2019: 13333-13345.

[16] PENG N Y, POON H F, QUIRK C, et al. Cross-sentence n-ary relation extraction with graph LSTMs [J/OL]. Transactions of the association for computational linguistics, 2017, 5: 101-115. http://aclweb.org/anthology/Q17-1008.

[17] ZHANG Y, LIU Q, SONG L F. Sentence-state LSTM for text representation [Z/OL]. DOI:10.18653/v1/p18-1030.

[18] MISRA I, SHRIVASTAVA A, GUPTA A, et al. Cross-stitch networks for multi-task learning [C/OL]//Proceedings of the IEEE Conference on Computer Vision and Pattern Recognition, 2016: 3994-4003. DOI:10.1109/CVPR.2016.433.

第 3 章

嵌套实体识别和多关系抽取

3.1 命名实体识别

实体（entity）是指自然界中的事物或概念，在文本中可由名词、名词短语或代词表示[1]。实体识别是找出表示实体的词或短语并分为预定义类型的任务，对关系抽取、信息检索、自动问答等自然语言处理任务有很大帮助。实体识别任务既要标识实体边界，又要指明实体所属类别。

按标注方法的不同，实体识别主要分为词标注法和跨度标注法两类。词标注法通过分开标注每个单词来识别实体。对单词分类的方法易于建模，但是将单词标注组装为实体标注会使任务变得复杂，并且不利于捕捉实体的全局特征。目前，大多数实体识别模型采用这类方法。跨度标注法通过对跨度进行分类来识别实体。这类方法能够处理嵌套实体识别，有利于捕捉实体的全局特征，但是存在枚举跨度带来计算量大的问题。

词标注法除了使用实体类型标签外，还需要添加表示实体边界的标签，使用两种标签的组合共同标注实体，主要有 IO 标注法、BIO 标注法、BIESO 标注法三种方法。IO 标注法将单词标注为 I - X 或 O，I 表示实体内部，X 表示实体类型，O 表示实体外部（非实体）。BIO 标注法将单词分为 B - X、I - X 或 O，B 表示实体开头。通过对 BIO 标注法进行扩展，得到一种更完备的 BIESO 标注法，将单词标注为 B - X、I - X、E - X、S - X、O。其中，E 表示这个词处于一个实体的结束位置，S 表示当前词是一个独立的实体。跨度标注法直接用实体类型标签进行标注，不需要添加表示实体边界的标签。

按实现方式的不同，实体识别主要分为基于规则的方法、基于统计的方法和基于深度学习的方法三类。

基于规则的方法一般使用词法、句法、语法特征及特定领域知识，手工构造规则模板，通过模式匹配来识别实体。构造规则可用的特征包括关键字、指示词、位置词、方向词、中心词等，甚至可以依赖于知识库和词典，通过字符串匹配等方式识别实体。词典由特征词构成，在制定词典和规则后，通常使用字符串匹配的方式实现实体识别。基于规则的方法的优点在于不需要大量标注数据,早期的研究多采用基于规则的方法识别实体。一般来说,设计精确的规则是一件很难的事情,所以被基于统计的方法和基于深度学习的方法取代。基于规则的方法仅能设计一定领域的规则,基于领域的方法往往不通用,当遇到新的领域时,需要重新制定相应的规则或不同领域的词典,系统难以迁移应用到其他领域。因此,基于规则的方法不但要耗费大量的人力代价,而且存在领域不通用的局限性,不易扩展和迁移应用到其他领域和实体类型。

基于统计的方法主要使用传统机器学习模型和概率图模型,如支持向量机(support vector machine,SVM)、隐马尔可夫模型(hidden Markov model,HMM)、最大熵(maximum entropy,ME)、条件随机场(conditional random field,CRF)等,将实体识别当作序列标注问题,当前预测标签既与输入特征相关,也与前面的预测标签相关,标注标签之间存在依赖关系。在基于统计的方法中,条件随机场是实体识别的主流模型,它的优势在于对一个单词进行标注时,可以利用内部及上下文特征信息;其不足是收敛速度慢,训练时间长。基于统计的方法需要人工构造大量特征,包括词汇特征、上下文特征、词典及词性特征、停用词特征、核心词特征、语义特征等,对特征选取的要求较高,需要选出对实体识别有影响的多种特征,并将其编码加入特征向量。另外,基于统计的方法对标注数据存在严重依赖,这也是该方法应用的一大制约。

基于深度学习的方法利用深度神经网络、注意力机制、迁移学习等技术,自动学习潜在特征,既提高了识别准确性,又避免大量的人工规则和特征的构建,节省了大量的人工劳动,提高了自动化水平。具有代表性的研究工作是BiLSTM-CRF模型[1]。该模型采用双向LSTM,通过前向和后向循环神经网络学习单词序列中的依存关系,利用CRF学习序列单词之间的关联关系,合理地建模了实体的序列结构。模型的Embedding层由词嵌入向量和一些特征向量提供分类特征。双向LSTM层对特征进行编码并提取有用特征。CRF层以前面单词的标签作为前提,通过对当前词的特征向量解码进行分类。基于深度学习的方法可以自动学习潜在特征完成分类任务,在实体识别准确性上有了很大提高,几乎取代了早期的实体识别方式,成为主流方法,但是需要大量的标注数据来训练模型[2]。

现有的实体识别工作已经取得很大成功[3-4],然而它们之中的大多数仅关注普通实体的识别而不能处理嵌套实体识别[5]。Alex等[6]将分层、级联、联合标签标注三种不同的技术分别应用于线性链CRF模型进行嵌套实体识别,通过一系列实验进行对比,证明了级联是最有效的方法。Muis等[7]提出了一种标注单词间隙而不是单词本身的标注策略,并构造了一个多图模型来识别重叠(嵌套和交叉)实体。他们仍然采用训练多个级联的线性链CRF模型,分别识别不同的实体类型。级联技术通过对实体类型进行分组,为每个小组训练一个单独的模型,从而将嵌套的实体识别问题转化为普通实体识别的问题。这种方法可以避免第二类多标签问题，但是无法处理相同类型的嵌套实体。Finkel等[8]使用了一个基于CRF的句法分析器来识别嵌套的实体。他们将一个句子建模为一棵树来表示嵌套结构。在这个模型中，实体是句子树的子树，嵌入在实体中的其他实体则是实体子树的子树。Lu等[9]首次引入实体超图的概念并提出一种基于CRF的超图模型，他们定义了确定实体边界的5种节点类型，对一个节点使用多个标签的组合进行标注。基于CRF的模型在实体识别中取得了很大成功，但是这些模型严重依赖于人工构造的特征集。为了克服这一问题，Katiyar等[5]提出了一个基于BILOU标注策略的双向LSTM超图模型。这个模型使用"sparesmax"输出函数一次输出多个标签来解决第二类多标签问题。Lin等[10]采用首先标识实体头再确定边界的方法识别嵌套实体。这种方法可以有效地避免多标签问题[12]，但是它需要解决训练阶段实体头标注的问题。

实体识别也可以使用现有的工具包进行，可用的工具有NLTK和NER。NLTK是由宾夕法尼亚大学实现的一个自然语言处理工具包，该工具提供了易用的、全面的接口，功能有分词、词性标注（POS）、句法分析（syntactic parse）和命名实体识别（named entity recognition，NER）等。NER是由斯坦福大学研究发布的命名实体识别工具，能够标识Time（时间）、Location（地点）、Organization（组织名）、Person（人名）、Date（日期）等7类实体，可以由程序调用执行。

3.2　基于超图网络的嵌套实体识别

针对现有嵌套实体识别模型分开标注单词难以避免多标签标注、会使问题变得复杂化等不足，本节提出一种基于超图网络的嵌套实体识别方法，并构建实现这种方法的超图网络模型。该模型提高了实体识别查准率，解决了关系抽取的性能受到嵌套命名实体识别影响的问题。

3.2.1　概述

实体识别又称命名实体识别（named entity recognition），是找出文本中表示实体的词或短语并将它们分为预定义的类型，如人名、地名、组织名等。实体识别对关系抽取、信息检索、自动问答等自然语言处理任务有很大帮助[2]。嵌套实体在现实中普遍存在[5]，关系抽取的性能会受到嵌套命名实体识别准确性的影响。这个问题引起关注并有少量模型被提出，以解决嵌套实体的识别。这些模型包括级联线性链CRF模型[6]、树CRF句法分析器[8]、基于CRF的超图网络模型[7,9]、基于CRF的多图网络模型[11]、基于LSTM的超图模型[5]、实体头驱动模型[10]。其中,超图网络能够对嵌套结构有效地建模,在嵌套实体识别任务中表现出良好的性能。但是它们通过分开标注每个单词或单词间隔识别实体,这种方法难以避免多标签问题,会使任务变得复杂化,且不利于捕捉实体的全局特征。超图是一般化的图,它的超边可以连接任意数目的节点。图3.2.1所示的例子展示了嵌套实体的超图结构,其中DNA和PRO是实体类型。从中可以看出,句子可以表示为一个实体超图。然而,一些实体嵌套在别的实体内,这种复杂的结构给通过标注单词识别实体的方法带来了很大挑战。

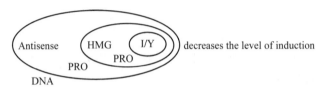

图3.2.1 嵌套实体超图示例

本节把一个句子表示为一个超图,其中节点表示单词,超边表示实体,将嵌套实体识别看作一个标注超边的问题,并提出一个新的超图网络(hypergraph network,HGN)模型对实体超图的节点和超边进行编码,从而学习嵌套实体的超图结构表示。HGN模型包括节点表示层、超边表示层和超边分类层。节点表示层捕捉节点上下文信息并对节点进行编码,输出张量通过一个下标映射矩阵变换为超边表示层的输入张量。超边表示层枚举所有超边,使用超边编码器学习超边表示,并通过分类实现嵌套实体的识别。与基于CRF的方法相比,HGN模型不依赖手工构建的特征集,可以自动提取有用的特征。与现有大多数通过分开标注单词或单词间隙来识别实体的模型不同,HGN模型将一个实体看作一个整体,并用一个标签标注。这种标注整个实体的方法有三个优点。

第一个优点是可以避免多标签问题[12]。嵌套实体识别中的多标签问题可以分为两类,下面以BIESO标注策略为例进行说明。

第一类多标签问题:在不同的位置用不同的标签标注同一个单词。例如,在句子"Donald John Trump was born in America.""Trump grew up in a wealthy family."和"Trump Tower located in New York."中,"Trump"这个单词在第一个句子中应该被标注为E_PER(the end of a person),在第二个句子中应该被标注为S_PER(a single – word person entity),在第三个句子中应该被标注为B_FAC(the beginning of a facility)。也就是说,同一个单词"Trump"在不同的位置被分为不同的类别。尽管可以通过捕捉上下文语义信息来解决这种问题,但是无疑会使标注任务变得复杂化。

第二类多标签问题:在同一个位置用不同的标签标注一个单词。例如,在嵌套实体识别任务中，"Trump Tower"中的"Trump"一词应该用S_PER和B_FAC两个标签标注。每个单词都需要考虑多个标签标注，这可能导致指数级的标签组合，大大增加了问题的复杂度。虽然级联技术[6]可以避免第二类多标签问题，但这种技术无法处理同类型嵌套实体的识别。本节所提的模型使用一个标签标注一个实体（而不是一个单词），所以成功避免了这两类多标签问题。"Donald John Trump"和"Trump"被标注为PER（person）实体，而"Trump Tower"被标注为FAC（facility）实体。

第二个优点是本节所提的模型不需要添加额外的标签。在一个命名实体识别任务中，假设有人物、地点、组织三种类型的实体和一个非实体类型，那么分类任务的类型总数 $N = 3 + 1 = 4$。如果实体用B、I、E、S四类位置标签标注，则有B_PER、I_PER、E_PER……和一个非实体标签，共13种（$N = 3 \times 4 + 1$）组合标签。也就是说，BIESO标注策略使得一个4分类问题变成一个13分类问题。与之不同的是，本节提出的HGN模型不需要添加任何位置标签或分割标签，一个候选实体仅用一个标签（如PER、LOC、ORG或NON）来标注。可见，HGN模型没有增加类别数，也就不会增加问题的复杂度。一般来说，一个分类问题的类别数目越多，问题就越复杂。

第三个优点是本节所提的模型可以捕捉实体的全局特征。HGN模型通过在不同层中组合两个编码器学习超图表示，一个编码器用于学习节点表示，另一个用于学习超边表示。HGN模型将实体序列看作一个整体，并用一个标签标注。这样可以捕捉PER类的特征、LOC类的特征等，而使用BIO/BIESO标注策略的模型只能捕捉B_PER类的特征、I_PER类的特征等这些将实体拆分后的局部特征。因此，本节所提的方法更有利于捕捉实体的全局特征。

综上所述，本节所提的通过标注超边识别实体的方法有三个优点。然而，要在实体超图上枚举所有的超边面临两大挑战。其一是大量的超边会带来巨大的计算代价，其二是大量的非实体样例（负样例）会造成数据不平衡。本节提出一个长度限制策略来降低计算代价，并使用一个代价敏感损失函数为多数负样例的损失赋予小权重，为少数正样例的损失赋予大权重，使模型参数更多地学习正样例特征，解决了数据不平衡的问题。

本节的主要工作有：提出一个HGN模型用于嵌套实体识别。该模型可以学习超图的节点表示和超边表示，是一个能够处理普通、交叉和嵌套实体识别的通用模型；提出一种通过标注超图上的超边而不是节点的新的嵌套实体识别方法。这种方法能够捕捉实体全局特征，并且避免了两类多标签问题；提出并证明了一个转换定理，据此一个实体超图可以转化成一个唯一的具有规则边的超图，使所有的超边易于在程序中被枚举和标记。

3.2.2 问题描述

本节提出了超图网络模型学习实体超图表示，并给出了一个能够识别普通、嵌套、交叉实体的通用模型。与以往的研究不同，本节的模型将一个实体视为一个整体而不是几个分开的单词。Xu 等[13]的工作也意识到了实体整体表示的重要性，他们利用全连接神经网络对实体进行编码。该模型采用了一个 One–hot 向量的组合策略对单词序列进行编码，虽然可以唯一地表示一个序列，但是相同的单词在不同的句子中的输入向量不同，可能不利于捕捉单词的语义。与超图网络模型的不同之处在于，本节提出的 HGN 模型可以对超图的节点和超边进行编码。

超图 $H = \{X, E\}$ 是一般化的图，其中，X 是节点集，E 是超边集。超图的边也叫超边，可以连接一个或多个节点。一个 q—致超图 $H^{(q)}$ 是所有超边都连接 q 个节点的超图，所以 2—致超图 $H^{(2)}$ 就是图。一个句子可以表示为一个无向超图 $\mathcal{H}$，称为实体超图，其中，节点表示单词，超边表示实体。为了考虑所有可能的实体，模型使用一个包含所有超边的完全实体超图 $\mathring{\mathcal{H}}$ 来表示一个待标注的句子。一个完全超图 $\mathring{H} = \{X, \mathring{E}\}$ 是一个每个不同节点集都被一条唯一的边连接的无向超图。因此，有 $\mathring{E} = P(X) - \{\varnothing\}$，其中 $P(X)$ 是节点集合 X 的幂集，$\varnothing$ 是空集，"−"是两个集合间的差操作运算符。一个实体是句子中一个连续的序列，这就意味着在同一个节点集上，完全实体超图 $\mathcal{H}$ 是完全超图 $\mathring{H}$ 的一个子图。由于实体超图中的超边连接的节点数不同，因此只能表示为不规则的元组。不具有统一的格式使得它们很难在程序中被枚举和标记。为了找到一个具有规则超边的超图，并且它的超边与实体有一一对应关系，本节提出一个转换定理。根据这个定理，一个实体超图可以转化为唯一的一个具有规则超边的超图。这使得在程序中所有的超边易于被枚举和统一标记。

转换规则：由于实体是连续的序列，因此它们与端点一一对应。

- 在实体超图 $\mathcal{H}$ 中，连接一个节点的超边 (x_i) 可以被转换为 1—致超图 $H^{(1)}$ 中的超边 (x_i, x_i)，反之亦然。
- 在实体超图 $\mathcal{H}$ 中，连接多个节点的超边 $(x_i \cdots x_j)$ 可以被转换为 2—致超图 $H^{(2)}$ 中的超边 (x_i, x_j)，反之亦然。

定义：$H_a \cup / \cap H_b = \{X, E_a \cup / \cap E_b\}$。$H_a = \{X, E_a\}$ 和 $H_b = \{X, E_b\}$ 是两个超图，$\cup$ 是并操作运算符，$\cap$ 是交操作运算符。

可以看出，如果 H_a 和 H_b 是在节点集 X 上的两个超图，那么它们的并集或交集仍然是节点集 X 上的超图。

转换定理：在上述转换规则下，一个实体超图 $\mathcal{H}$ 可以转换为一个唯一超图 $H^{(1 \cup 2)}$，反之亦然。$H^{(1 \cup 2)}$ 是一个 1—致超图 $H^{(1)}$ 和一个 2—致超图 $H^{(2)}$ 的并集。

证明：
- 实体超图 $\mathcal{H}$ 中包含一个节点的超边与 1 一致超图 $H^{(1)}$ 中的超边一一对应。
- 实体超图 $\mathcal{H}$ 中包含多个节点的超边与 2 一致超图 $H^{(2)}$ 中的超边一一对应。
- $H^{(1)} \cap H^{(2)} = H^{(0)}$，其中 $H^{(0)} = \{X, \varnothing\}$ 是一个空超图。

图 3.2.2 使用具有三个节点的实体超图的一个特例——完全实体超图 $\mathcal{H}$ 来解释上述转换定理。

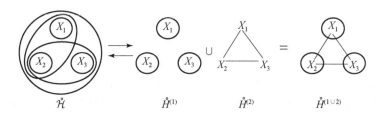

图 3.2.2 转换定理图示

根据这个转换定理，明显有以下推论：完全实体超图 $\mathring{\mathcal{H}}$ 对应于完全超图 $\mathring{H}^{(1 \cup 2)} = \mathring{H}^{(1)} \cup \mathring{H}^{(2)}$，其中 $\mathring{H}^{(1)}$ 是 1 一致完全超图，$\mathring{H}^{(2)}$ 是 2 一致完全超图。超图 $\mathring{H}^{(1)}$ 的边数是 L，$\mathring{H}^{(2)}$ 的边数是 $L(L-1)/2$，所以 $\mathring{\mathcal{H}}$ 的边数是 $L(L-1)/2 + L = L(L+1)/2$，其中 L 是节点的数目。超图 $H^{(1 \cup 2)}$ 可以像实体超图 $\mathcal{H}$ 一样精确地表示任意实体组合，并且它的超边可以被规则的二元组（端点对）标记。

3.2.3 模型架构

本节构造了一个超图网络（HGN）模型来学习超图的节点和超边表示。如图 3.2.3 所示，HGN 由三层组成，从下到上分别是节点表示层、超边表示层、超边分类层。为了证明该模型的有效性，本节仅使用两个简单的双向 LSTM 神经网络作为节点和超边编码器。

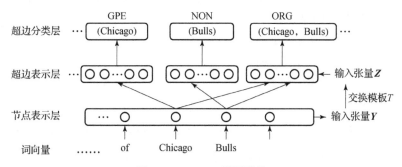

图 3.2.3 HGN 模型结构

1. 节点表示层

在节点表示层，模型采用一个标准的 Bi – LSTM[14]对节点进行编码。它的输入是词嵌入向量，输出是节点表示向量。因为使用了 LSTM 网络[15]，所以这一层能够学习自然语言句子中的长距离依赖关系。计算操作如下：

$$h_t = \text{Bi} - \text{LSTM}_{node}(w_t, h_{t-1}) \quad (3.2.1)$$

式中，t——句子中的时间步；

w_t——词嵌入向量；

$h_t \in \mathbb{R}^D$——节点表示向量，D 是节点表示向量的维数。

一个训练批量（batch）的所有输出组成一个张量 Y。

2. 超边表示层

超边表示层用于提取实体特征和基于节点表示学习超边表示。模型使用另一个双向 LSTM 作为超边编码器，每次对一个批量句子的所有超边并行编码。为了解决长度不一的问题，所有超边序列都在右边被填充至最大长度作为输入，但根据其实际长度进行编码。这样在超边表示层就实现了一个批量超边编码的并行计算。超边表示层形状为 $[B \times N, M, D]$ 的输入张量 Z，由节点表示层形状为 $[B, L, D]$ 的输出张量 Y 经过一个变换生成。N 是超图中的超边数，M 是超边的最大长度。从 Y 到 Z 的并行变换需借助一个变换模板 T 实现。变换模板 T 本质上是一个在完全实体超图上枚举超边而生成的字符串表达式，这个表达式是 Z 中向量和 Y 中向量下标之间的映射。本层的输出是超边表示向量。假设 $E = (x_1, \cdots, x_{t'}, \cdots, x_R)$ 是一个候选实体，也就是完全实体超图的一条超边，R 是它的实际长度。这条边记作 (x_1, x_R)，其中 x_R 是前向端点，x_1 是后向端点。模型使用端点对隐含层状态的拼接作为超边序列的表示。计算操作如下：

$$\begin{cases} d_{t'} = \text{Bi} - \text{LSTM}_{edge}(h_{t'}, d_{t'-1}) \\ e = [d_1, d_R] \end{cases} \quad (3.2.2)$$

式中，$d_{t'} \in \mathbb{R}^{D_s}$——节点 x_t 的隐含层状态，t' 为超边序列的时间步，D_s 为超边表示层隐含层状态的维数；

$h'_t \in \mathbb{R}^D$——节点表示向量；

$e \in \mathbb{R}^{2D_s}$——超边表示向量；

d_1, d_R——实体序列 E 在前向和后向的最后的隐含层状态。

3. 超边分类层

超边分类层是一个全连接神经网络（fully connected neural network，FCNN）分类器。它的输入是超边表示向量，输出是超边标签。超边标签预测值 $\tilde{y}$ 为

$$\tilde{y} = \text{Softmax}(\tanh(eW + b)) \quad (3.2.3)$$

式中，$W \in \mathbb{R}^{2D_s \times C}$——一个可训练的参数矩阵，$C$ 为类别数目。

枚举所有超边会带来大量的非实体负样例，这导致数据不平衡的问题。因此，本节设计了一个代价敏感损失函数，通过为少数样例设置高权重来解决数据不平衡的问题。代价敏感损失函数 $\mathcal{F}$ 如下：

$$\mathcal{F} = -\sum_{1}^{B \times N} \theta \left(\sum_{i=1}^{C} y_i \log \tilde{y}_i \right) \qquad (3.2.4)$$

$$\theta = \lambda(1-\xi) + \xi \qquad (3.2.5)$$

$$\xi = \sum_{i=1}^{C} y_i y_i^n = \begin{cases} 1, & \text{非实体} \\ 0, & \text{实体} \end{cases} \qquad (3.2.6)$$

$$\lambda = N_n/N_e \qquad (3.2.7)$$

式中，y——超边标签的实际值；

$\tilde{y}$——标签预测值；

y^n——非实体标签的实际值；

λ——训练数据中非实体样例数目 N_n 和实体样例数目 N_e 的比值；

θ——损失权重，它的值根据不同类别的变化而改变。

4. 边界表示策略

本节定义实体序列的邻接词为实体边界。对于人类来说，实体边界词对实体识别非常有用。例如，给定一个词"Trump"，我们仅能判断出它可能是一个实体单词，不能断定它是否为一整个实体，因为它可能来自"Donald Trump…"或者"Trump grew up …"这些句子。但是，给定句子"… and Donald Trump are…"，我们可以判断出"Donald Trump"是一个完整的实体，因为"and"是它的左边界，"are"是它的右边界。边界词甚至对实体的分类也是有帮助的。例如，一个以"grew"为右边界的实体，它的类型更可能是 Person 而不是 Location。为了使模型能像人一样思考问题，本节组合了实体表示和边界表示来识别实体。为简单起见，每个句子预处理后都添加一个特殊的符号，如点号"."作为开头，以句尾标点符号作为结尾，这样就确保了每个候选实体都有左右边界。候选实体就被扩展为实体加上它的左边界和右边界。当对超边进行编码时，在超边表示层输入加上边界。当标注实体时，把边界单词去掉，只保留实体序列。

5. 长度限制策略

在没有长度限制的情况下，在一个节点数为 L 的实体完全超图中，总共有 $N = (L^2 + L)/2$ 条超边。每一条超边表示一个候选实体。因此，超边表示层不得不对 $(L^2 + L)/2$ 条超边进行编码。尽管计算是并行进行的，编码这些超边也需要完成大量的浮点运算。为了克服这个问题，本节在不降低性能的基础上，采用了一个长度限制策略来降低计算复杂度。事实上，真正的实体总是句子中的一些短序列。例如，ACE 2005 数据集的3.1万多个实体中，95%的实体长度不超过6。所以，没有必要把计算代价消耗在过长的序列，而直接把它们当作非实体，省去了过长序列的编码与分类的计算操作。假设实体序列的最大长度不超过 M（一个很小的常数），那么超边的数量 N 为

$$N = M'L - M'(M'-1)/2 \qquad (3.2.8)$$
$$\text{s.t.}\ N < ML$$
$$M' = \text{minimun}(M, L)$$

可以看出，超边的数量 N 和节点数 L 是线性关系。用这种方法，本节的模型在不降低实体识别查准率的基础上，大大降低了超边数量和计算代价。

3.2.4 实验验证

1. 数据集

本节在 ACE 2005、GENIA 和 CoNLL 2003 三个数据集上进行实验来评估模型的性能。

ACE 2005：如前人的研究一样，实验把 ACE 2005 数据集分为三部分，80%的句子用于训练模型，10%作为验证集，其余10%作为测试集。（ACE 2005 数据集详情请参考1.4节）

GENIA：GENIA[16]是专门为了开发分子生物学领域的信息抽取系统而创建的收集自生物医学文献的语料库。与以往的研究一样，本实验只考虑 protein、DNA、RNA、cell line 和 cell type 5 种实体类型，将前90%的句子用于训练，其余的10%作为测试集。

CoNLL 2003：CoNLL 2003[17]不包含任何嵌套、交叉等实体，是一个新闻语料库。（CoNLL 2003 详情请参考1.4节）

2. 超参数设置

斯坦福大学的 GloVe 100 维词嵌向量[18]用作单词的表示，因此单词向量的维数是100。节点表示层是一个单方向有 100 个单元的双向 LSTM 网络。经过拼接操作后，节点表示向量的维数是 $D=200$。超边表示层是另一个单方向有 200 个单元的双向 LSTM 网络，所以 $D_s=400$。超边分类层是一个单层的 FC 分类器。批量规模为 $B=20$，句子长度为 $L=50$。模型在 $\{1,2,3,4,5\}$ 中选择 LSTM 网络层数，在 $\{12,6\}$ 中选择实体的最大长度 M，在 $\{0.00005, 0.0005, 0.005\}$ 中选择初始学习率。通过执行网格搜索算法获得超参数的最优配置：节点表示层的层数为2，超边表示层的层数为4，初始学习率为0.0005。模型利用 Adam 算法[19]来计算梯度，利用 BPTT 算法来更新参数。

3. 嵌套实体识别结果

实验将提出的 HGN 模型和先前支持嵌实体套识别的模型在 ACE 2005 和

GENIA 数据集上进行比较。基于 CRF 的超图模型 CRF – based hypergraph[9]、基于 CRF 的多图模型 CRF – based mulligraph[11] 和基于 LSTM 的超图模型 LSTM – based hypergraph[5] 已经证明了它们的性能比早期的模型更好,如级联 CRF 线性链[6] 和树结构 CRF 句法分析器[8]。因此,本节将 HGN 模型与近年来的三个模型进行了比较。这些模型要么用组合标签标注单词或单词间隙来解决第二类多标签问题,要么采用级联技术避免多标签问题。然而,级联技术无法处理相同类型的嵌套实体。此外,HGN 模型还与先前性能最佳的模型[12] 进行了比较。该模型首先识别实体头,然后确定实体的界限。不同于上述所有的模型,HGN 模型通过标注超边(跨度)而不是标注单词识别嵌套实体。如表 3.2.1 所示,前四行是基线模型,后四行是 HGN 模型使用不同改进策略的结果。LR 代表长度限制策略,BR 代表边界表示策略,M 是实体的最大长度。在 ACE 2005 上,本节的 HGN 模型查准率 P 达 74.2%,召回率 R 达 84.2%,F1 值为 78.9%。在 GENIA 上,查准率为 72.9%,召回率为 79.4%,F1 值为 75.9%。它的性能优于以前最先进的模型,且分别在 F1 值上提高了 4 个百分点和 1.1 个百分点。结果表明,HGN 模型对嵌套实体识别更为有效。

表 3.2.1 ACE 2005 和 GENIA 上嵌套实体识别结果

模型	ACE 2005			GENIA		
	P/%	R/%	F1 值/%	P/%	R/%	F1 值/%
CRF – based hypergraph[9]	66.3	59.2	62.5	72.5	65.2	68.7
CRF – based mulligraph[11]	69.1	58.1	63.1	75.4	66.8	70.8
LSTM – based hypergraph[5]	70.6	70.4	70.5	76.7	71.1	73.8
Head – driven model[12]	76.2	73.6	74.9	75.8	73.9	74.8
HGN ($M=12$)	72.7	84.0	77.9	71.8	79.4	75.3
HGN + LR ($M=6$)	73.1	83.9	78.1	72.1	79.3	75.6
HGN + BR ($M=12$)	73.4	84.5	78.6	72.7	78.9	75.7
HGN + BR + LR ($M=6$)	**74.2**	**84.2**	**78.9**	**72.9**	**79.4**	**75.9**

本书对模型进行消融实验,以此观察改进策略的效果。从第五行和第六行数据的对比可以看到,长度限制策略降低了召回率,但是提高了查准率、增加了 F1 值。长度限制策略假设实体的最大长度不超过一个很小的常数,因此减少了超边的数量。虽然它对性能的贡献微乎其微,但是大大降低了时间复杂度。第五行和第七行数据的对比显示,添加边界表示同时提高了查准率和召回率,这说明边界词有助于识别实体。当两种策略全部使用时,得到了最佳结

果,最后一行证明了两种改进策略对实体识别的有效性。

4. 普通实体识别结果

本节的 HGN 模型是一个实体识别的通用模型,既能处理嵌套、交叉实体,也能识别普通实体。为了测试 HGN 模型在普通实体识别任务中的性能,本节在不包含任何嵌套实体的 CoNLL 2003 数据集上进行了实验。实验比较了 HGN 模型和一些顶级性能的模型,包括多层神经网络模型 Mutiple - layer NN[20]、联合实体识别与链接模型[3]、混合 Bi - LSTM 和 CRF 序列标注模型[2]、混合 Bi - LSTM 和 CNN 序列标注模型[4]、固定大小通用遗忘编码(FOFE)模型[14]、基于 Transformer[21] 的大规模生成预训练(BERT)模型[5]。这些模型仅关注普通实体识别,但不能处理嵌套实体识别。如表 3.2.2 所示,尽管本节的模型除了 100 维的单词嵌入向量外,未使用任何人工构造的特征和语言处理辅助工具,也没有使用更强大的编码器,但它得到了一个具有竞争力的分数(F1 值为 91.15%)。HGN 模型的表现低于最佳性能模型,可能是因为 CoNLL 2003 不包含像 ACE 2005 和 GENIA 中的嵌套实体。结果表明,本节所提模型对于普通实体识别任务是有效的。

表 3.2.2 CoNLL 2003 数据集上实体识别结果

模型	特征	F1 值/%
Mutiple - layer NN[20]	word. gaz. cap	89.59
Joint model[3]	word,char. pos. WordNet. stem. gaz…(11)	89.90
Joint model[3]	word. char. pos. entity prior. context…(19)	91.20
Hybrid LSTM&CRF[2]	word. char	90.94
Hybrid LSTM&CNN[4]	word. char. cap. gaz	91.62
FOFE[4]	word. char	90.85
BERT[5]	large - scale generative pre - training model	92.40
本节所提模型	word	91.15

3.3 基于力引导图的多关系关联学习

现有的方法在远程监督关系抽取中会丢失对关系关联特性全局拓扑结构信息的学习,针对此,本节提出基于力引导图的多关系关联学习方法,将物理领域的库伦力概念引入关系的关联学习过程,将关系之间的相关性建模为关系节点之间的引力,将关系之间的互斥性建模为节点之间的斥力,并综合优化,以得到全局关系关联特征。

3.3.1 概述

对于关系抽取任务来说,一个重要的挑战就是人工标注训练数据的匮乏。针对这个问题,Mintz 等[22]提出了远程监督的方法,自动构建训练数据,其基本假设是:如果一个实体对 (e_h, e_t) 在知识库中有一个关系 r,那么所有包含该实体对的句子都可能表达该关系 r。由于同一个实体对之间可能存在多种关系,因此远程监督关系抽取是一种多标签的预测任务。

在远程监督的方案实施中,关系之间往往存在相关性和互斥性,本节称之为"关系关联"。例如,给定句子"小明和小美是乐乐的父母",那么小明和小美之间有很大概率存在夫妻关系。从另一方面,"小明"和"小美"这两个实体之间一定不存在"首都"关系,因为"小明"是一个人物而非城市或地点。利用上述关系关联能显著减小模型在关系预测时的潜在搜索空间,提升模型性能。例如,模型已经抽取出三元组(中国,首都,北京),那么我们利用关系关联的特性,就能推断出三元组(北京,位于,中国)。

然而,在学习关系关联方面,已有方法在每个步骤中仅关注局部的依赖关系,因此很难实现全局的优化,导致现有的方法无法精确地描述关系依赖的复杂拓扑结构,且容易陷入局部最优解。对此,一些学者[23-24]尝试使用模型架构来清晰地表示关系间的依赖和冲突,如马尔可夫逻辑网络和编码器-解码器框架;但是根据马尔可夫逻辑网络的特性,它只能考虑到一个小范围内的关系关联信息;而编码器-解码器架构使用一种序列化的方式来进行关系预测,只能基于预先定义的顺序进行。它们都无法完整地塑造出关系关联的全局拓扑结构。另一些方法[25-27]利用柔性约束的方式来学习关系关联的信息,例如设计损失函数或者用注意力机制,这些方法通过贪婪机制来不断获得局部的关联性,同样忽略了关系之间的全局相关性和互斥性。

为了解决上述问题,本节提出一种基于力引导图的多关系关联学习方法。具体而言,以关系为节点、以关系之间的关联性为边构成一个图。其中,用引力来刻画关系之间的相关性,用斥力来刻画关系之间的互斥性。显然,如果两个关系节点之间的相关性较强,则它们的空间距离应该更加接近;反之,如果两个关系节点之间的互斥性较强,则它们的空间距离应该更加远离。因此,在引力和斥力的共同作用下,当模型收敛(即图达到平衡状态)后,可以认为该力引导图已经学到了关系之间全局的相关性和互斥性。接下来,将对上述方法进行详细描述。

3.3.2 问题描述

关系定义为 $R = \{r_1, r_2, \cdots, r_k\}$，其中 k 是关系的数量。给定一个句包① $S = \{s_1, s_2, \cdots, s_b\}$，由 b 个句子和 1 个在所有句子中出现的实体对 (e_h, e_t) 组成，关系抽取的目的是根据实体对 (e_h, e_t) 和句包 S 预测一组目标关系 $\overline{R}(\overline{R} \subseteq R)$。

3.3.3 力引导图构建

本节提出基于力引导图的关系抽取方法（FDG-RE），能够以统一的方式全面学习关系之间的全局相关性和互斥性。关系之间的关联和互斥构成了一个复杂的网络。为了表示该网络中的所有连接，本节构建了一个图 G，其中，类型用节点 $V = \{v_1, v_2, \cdots, v_k\}$ 表示，关系之间的共现次数用边 $\varepsilon = \{\varepsilon_1, \varepsilon_2, \cdots, \varepsilon_n\}$ 表示，k 和 n 分别是关系和边的数量。具体地，如果两个关系 (r_i, r_j) 出现在同一个实体对 (e_a, e_b) 中，则 (r_i, r_j) 的关系共现次数增加 1。相反，如果假设两个关系之间不存在边节点，则表示对应关系是互斥的。事实上，两个节点之间没有边可能是由数据稀疏引起的，而不是由关系互斥造成的。本节聚焦于现有数据集上的关系关联的学习，将数据稀疏问题导致的偏差留作未来工作。最后，所构建的图的邻接矩阵是一个对称矩阵 $M^{k \times k}$，其中每个条目反映了关系的共现次数。

在此图中，所有关系向量通过训练来达到一个平衡状态，使所有力加起来为零，并且关系向量的位置会趋于稳定。也就是说，关系向量之间的相对位置将不再剧烈变化。为了模拟吸引力，我们采用图卷积网络（GCN）[28]来获得相关关系向量之间的信息传播。采用互斥关系向量之间的相似性作为目标损失函数的惩罚项来模拟排斥力。最终，通过力引导图学习获得的关系表示用作具备关系关联的关系分类器，可被作为"即插即用"模块应用到任一关系抽取模型中。

3.3.4 模型架构

本节提出的基于力引导图的多关系关联学习的方法如图 3.3.1 所示。
该方法包括如下步骤：
第 1 步，接收句包 S_b 和目标实体对 (e_h, e_t)。
第 2 步，通过词嵌入为语句中单词构建词向量，为语句构建词向量序列。

---

① 句包（sentence bag）是基于多实例学习的远程监督关系抽取中，将包含相同实体对的若干个句子组成一个集合，作为关系抽取的识别单元。因此，关系预测任务是针对一个句包进行的。

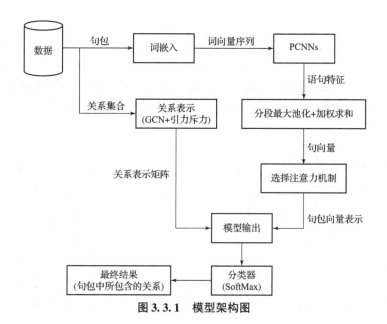

图 3.3.1　模型架构图

第 3 步，通过分段卷积神经网络（PCNNs）从词向量序列中提取语句特征，然后利用分段最大池化并进行加权求和，构建句向量。

第 4 步，通过选择注意力机制，构建句包向量表示。

第 5 步，利用关系表示矩阵和句包向量预测并输出目标实体对在句包中所涉及的关系 $r(r \subseteq R)$，其中 R 为给定的所有关系的集合。

如第 2 章所述，卷积神经网络获取到的特征在经过池化之后，会丢掉原始文本之间的位置关系，而上述位置信息对关系抽取任务至关重要。因此，第 2 步构建的词向量中还包括了相对头、尾实体的位置信息，目的是让神经网络能够通过位置信息来判断该词对最终结果的影响，进而提升模型效果。该位置信息的基本假设是：距离实体更近的单词可能对目标关系的贡献更大，距离实体较远的单词可能与目标关系的关联性更小。

1. 输入表示

首先，从预训练词向量表中查询得到各个单词的向量表示 w_i。然后，计算出该词与目标实体对 (e_h, e_t) 中头、尾实体的相对位置。例如，在句子"北京是中国首都"中，"是"相对于"北京"的位置就是 1（即 $2-1=1$），相对于"中国"的位置就是 -1（即 $2-3=-1$）。查找随机初始化的位置向量矩阵，将整型的位置特征转化为实值的向量，并分别表示为 p_i^h、p_i^t，其中前者为单词距离头实体的位置向量，后者为单词距离尾实体的位置向量。上述操作的目的是便于将位置特征编码入神经网络。综上，单词的向量表示 x_i 为其原本词向量和两个位置特征向量的拼接：

$$x_i = [w_i; p_i^h; p_i^t] \quad (3.3.1)$$

之后,用分段卷积神经网络(PCNNs)和分段最大池化(max-pooling)的方法构建句向量,使用分段卷积的目的是从单词级别的信息中抽取出句子级别的特征,分段最大池化(max-pooling)的目的是按照头实体和尾实体的位置信息,分段捕捉该部分的特征信息,如图3.3.2和图3.3.3所示。

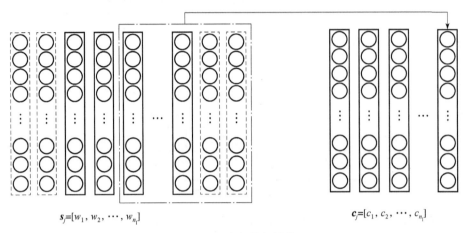

图 3.3.2　卷积神经网络

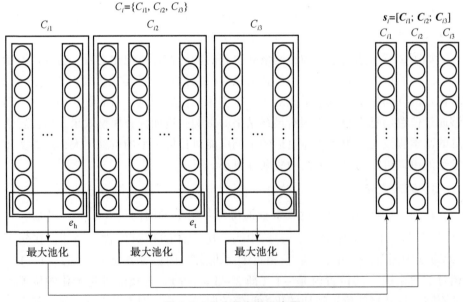

图 3.3.3　分段卷积示意图

2. 句向量构建

定义句子 $X = \{x_1, x_2, \cdots, x_{n_1}\}$,其中 n_1 表示句子长度。用 W 表示卷积所用

的核，t 表示 W 的大小，$x_{p:q}$ 表示从 x_p 到 x_q 拼接成的矩阵。对句子进行卷积，得到序列 c_i：

$$c_i = Wx_{i-t+1:i} \tag{3.3.2}$$

原本的 c_i 数量应该是 $n_1 - t + 1$ 个，进一步对每个句子进行元素填充，因此最终得到的 c_i 数量是 n_1 个，数量与句子长度相同。经过卷积之后，得到一系列特征 $C_i = \{c_1, c_2, \cdots, c_{n_1}\}$。

根据实体对 (e_h, e_t) 的位置，将每一个特征图 C_i 切分成三部分 $\{C_{i1}, C_{i2}, C_{i3}\}$。对切分完成的特征图进行部分最大池化（这里的"部分"指的是对上一步切分出来的三个部分分别进行最大池化），最后得到句子 s_i 的向量表示：

$$s_i = [C_{i1}; C_{i2}; C_{i3}] \tag{3.3.3}$$

之后，采用注意力机制来对句包中的句子进行压缩，得到句包向量的表示，如图 3.3.4 所示。

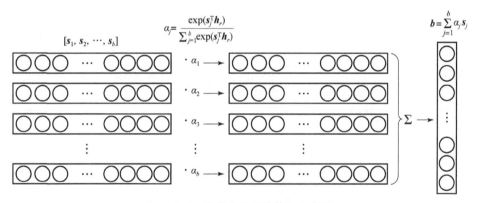

图 3.3.4　注意力机制计算句包表示

此处选择注意力机制的计算过程如下：

$$\alpha_j = \frac{\exp(s_j^T h_r)}{\sum_{i=1}^{b} \exp(s_j^T h_r)} \tag{3.3.4}$$

式中，s_j^T——上文中计算出来的句子表示的转置，$j = 1, 2, \cdots, b$；

h_r——关系 r 的表示向量；

α_j——第 j 个句子与关系 r 的相关关系，是句子和目标关系的耦合系数，在本章所提出的模型中直接使用点积的方式进行计算。

其背后的原因是，第 j 个句子与关系 r 的相关性越大，它们之间的距离就越近，所以点积也就越大。句包向量表示为

$$b = \sum_{j=1}^{b} \alpha_j s_j \tag{3.3.5}$$

3. 引力建模

引力计算模块如图3.3.5所示。

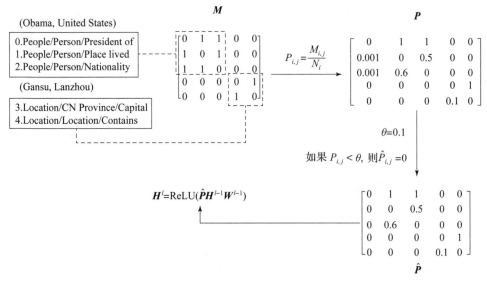

图 3.3.5　引力计算模块

针对在数据集中发生共现的关系，用矩阵 M 通过频率统计来生成矩阵 P 表示：

$$P_{i,j} = \frac{M_{i,j}}{N_i} \tag{3.3.6}$$

式中，N_i——关系 i 出现的次数。

设置阈值 θ，并定义矩阵 $\hat{P}$，当 $P_{i,j} < \theta$ 时，$\hat{P}_{i,j} = 0$。l 层的图神经网络，用于捕获关系嵌入之间的信息传播：

$$H^l = f(\hat{P}H^{l-1}W^{l-1}) \tag{3.3.7}$$

式中，$H^l \in \mathbb{R}^{k \times d}$——第 l 层的关系表示，d 表示关系嵌入的维度；

$W^{l-1} \in \mathbb{R}^{d \times d}$——权重矩阵；

$f(\cdot)$——ReLU 等非线性函数。

该网络最终的输出就是关系表示矩阵 H。通过这种方式生成的关系表示矩阵 H 能够有效地表现关系之间的全局依赖关系，显著提高关系抽取的效率。在 NYT 数据集上的实验表明，这种方式能够超越功能相同的其他模型。此外，实验部分表明，将关系表示模型独立，单独用于其他模型上替换其关系向量部分时，本模型均能够改善其他各模型的性能。

4. 斥力建模

斥力计算模块如图3.3.6所示。

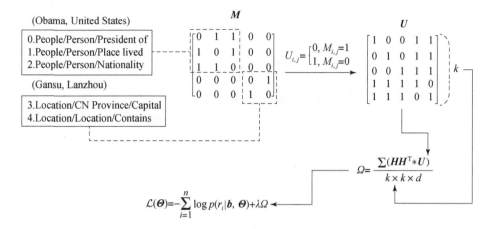

图 3.3.6　斥力计算模块

斥力主要体现在关系之间的排斥性。因此，本节将其建模为关系向量表示之间的惩罚项，以组成损失函数的一部分。关系间的互相排斥关系可以分为狭义的排斥和广义的排斥。狭义的排斥是指逻辑上根本不能共存的关系，如"是……的父亲"和"是……的兄弟"；广义的排斥是指这两个关系一般来说不会在同一时间出现，如"出生于"和"位于"（指建筑或城市）。由于本模型是为了减少关系抽取中的潜在搜索范围，所以此处考虑广义排斥。

定义矩阵 U：

$$U_{i,j} = \begin{cases} 0, & M_{i,j} = 1 \\ 1, & M_{i,j} = 0 \end{cases} \quad （3.3.8）$$

定义相似度值 $\xi_{i,j}$ 表示关系 i 和 j 之间的相似关系，$\xi_{i,j}$ 的计算式为

$$\xi_{i,j} = \boldsymbol{h}_i \boldsymbol{h}_j^\mathrm{T} \quad （3.3.9）$$

即两个关系嵌入的点积运算。之后，全部关系间的斥力 ω 通过下式计算得出：

$$\omega = \sum (\boldsymbol{H}\boldsymbol{H}^\mathrm{T} * \boldsymbol{U}) \quad （3.3.10）$$

式中，*运算指的是元素间的相乘运算。

由于 ω 过大，所以将其缩放为

$$\Omega = \frac{\omega}{k \times k \times d} \quad （3.3.11）$$

式中，d——关系嵌入的维度。

至此，将 Ω 作为词嵌入、部分神经网络、关系表示模型的目标损失函数的惩罚项，借此表示关系之间的"斥力"。通过关系表示矩阵 $\boldsymbol{H}$ 与句包向量 $\boldsymbol{b}$ 相乘，得到输出值 o（注：有偏置值，但是为了方便起见而将其忽略）：

$$o = \boldsymbol{b}^\mathrm{T} \boldsymbol{H} \quad （3.3.12）$$

对于这个输出值 o，使用本模型的分类器进行预测，分类器采用了 Softmax 的方式，具体的计算公式如下：

$$p(r|b,\Theta) = \frac{\exp(o_r)}{\sum_{j=1}^{k}\exp(o_j)} \qquad (3.3.13)$$

式中，b,Θ 的意义与前面损失函数中的一致。

由此计算句包中包含所有关系的概率值，完成预测。

本模型所用的词向量、分段卷积神经网络、关系表示模型中的参数可以通过数据集的训练集部分进行训练。训练方法：对训练集执行第 1 步~第 5 步，将分类器的输出与数据集中真实关系进行对比，从而调整并获得词嵌入、部分神经网络、关系表示模型中的参数。由于训练的过程属于现有技术，因此不再赘述；训练时使用的损失函数是本模型的特点之一，采用本模型的损失函数利用了斥力的概念作为惩罚项，能够让模型更快地收敛。根据斥力，损失函数定义如下：

$$\mathcal{L}(\Theta) = -\sum_{i=1}^{n}\log p(r_i|b,\Theta) + \lambda\Omega \qquad (3.3.14)$$

式中，λ——调和因子，用于调整前一项和后一项的比例；

Ω——前文中的斥力惩罚项；

r_i——句包中预测出来的关系；

Θ——词嵌入、分段卷积神经网络、关系表示模型所有的参数；

$p(r_i|b,\Theta)$——分类器预测出的概率值。

3.3.5 实验验证

1. 实验数据集

本节使用两个远程监督关系抽取领域的常用标准数据集，分别是 NYT 数据集和 GIDS 数据集。

实验环境及参数设置：实验环境为主频 2.25 GB 的 AMD 7742 处理器，256 GB 内存，RTX 3090 显卡和 Ubuntu 20.04 系统。模型相关的参数设置如表 3.3.1 所示。

表 3.3.1 训练参数设置

参数类型	值
窗口大小	3
词向量维度	50
位置向量维度	5

续表

参数类型	值
句子长度	120
批量大小	160
特征大小	320
学习率	0.19
阈值	0.18
谐波因数	0.25
GCN 层数	2

2. 对比实验

（1）PartialMax + IQ + ATT：Su 等[24]采用编码器 – 解码器框架来捕获关系间的依赖关系，并通过 RNN 解码器进行关系预测。

（2）Rank + ExATT：Ye 等[27]采用 pairwise 学习对框架进行排序，以捕捉关系之间的共现依赖。

（3）PCNNs + ATT：Lin 等[29]采用 PCNNs 和句子级选择注意力机制来捕获句子级和句包级特征表示。

（4）PCNNs + ATT + RL：Feng 等[30]提出了一种强化方法从句包中去除已标记的噪声句子。

（5）BGWA：Jat 等[31]利用基于 Bi – GRU 的关系提取模型具有单词和句子级别的注意力来学习重要特征。

（6）RESIDE：Vashishth 等[32]提出使用 GCN 对句法信息进行编码，并从知识图谱中引入额外的辅助信息（如实体类型和关系别名），以获得高质量的句子表示。

（7）PCNNs + C2SA：Yuan 等[33]使用交叉关系跨句包的选择注意力机制进行多实例学习，从而实现噪声鲁棒性训练。

（8）PCNNs + ATT_RA + BAG_ATT：Ye 等[34]提出基于句包内外的注意力机制，以减轻噪声语句的影响。

（9）SeG：Li 等[35]设计了一个选择门框架，将实体感知向量表示模块和增强的自注意选择门控机制相结合，对丰富的上下文信息表示加以补充。

（10）DCRE：Shang 等[36]尝试通过无监督深度聚类方法将噪声句子转换为有用的训练实例。

3. 实验结果

主要基线实验对比如表 3.3.2、表 3.3.3 所示。

表 3.3.2 NYT 数据集上的 AUC、最大 F1 值和 $P@N$

模型	AUC	最大 F1 值	$P@100$	$P@200$	$P@300$	$P@1000$	$P@2000$	$P@3000$
PartialMax + IQ + ATT	0.356	0.427	0.792	0.726	0.684	0.542	0.420	0.332
Rank + ExATT	0.279	0.373	0.772	0.741	0.687	0.525	—	—
PCNNs + ATT	0.341	0.401	0.782	0.706	0.694	0.523	0.395	0.318
PCNNs + ATT + RL	0.249	0.349	0.535	0.532	0.558	0.451	0.344	0.271
BGWA	0.340	0.421	0.752	0.741	0.714	0.538	0.412	0.337
RESIDE	0.415	0.457	0.818	0.754	0.743	0.592	0.450	0.360
PCNNs + C2SA	0.358	0.411	0.822	0.721	0.710	0.531	0.403	0.330
PCNNs + ATT_RA + BAG_ATT	0.363	0.413	0.825	0.781	0.718	0.536	0.402	0.328
SeG	0.322	0.389	0.732	0.701	0.671	0.513	0.382	0.310
DCRE	0.369	0.424	0.812	0.746	0.728	0.551	0.417	0.331
FDG – RE$_{PCNNs}$	0.374	0.424	0.802	0.746	0.708	0.557	0.411	0.331
FDG – REpERT	0.428	0.486	0.802	0.731	0.691	0.599	0.472	0.385

表 3.3.3 GIDS 数据集上的 AUC、最大 F1 值和 $P@N$

模型	AUC	最大 F1 值	$P@100$	$P@200$	$P@300$	$P@1000$	$P@2000$	$P@3000$
PartialMax + IQ + ATT	0.860	0.804	0.980	0.960	0.940	0.874	0.785	0.622
Rank + ExATT	0.729	0.674	0.970	0.970	0.953	0.823	0.708	0.611
PCNNs + ATT	0.799	0.756	0.970	0.935	0.914	0.876	0.752	0.593
PCNNs + ATT + RL	0.787	0.753	0.970	0.965	0.963	0.858	0.775	0.683
BGWA	0.815	0.773	0.990	0.980	0.960	0.876	0.807	0.695
RESIDE	0.891	0.846	1.000	0.975	0.970	0.912	0.827	0.660

续表

模型	AUC	最大 F1 值	P@100	P@200	P@300	P@1000	P@2000	P@3000
PCNNs + C2SA	0.828	0.762	0.950	0.930	0.920	0.867	0.745	0.601
PCNNs + ATT_RA + BAG_ATT	0.871	0.808	0.980	0.965	0.947	0.885	0.788	0.631
SeG	0.844	0.799	0.980	0.960	0.937	0.886	0.789	0.633
DCRE	0.845	0.796	0.960	0.925	0.924	0.863	0.784	0.605
FDG – RE$_{PCNNs}$	0.875	0.813	0.990	0.955	0.940	0.889	0.787	0.633
FDG – REpERT	0.905	0.863	0.980	0.985	0.980	0.943	0.893	0.771

观察上述表格可以看出：

（1）通过对比 PCNNs + ATT 和 FDG – RE$_{PCNNs}$（FDG – RE$_{PCNNs}$ 可以看作 PCNNs + ATT + FDG）发现，在 NYT 和 GIDS 数据集上的 AUC 值，力引导图为 PCNNs + ATT 分别提升了 9.7%、9.5%。首先，提出的力引导图可以精确地获得关系联系。其次，在学习关系相关性时过滤了一些"噪声转换"，这使得力引导图更具泛化性。最后，所提出的力引导图具有灵活性和适应力。它提供了一个即插即用和相互依赖的分类网络。上述实验结果比较证明，所提出的力引导图可以用作模块来增强现有方法的效果。

（2）在关注学习关系关联的模型中，显式方法 PartialMax + IQ + ATT 和 FDG – RE$_{PCNNs}$ 优于隐式方法 Rank + ExATT。众所周知，循环神经网络可以很好地描述关系之间的线性依赖关系，而 GCN 擅长学习网络结构连接。换言之，使用 RNN 或 GCN 意味着在训练过程开始时增加了拓扑结构的先验知识。除了显式模块 GCN 外，FDG – RE 通过在目标损失函数中设计惩罚项 $\lambda\Omega$ 来隐式捕获互斥性，不仅可以惩罚错误分类，还可以增强所提出方法的泛化能力。

（3）对比在 NYT 和 GIDS 数据集上的实验结果可以发现，所有模型在 GIDS 数据集上的评价指标都优于在 NYT 数据集。产生这种现象的原因有两个。首先，这两个数据集的关系数量不同。NYT 数据集包含 53 个关系，而 GIDS 数据集包含 5 个关系，因此模型预测 GIDS 数据集上的关系显然比在 NYT 数据集上更容易。这也从侧面印证了我们的想法，即学习关系关联可以在进行关系预测时有效地缩小搜索空间，提高模型的性能。其次，虽然这两个数据集是通过远程监督生成的，但 GIDS 数据集的测试数据是人工标注的，而 NYT 数据集的测试数据包含大量错误标注的句子。尽管如此，基于 FDG – RE 的方法在两个数据集上都取得了最好的 AUC 值和最大 F1 值，这表明所提出的力引导图不仅擅长学习关系关联，而且在现实世界场景中具有很强的应用前景。

总体而言，实验结果证明本节提出的 FDG – RE 可以有效地学习关系关联，并达到最先进的性能。

4. 实验结果

为了充分理解本节提出的模型及吸引力、排斥力的影响，本节设置了消融实验。

(1) FDG – RE$_{PCNNs}$ w/o Attractive：去掉力引导图中的吸引力。
(2) FDG – RE$_{PCNNs}$ w/o Repulsive：去掉力引导图中的排斥力。
(3) FDG – RE$_{PCNNs}$ w/o Graph：将力引导图从 FDG – RE$_{PCNNs}$ 中去掉。

结果对比如表 3.3.4 所示。

表 3.3.4　不同模型在 NYT 数据集上的 AUC、最大 F1 值和 P@N

模型	AUC	最大 F1 值	P@100	P@200	P@300	P@1000	P@2000	P@3000
FDG – RE$_{PCNNs}$	0.374	0.424	0.802	0.746	0.708	0.557	0.411	0.331
FDG – RE$_{PCNNs}$ w/o Repulsive	0.370	0.418	0.822	0.756	0.714	0.557	0.413	0.321
FDC – RE$_{PCNNs}$ w/o Attractive	0.353	0.409	0.762	0.771	0.724	0.549	0.403	0.316
FDG – RE$_{PCNNs}$ w/o Graph	0.341	0.401	0.782	0.706	0.694	0.523	0.395	0.318

由表中数据可知，排斥力（关系之间的互斥性）和吸引力（关系之间的相关性）都可以提高原始模型的性能（AUC：0.341→0.370，0.341→0.353）；与排斥力相比，吸引力的贡献更显著（AUC：0.370 vs 0.353）；直观上，在进行关系预测时，吸引力可以提供更多的候选关系，但其中一些可能是错误的。AUC 值从 FDG – RE$_{PCNNs}$ w/o Repulsive（0.370）提高到 FDG – RE$_{PCNNs}$（0.374），说明考虑排斥力可以有效地解决这个问题。

3.4　基于图推理的多关系抽取模型

针对序列模型难以处理多关系抽取的问题，本节提出基于图推理的多关系抽取模型，以抽取多个实体间的关系。该模型设计一种新型的 Chunk Graph LSTM 网络对句子子图进行建模，根据已知信息推断候选实体对之间的关系。Chunk Graph LSTM 是 LSTM 网络的更一般形式，既能学习自然语言的序列结构表示，又能学习实体对的图结构表示。Chunk Graph LSTM 以块为图节点，克服了以单词为节点计算复杂度过高的缺点，可有效地解决多关系抽取的问题。

3.4.1 概述

在关系抽取中，有的句子中可能包含多个实体，或者一个实体可能属于多个不同的三元组。因此，在包含 n 个实体的句子中有 $C(n,2)$ 个候选关系需要分类，这种问题称为多关系抽取任务。如图 3.4.1 所示，图中的例句被标注了 7 个实体和 6 个关系三元组。PER(person)、WEA(weapon)、GPE(geographical/political)是实体类型；PHYS(physical)、ART(agent - artifact)、ORG - AFF(organization - affiliation)、GEN - AFF(general affiliation)是关系类型。

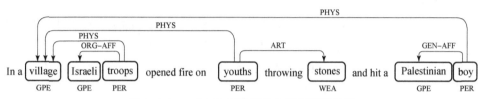

图 3.4.1　ACE 2005 数据集多关系抽取示例

可以看出，根据实体对的位置，三元组形成重叠、嵌套、交叉等结构，基于序列的模型[37-40]很难处理这些复杂的结构。近年来提出的一些基于图的模型对多关系抽取十分有效。Li 等[41]利用特征矩阵学习实体对之间的图结构，然后通过对特征向量分类实现多关系抽取。Peng 等[42]提出的 N 元关系（重叠关系的特例）抽取模型将句子划分为两个有向无环图，并用 Graph LSTM 神经网络对关系进行分类。Fu 等[43]首先采用双向 RNN 和 GCN 提取序列和区域依存词特征，然后应用关系加权 GCN 提取所有词对之间的隐含特征。这些基于图的模型在多关系抽取方面取得了很大成功。然而，这些模型主要利用有标签的训练数据来学习分类知识，而忽略了容易获取的无标签语料。它们通过输入生成预训练词嵌入向量[4,18,44-45]的方式间接地利用无标签数据，或者从辅助 NLP 工具集中获得语言知识，如依存句法解析器、词性标注（part of speech, POS）、NER 工具等。

笔者认为，大规模的语料中包含着丰富的语言知识。因此，本节提出一个语料子图，用来从无标签的语料中挖掘与任务相关的语言知识。它与句子子图相结合，构成一个关系知识图（RKG），用于多关系抽取。在 RKG 上，实体识别可以被当作一个属性值填充的问题，关系分类可以被当作一个链接预测问题。根据已知的实体和关系类型，推断未知的实体和关系类型或计算出未知实体和关系类型的概率，这个过程称为推理。因此，多关系抽取可以看作知识补全的推理过程。本节在语料子图上构造了一系列节点的统计量，将这些统计信息作为节点特征输入神经网络，将句子分为实体块和非实体块（例如，图

3.4.1 所示例句中的非实体块 "In a" "opened fire on"，实体块 "village" "Israeli" 等），提出了一种新型的 Chunk Graph LSTM 网络来学习实体块的表示，并推断出实体块之间的关系。LSTM 网络[46]对于学习单词序列中的长距离相关性是十分有效的，因此被应用于很多自然语言处理任务。然而，大多数基于 LSTM 的模型只学习词的表示，而不能学习语义块表示。为此，本节提出了能同时学习单词和块表示的 Chunk LSTM 网络，将 Chunk LSTM 与 Graph LSTM[42]集成为 Chunk Graph LSTM 网络并应用于多关系抽取。实验结果证明，该模型是有效的，在 ACE 2005 和 GENIA 数据集上的多关系抽取任务中，其性能优于先前的模型。

本节的主要工作有：

（1）首次提出了 Chunk LSTM 网络，它是 LSTM 网络的更一般形式，当句子块数等于句子长度时，Chunk LSTM 网络就成了标准的 LSTM 网络。Chunk LSTM 网络可以学习单词和词块表示，解决了 LSTM 网络不能学习词块表示的问题。

（2）提出 Chunk Graph LSTM 网络，并将其应用于多关系抽取。Chunk Graph LSTM 网络可以对自然语言的序列结构和实体间的图结构进行建模。

（3）研究了一种利用易于获取的无标签语料进行关系抽取的新方法。与用无标签语料生成预训练词向量不同，该方法构造了一些与任务相关的统计信息来挖掘语言知识。

3.4.2 问题描述

已有的关系抽取研究工作主要分为三类：基于手工匹配规则的半监督模型[47-48]、基于标注数据的监督模型[49-51]、基于已有知识库的远程监督模型[22,52-53]。半监督模型不需要大量的标注数据，但是很难设计出高精度和高覆盖率的规则或模式。早期的研究多采用半监督模型，由于其抽取性能不够理想，目前已被监督模型和远程监督模型取代。监督模型主要分为两类：人工选择特征集使用支持向量机（SVM）分类的基于核函数的方法[49-51]、自动学习潜在特征抽取关系的基于神经网络（NNs）的方法[53-56]。随着机器学习技术的进步，神经网络关系抽取模型取得了很大成功，但是它们大多是处理单关系抽取的模型。例如，序列标注模型[57]把实体关系抽取转化为序列标注任务，通过分类器标注单词在句子中的成分与角色，然后根据标签把单词组装为关系三元组，实现实体和关系抽取。句子分类模型[37]使用 RNN 捕捉句子语义特征，进而将句子级的特征向量进行分类。注意力机制的 LSTM 模型[58]捕获关键信息，进行句子分类。多信息编码 CNN 模型[19]把每个句子的局部信息与全局信息通过卷积映射编码为其对应的语义特征，进一步提高关系分类性能。多特征模型[59]首先提取词汇和句子特征，并使用大量的人工特征和 NLP 工具对关系进行分类。PCNNs 模型[60]将句子分为三段，分别进行卷积、池化，得到句子级的语义表示向量，并进行分类。单关系抽取假设一个句子只包含一个关系三元组，但现实中有时一个句子可能包含多个实体和关系三元组，一个实体可能属于多个关系三元组。根据实体对的位置，三元组形成重叠、嵌套、交叉等复杂的结构，基于序列的模型很难处理这种多关系抽取任务。

近年来，多关系抽取得到研究者的重视并取得了一些典型的研究成果。Li 等[41]首先连接新标识实体到已知实体，然后利用特征矩阵来学习实体对的图结构，这种方法的性能会受到特征矩阵学习能力的限制。Peng 等[42]提出了一种多元关系抽取（多关系抽取的一种）的图模型。该模型将句子和关系划分为两个有向无环图（DAG），一个 DAG 包含具有前向关系的线性链，另一个 DAG 包含反向关系的线性链。两者由一个双向 Graph LSTM 连接，学习图结构。Wang 等[61]提出动态生成图模型，计算复杂度较高。Luan 等[62]采用动态跨度图将全局信息整合到跨度表示，用于预测实体类型和关系类型。多数基于图的模型在多关系抽取任务上表现出很好的性能，但是它们以单词为图的节点，存在计算复杂度高的问题，而且仅使用有标签语料获取分类知识，忽视了大量无标签语料的挖掘。

本节提出了一种新的模型进行多关系抽取，与先前的研究工作的主要区别在于：本节提出的方法通过在无标签语料上进行推理来获取语言知识；本节提出并采用了一个以块为图节点的 Chunk Graph LSTM 网络进行多关系抽取。标准的 LSTM 网络可以很好地学习线性关系，但不能对复杂的关系建模。Tai 等[63]为了解决这一问题，提出了 Tree LSTM 网络来对依存树的结构进行建模。Peng 等[42]将依存关系泛化到各种关系，并将 Tree LSTM 网络扩展到 Graph LSTM 网络，使 LSTM 网络具有了能够学习图结构的能力。可是，这些基于 LSTM 的网络只能学习单词表示和只能对词与词之间的关系进行建模，不能学习块表示并对块之间的关系建模。本节提出了一种 Chunk LSTM 网络来学习块表示，并将其与 Graph LSTM 网络集成到 Chunk Graph LSTM 网络中，实现块之间的多关系抽取。

3.4.3 模型架构

根据已知信息，推断未知的节点和边的类型或属于某一类型的概率，这称为图上的推理过程。本节构造了关系知识图（RKG）用于多关系抽取，在语料子图上应用基于混合推理的分块模型，将句子分为实体块和非实体块；然后，提出了 Chunk Graph LSTM 模型来学习实体和关系的表示；最后，利用两个全连接神经网络对实体和关系进行分类。

1. 关系知识图

本节提出的关系知识图（RKG）$G = (G_c, G_{s1}, G_{s2}, \cdots)$ 由一个语料子图 $G_c = (V_c, E_c)$ 和一些句子子图 $G_{si} = (V_{si}, E_{si})$ 组成。如图 3.4.2 所示，语料子图是通过逐句扫描语料生成的有向图，其中节点集 V_c 表示单词，边集 E_c 表示左右邻接关系。例如，在句子 "In a village, Israeli troops opened fire on…" 中，"village" 与 "a" 有左邻接关系，"a" 与 "village" 有右邻接关系。对于一个单词 w，与 w 具有左右邻接关系的所有单词组成 w 的左右邻接集。

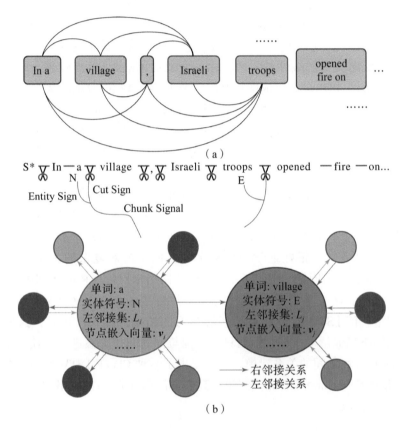

图 3.4.2 RKG 图示例（附彩图）

(a) 句子子图；(b) 语料子图

语料子图中的每个节点都有一些属性，如单词自身、其出现频次、实体符号（取值 N 表示非实体，E 表示实体）、实体类型、节点嵌入向量、左邻接集、右邻接集、首字母大小写、左连接强度、右连接强度、左支撑强度和右支撑强度。每条边都有一个属性，即出现频次和两种方向（分别表示右邻接关系、左邻接关系）。属性值可以是基本数据类型（如整型、浮点型），也可以是更复杂的结构（如字符串、列表、数组、字典等）。本节把所有的这些属性作为节点的特征，将特征值输入模型作为分类依据。为了方便起见，语料中的每个句子经过处理后，都以起始标志 S^* 开头，以句尾标点符号结尾。语料子图通过逐句扫描无标签的语料和有标签的训练数据生成。每个句子子图都是一个标记图，其中节点 V_s 表示句子中的实体块或非实体块。每个块可以包含一个或多个连续单词。如 Graph LSTM 模型一样[42]，边 E_s 表示各种依存关系（如邻接关系、句法依存关系和块对之间的语义关系），而且这些边被完全参数化。Chunk Graph LSTM 与 Graph LSTM 的区别在于，前者以块为节点，后者以单词为节点。句子子图中的每个词都能在语料子图中找到相应的投影，因此语料子图为句子中的词提供了分布式表示。此外，语料子图提供了用于将句子分为实体块和非实体块的语言知识。在句子子图上，利用 Chunk Graph LSTM 模型和两个全连接神经网络来推断实体块和它们之间关系的类型。

2. 语料子图统计推理

为了精确地将句子分为实体块和非实体块，本节为语料子图上的每个节点构造了一系列统计量，把这些统计信息作为节点特征，其值输入分类器，将句子分为实体块和非实体块。

（1）与实体的左连接强度 l_c。定义为

$$l_c = \frac{|L_e|}{|L|} \tag{3.4.1}$$

式中，l_c——一个节点的左邻接节点属于实体的概率；

L——左邻接集，$|L|$ 是集合 L 的基数；

L_e——左邻接实体集，它是集合 L 的一个子集。

（2）与实体的右连接强度 r_c。定义为

$$r_c = \frac{|R_e|}{|R|} \tag{3.4.2}$$

式中，r_c——一个节点的右邻接节点属于实体的概率；

R——右邻接集，$|R|$ 是集合 R 的基数；

R_e——右邻接实体集，它是集合 R 的一个子集。

（3）左支持强度 l_s。定义为

$$l_s = \frac{\sum_{i=1}^{|L|} r_c(n_i)}{|L|} \tag{3.4.3}$$

式中，l_s——左邻接集支持一个节点属于实体的概率，是左邻接集的右连接强度的平均值；

$r_c(n_i)$——节点 n_i 与实体的右连接强度。

（4）右支持强度 r_s。定义为

$$r_s = \frac{\sum_{i=1}^{|R|} l_c(n_i)}{|R|} \quad (3.4.4)$$

式中，r_s——右邻接集支持一个节点属于实体的概率，是右邻接集的左连接强度的平均值；

$l_c(n_i)$——节点 n_i 与实体的左连接强度。

如果构造一个概率函数，其输入为这些统计量，输出为节点 n_i 是否属于实体且在此节点位置断开或连接的概率，就能将句子分割为实体块和非实体块。虽然这种统计推理的方法简单直接，但是它有几个缺点：首先，找到最合理的概率函数是很困难的；其次，存在数据稀疏问题。任何语料都无法完全覆盖自然语言，这就导致一些统计量的值为零的情况。为了克服这些问题，本节引入以下神经网络推理。

3. 语料子图神经网络推理

神经网络具有很强的鲁棒性和很好的函数拟合能力，因此本节设计了一种基于语料子图的神经网络推理模型，以克服概率函数选择和数据稀疏的问题。在图上进行推理所面临的主要问题是节点表示和边表示。对于节点表示，有两种有效的方法可用：一种是被广泛使用的词嵌入向量；另一种是由 Roweis 等[64]提出的 LLE 嵌入向量，它假设每个节点的向量都是相邻节点在向量空间中的线性组合。然而，前者只强调当前节点信息，而忽略了它周围的环境信息；后者只强调节点环境信息，而忽略了节点本身。本节认为节点与环境密切相关，所以将这两种方法相结合，提出了一种新的分布式节点表示方法。在该方法中，节点表示向量包含节点本身和周围节点的信息，周围节点由左右邻接集组成。一个节点 n_i 的表示向量计算如下：

$$v_i = \left[\frac{\sum_{j=1}^{|L|} w_j \times f_e(j,i)}{\sum_{j=1}^{|L|} f_e(j,i)}, w_i, \frac{\sum_{k=1}^{|R|} w_k \times f_e(i,k)}{\sum_{k=1}^{|R|} f_e(i,k)} \right] \quad (3.4.5)$$

式中，v_i——节点 n_i 的表示向量，它是通过拼接左邻接集 L 词向量的算术平均、节点的词向量 w_i 和右邻接集 R 词向量的算术平均产生的；

$f_e(j,i)$——边 $e(j,i)$ 的出现频次；

$f_e(i,k)$——边 $e(i,k)$ 的出现频次。

LSTM 网络可以捕捉长距离的相关性，被广泛应用于序列标注任务中。本节采用一个双向 LSTM 网络为每个单词标注连接或断开，以及是实体或非实体，从而将句子分为实体块和非实体块。假设一个句子链是 $S = (w_{o1}, w_{o2}, \cdots, w_{o|S|})$，它在 G^c 上的投影是 $V = (n_1, n_2, \cdots, n_{|S|})$，其中 w_{oi} 是第 i 个单词，n_i

是第 i 个节点。为了将 S 分割为实体块和非实体块,本节训练了一个 Bi-LSTM 推理模型,为每个单词输出一个分块标签。每个分块标签可以分解为两个信号,一个是表示节点 n_t 是否属于实体的实体信号,另一个是表示 S 链是否在节点 n_t 处被切断的剪切信号。每个信号有两种状态,即 0 和 1。因此,它是一个 4 分类模型。在训练过程中,实体的标签由有标签的数据给出,根据实体标签,就很容易得到分块标签。在测试过程中,根据分块标签,句子可以很容易地被分割成块。推理过程如下:

$$\boldsymbol{h}_t = \text{Bi-LSTM}(\boldsymbol{v}_t, \boldsymbol{h}_{t-1}) \tag{3.4.6}$$

式中,$\boldsymbol{h}_t$——隐含向量,t 为 Bi-LSTM 中的时间步;

$\boldsymbol{v}_t$——输入节点 n_t 的表示向量。

损失函数 $\mathcal{L}$ 由以下表达式给出:

$$\mathcal{L} = -\sum_{j=1}^{B}\sum_{t=1}^{|S_j|}\sum_{i=1}^{I} y_{ti} \log \tilde{y}_{ti} \tag{3.4.7}$$

式中,B——批量大小;

$|S_j|$——句子 S_j 的长度;

I——分块标签的状态数,$I=4$;

$\tilde{y}_{ti}$——分块标签预测值,

$$\tilde{y}_{ti} = \text{Softmax}(\tanh(\boldsymbol{h}_t \boldsymbol{W} + b)) \tag{3.4.8}$$

4. 语料子图混合推理

如前所述,神经网络具有很强的鲁棒性和函数拟合能力,它克服了函数选择和数据稀疏的问题。人工构造的统计量包含有助于分类的经验知识,因此本节将神经网络推理和统计推理相结合进行句子分割。在神经网络推理和统计推理的混合推理模型中,统计量的具体观测值可以作为节点的特征值输入神经网络模型,即用 $\boldsymbol{v}'_t$ 代替 $\boldsymbol{v}_t$ 作为模型的输入。计算操作如下:

$$\boldsymbol{v}'_t = [\boldsymbol{v}_t, l_{c,t+1}, r_{c,t-1}, l_{s,t}, r_{s,t}] \tag{3.4.9}$$

式中,$\boldsymbol{v}'_t$——混合推理模型的输入;

$\boldsymbol{v}_t$——输入节点的表示向量;

$l_{c,t+1}, r_{c,t-1}, l_{s,t}, r_{s,t}$——统计量的观察值。

5. Chunk LSTM 模型

根据由语料子图混合推理模型输出的分块标签,句子 S 被分割成句块链 $S_C = \{K_1(w_{o11}, w_{o12}, \cdots, w_{o1|K_1|}), K_2(w_{o21}, w_{o22}, \cdots), \cdots, K_{|S_C|}(w_{o|S_C|1}, w_{o|S_C|2}, \cdots)\}$,其中 K_i 表示实体块或非实体块。标准的 LSTM 可以学习携带上下文信息的单词表示,但不能学习语块表示。为了获得语义块的表示向量,本节提出了 Chunk LSTM 模型。具体操作如下:

$$i_{Pp} = \sigma(W_i x_{Pp} + U_i h_{Pp-1} + V_i H_{P-1} + b_i) \quad (3.4.10)$$

$$o_{Pp} = \sigma(W_o x_{Pp} + U_o h_{Pp-1} + V_o H_{P-1} + b_o) \quad (3.4.11)$$

$$f_{Pp} = \sigma(W_f x_{Pp} + U_f h_{Pp-1} + V_f H_{P-1} + b_f) \quad (3.4.12)$$

$$\tilde{c}_{Pp} = \tanh(W_c x_{Pp} + U_c h_{Pp-1} + V_c H_{P-1} + b_c) \quad (3.4.13)$$

$$c_{Pp} = f_{Pp} \odot c_{Pp-1} + i_{Pp} \odot \tilde{c}_{Pp} \quad (3.4.14)$$

$$h_{Pp} = o_{Pp} \odot \tanh(c_{Pp}) \quad (3.4.15)$$

$$H_P = h_{P|K_P|} \quad (3.4.16)$$

式中，P——块 K_P 在链 S_C 中的位置序号；

p——单词 w_{oPp} 在块 K_P 中的位置序号；

x_{Pp}——节点表示向量；

h_{Pp}——隐含层状态向量；

H_P——块 K_P 的隐含层状态向量；

$|K_P|$——块 K_P 的长度。

模型使用块中最后一个单词的隐含层状态作为块表示。在双向 Chunk LSTM 中，$\overleftarrow{h}_{P1}$ 是 K_P 中在向后方向上最后一个单词的隐含层状态，$\overrightarrow{h}_{P|K_P|}$ 是 K_P 中在向前方向上最后一个单词的隐含层状态，块 K_P 的表示向量 $\bar{H}_P$ 由两个方向上的最后一个单词的隐含层状态拼接而成。块表示由下式给出：

$$\bar{H}_P = [\overleftarrow{h}_{P1}, \overrightarrow{h}_{P|K_P|}] \quad (3.4.17)$$

Chunk LSTM 与 LSTM 的主要区别在于循环的部分。Chunk LSTM 为每个块添加了一个隐含层状态表示，它可以同时学习单词和块表示。除此之外，Chunk LSTM 的主要优点还包括它的一般性和灵活性。标准 LSTM 是 Chunk LSTM 当块数 $|S_C|$ 等于句子长度 $|S|$ 时的一种特殊情况。也就是说，Chunk LSTM 是更一般形式的 LSTM。通过将 Chunk LSTM 叠加在标准 LSTM 上，可以得到多层的 Chunk LSTM。

6. 句子子图 Chunk Graph LSTM 推理模型

这些实体块和非实体块是句子子图的节点。像在文献［42］的研究工作中一样，各种依存关系（如邻接关系、句法依存关系和块对之间的语义关系）都是句子子图的边。因此，在句子子图上进行推理的任务就是根据已知的信息预测未知的链接，并填充未知的属性值。为了简化操作，模型完全连接所有的块，因此在一个句子中有 $C(|S_C|,2)$ 条边。文献［42］提出了能有效表示图结构的 Graph LSTM 模型。本节将 Chunk LSTM 和 Graph LSTM 相结合，形成一个 Chunk Graph LSTM 推理模型用于多关系抽取，模型的架构如图 3.4.3 所示。

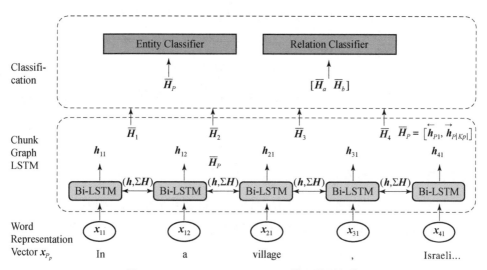

图 3.4.3　Chunk Graph LSTM 推理模型架构

操作如下：

$$i_{P_p} = \sigma\left(W_i x_{P_p} + U_i h_{P_{p-1}} + \sum_{j=1}^{P-1} V_{ij} H_j + b_i\right) \quad (3.4.18)$$

$$o_{P_p} = \sigma\left(W_o x_{P_p} + U_o h_{P_{p-1}} + \sum_{j=1}^{P-1} V_{oj} H_j + b_o\right) \quad (3.4.19)$$

$$f_{P_p} = \sigma\left(W_f x_{P_p} + U_f h_{P_{p-1}} + \sum_{j=1}^{P-1} V_{fj} H_j + b_f\right) \quad (3.4.20)$$

$$\tilde{c}_{P_p} = \tanh\left(W_c x_{P_p} + U_c h_{P_{p-1}} + \sum_{j=1}^{P-1} V_{cj} H_j + b_c\right) \quad (3.4.21)$$

$$c_{P_p} = f_{P_p} \odot c_{P_{p-1}} + i_{P_p} \odot \tilde{c}_{P_p} \quad (3.4.22)$$

$$h_{P_p} = o_{P_p} \odot \tanh(c_{P_p}) \quad (3.4.23)$$

$$H_P = h_{P|K_P|} \quad (3.4.24)$$

式中，x_{P_p}——节点表示向量；

h_{P_p}——隐含层状态表示向量；

H_P——块 K_P 在一个方向上的隐含层状态表示向量。

双向的模型如下：

$$\bar{M}_P = [\overleftarrow{h}_{P1}, \overrightarrow{h}_{P|K_P|}] \quad (3.4.25)$$

式中，$\overleftarrow{h}_{P1}$——块 K_P 中在向后方向上最后一个单词的隐含层状态；

$\overrightarrow{h}_{P|K_P|}$——块 K_P 中在向前方向上最后一个单词的隐含层状态；

$\bar{M}_P$——块 K_P 的表示向量，它由两个方向上的最后一个单词的隐含层状态拼接而成。

最后，两个单层的全连接神经网络用于对实体和关系进行分类，操作如下：

$$\tilde{y}_P^e = \mathrm{Softmax}(\tanh(\bar{M}_P W_e + b_e)) \tag{3.4.26}$$

$$\mathcal{L}_P^e = -\sum_{i=1}^{l^e} y_{Pi}^e \log \tilde{y}_{Pi}^e \tag{3.4.27}$$

$$\mathcal{L}_{ab}^r = -\sum_{i=1}^{l^r} y_{abi}^r \log \tilde{y}_{abi}^r \tag{3.4.28}$$

式中，$\tilde{y}_P^e, y_P^e$——实体类型的预测值和真实值；

$\tilde{y}_{ab}^r$——表示向量为 $\bar{M}_a$ 和 $\bar{M}_b$ 两个块之间关系类型的预测值；

y_{ab}^r——两个块之间关系类型的真实值；

$\mathcal{L}_P^e, \mathcal{L}_{ab}^r$——实体损失和关系损失。

$$\mathcal{J} = \sum_{j=1}^{B} \left(\lambda \sum_{P=1}^{|S_{Cj}|} \mathcal{L}_P^e + \sum_{b=2}^{E_j} \sum_{a=1}^{b-1} \mathcal{L}_{ab}^r \right) \tag{3.4.29}$$

式中，B——批量大小；

$|S_{Cj}|$——句块链 S_{Cj} 中的块数；

E_j——句子中的实体块数；

λ——偏置权重，决定了实体和关系两部分损失的相对重要程度。

可以看出，Chunk Graph 是当多种依存关系仅包括邻接关系时 Chunk Graph LSTM 的一个特殊情况。也就是说，Chunk Graph LSTM 是 Chunk LSTM 和 LSTM 的更一般形式。

3.4.4　实验验证

1. 语料和数据集

语料子图是通过逐句扫描 NYT 语料库和数据集的训练数据生成的。语料子图包含 23.6 万个句子和 890 万个单词。本节选择 ACE 2005 的英语部分作为数据集。GENIA 是从生物医学文献中收集的用于开发分子生物学领域的信息抽取系统的一个数据集。与以往的研究一样，从 GENIA 中抽取了"药物 – 突变""药物 – 疾病"二元关系和"药物 – 基因 – 突变"等三元关系。

2. 评价指标

如同先前的研究工作[41-42]一样，本节采用标准的查准率 P、召回率 R 和 F1 值评估模型在 ACE 2005 上的性能，采用平均准确率 Accuracy 来评估在 GENIA 数据集的性能。只有实体头（entity head）的类型和区域正确时，实体才是正确的。只有两个实体和关系类型都正确时，关系才是正确的。

3. 超参数设置

本节分别采用 GloVe[18] 和 ELMo[45] 词嵌入向量作为初始词表示，单词向量的维数是 100。在语料子图中，节点向量的维数为 300。词向量与四个统计量、首字母大小写拼接后作为混合推理模型的输入。实验发现，首字母大小写不起作用，所以只保留了词向量和统计量。在混合推理 Bi-LSTM 模型和 Chunk Graph Bi-LSTM 模型中，输入向量维数分别为 304 和 300。一个方向的 LSTM 单元数为 300。批量大小 B 在所有模型中都是 100。模型在 $\{1,2,3\}$ 之间选择网络的层数 N，在 $\{0.005, 0.0005, 0.00005\}$ 中选择学习率 L_R，在 $\{0.1, 1, 10, 100\}$ 中选择偏置权重 λ。首先，固定 $\lambda = 1$，并在验证集上通过网格搜索选择 L_R 和 N 的最优值。它们在混合推理 Bi-LSTM 模型中分别为 0.0005 和 2，在 Chunk Graph Bi-LSTM 中分别为 0.00005 和 2。然后，依次在 Chunk Graph Bi-LSTM 上测试 λ 的值。最后，通过比较结果，得到 λ 的最优值(10)。模型利用了 Adam 算法[19] 计算梯度和 BPTT 算法更新参数。

4. 在 ACE 2005 数据集上的多关系抽取结果

实验将本节模型与以下几个强基线模型进行比较。Li 等[41] 提出的 Joint Model 采用 BILOU 标注方案识别实体，并用特征矩阵学习句子的图结构，其性能受到矩阵学习能力的限制。SPTree 模型[50] 首先借助 POS 标签识别实体对，然后将邻接关系当成特殊的依存关系，并利用 Tree LSTM 对实体对间的关系进行分类。它是一个单关系抽取模型，可能会遗漏多关系句子中的一些关系。文献 [42] 提出了一种 Graph LSTM 网络，并将其应用于重叠多关系抽取。这个模型能够很好地对图结构进行建模，但是以单词为图节点仅能学习单词表示而不能学习块表示。与 Graph LSTM 相比，Chunk Graph LSTM 能够学习块表示并且以语义块为图节点，从而减少了图的节点数量，降低了图的复杂度。HSM 模型[64] 引入归纳偏差监督底层的低级任务和顶层的复杂任务，构造了一个分层次监督的多任务学习模型。DyGIE 模型[54] 根据上下文为每个跨度计算局部向量表示，然后将全局信息整合到跨度表示，用于预测实体类型和关系类型。据笔者所知，这是先前 ACE 2005 上性能最佳的关系抽取模型。Graph LSTM 模型使用 GloVe 词嵌入向量作为初始单词表示，而 HSM 和 DyGIE 使用 GloVe 和 ELMo 词嵌入向量的拼接作为初始单词表示。

为了公平起见，本节采用了两种方法与这些模型进行对比，表 3.4.1 给出了在 ACE 2005 数据集上的实验结果。G 代表只使用 GloVe 词嵌入向量，G + E 代表使用 GloVe 和 ELMo 词嵌入向量的拼接，CS 代表左右连接强度，SS 代表左右支撑强度，SR 代表统计推理。当仅使用 GloVe 词嵌入向量时，基于混合推理的分块模型的 F1 值达 93.9%；Chunk Graph LSTM 模型在实体识别中 F1 值达 85.4%，在多关系抽取中 F1 值达 62.2%。当使用 GloVe 和 ELMo 词嵌入向量的拼接时,本节的分块模型 F1 值达 95.1%,Chunk Graph LSTM 模型在实体识别中的 F1 值达 87.4%,在多关系抽取中 F1 值达 64.3%。在 ACE 2005 数据集上,它的表现优于先前性能最佳的模型,并且在多关系抽取中 F1 值提高了 0.011。

表 3.4.1　ACE 2005 数据集抽取结果　　　　　　　　　　(%)

模型	Chunking	实体识别			多关系抽取		
	F1 值	P	R	F1 值	P	R	F1 值
Joint Model	—	85.2	76.9	80.8	65.4	39.8	49.5
SPTree	—	82.9	83.9	83.4	57.2	54.0	55.6
Graph LSTM (G)	—	80.1	82.6	81.3	61.5	52.3	56.5
HSM (G+E)	—	87.4	87.7	87.5	70.4	56.4	62.7
DyGIE (G+E)	—	—	—	88.4	—	—	63.2
本节所提模型 (G)	**93.9**	86.1	84.8	85.4	65.0	59.6	62.2
本节所提模型 (G+E)	**95.1**	88.0	86.9	**87.4**	67.3	61.5	**64.3**
本节所提模型 w/o CS (G+E)	91.7	86.6	85.1	85.8	65.7	59.4	62.4
本节所提模型 w/o SS (G+E)	93.6	85.6	84.5	85.0	65.1	58.3	61.5
本节所提模型 w/o SR (G+E)	91.6	84.3	83.8	84.0	63.9	58.0	60.8

本节在语料子图上对推理模型进行消融实验,观察统计推理是否对性能有贡献,观察哪些统计量对结果的贡献最大。从第七行和最后一行的比较可以看出,统计推理对分块任务和抽取任务都有较好的促进效果,它使分块 F1 值提高了 0.035,关系抽取 F1 值提高了 0.035。统计推理对神经网络推理进行了补充,提高了系统的整体性能。通过第七行和第八行的比较发现,左右连接强度可以提高分块的准确性。第七行和第九行的比较表明,左右支撑强度可以提高实体识别的性能。当所有的统计量都被使用时,模型达到了最优性能。

为了评价本节提出的节点表示方法的性能,我们在 ACE 2005 数据集上进行了一组对比实验。在本节的混合推理模型中,分别使用了三种不同的节点表示方法。GloVe 模型通过在全局单词共现矩阵上进行训练来获得单词向量表示。LLE 算法是一种节点表示方法,它假设每个节点都是嵌入空间中相邻节点的线性组合。在该方法中,节点向量包括三部分:节点的 100 维向量、左邻集的 100 维向量、右邻集的 100 维向量。三个 100 维的 GloVe 嵌入向量拼接在一起,作为节点表示向量。如表 3.4.2 所示,前两行分别使用 100 维和 300 维 GloVe 词嵌入向量,第三行使用 300 维 GloVe 词嵌入向量的线性组合。结果表明该方法是有效的。

表 3.4.2　语料子图上三种节点表示方法对比实验　　　　（%）

模型	Chunking	实体识别	多关系抽取
GloVe（100 维）	92.4	83.8	61.5
GloVe（300 维）	93.0	84.6	61.9
LLE（300 维）	92.3	82.7	60.1
本节所提模型	93.9	85.4	62.2

5. 在 GENIA 数据集上的关系抽取结果

本节的模型在来自新闻和网络日志的 ACE 2005 数据集上取得了良好的性能。为了评估在其他领域语料上的性能,本节也在生物医学数据集 GENIA 上进行了实验,抽取了"药物－突变""药物－疾病"二元关系和"药物－基因－突变"等三元关系。实验将 Chunk Graph LSTM 与 Graph LSTM、一个 CNN 系统和一个在 GENIA 复现的 Bi－LSTM 系统进行了比较。如表 3.4.3 所示,本节模型在多关系抽取方面优于以前的模型,二元关系抽取的准确率提高了 0.016,三元关系抽取的准确率提高了 0.007。结果表明,该模型在 GENIA 数据集上是有效的。

表 3.4.3　GENIA 数据集上二元关系和三元关系抽取实验结果　　（%）

模型	二元关系	三元关系
CNN	73.0	77.5
Bi－LSTM	73.9	75.3
Graph LSTM	75.6	77.9
本节所提模型	77.2	78.6

3.5 关系模式识别

近些年,学者们提出的关系抽取方法多数是基于预训练的 Transformer 语言模型来获取高质量的句子表示。然而,由于原始的 Transformer 在捕捉局部依赖和短语结构方面薄弱,现有的基于 Transformer 的方法无法识别句子中的各种关系模式。为了解决这个问题,本节提出了一种新颖的远程监督关系提取模型,该模型采用特定设计的模式感知自注意网络,以端到端的方式自动发现句子中的关系模式。

3.5.1 概述

关系提取,定义为从非结构化文本中提取两个给定命名实体之间的语义关系的任务,在自然语言处理和知识图谱构建中至关重要。它已被广泛应用于许多应用中,如文本分类、问答和网络搜索。由于对手动标记训练句子的需求量巨大,传统的有监督方法非常耗时。因此,Mintz 等[65]提出远程监督来自动生成实体对的关系标签。他们假设如果一个实体对 (e_h, e_t) 在现有知识图谱中具有某种关系,那么任何提到这两个实体的句子都可能表达这种关系。

然而在实际应用中,通过远程监督方式生成的句子长度多变,并且包含很多与目标关系无关的词。例如,长句子 "Literature picked up the subject of displacement and language through a debate on Saturday between Ms. Morrison and three writers: Edwige Danticat, who now lives in the United States and writes in English about her native Haiti;[**Michael Ondaatje**] e_h, who ***was born in*** [**Sri Lanka**] e_t, educated in Britain and lives in Canada; and Boubacar Boris Diop, a Senegalese novelist who writes in French and in his Wolof mother tongue." 中描述了三个作者的信息,但只有局部结构 "was born in" 表示头实体 e_h [Michael Ondaatje] 和尾实体 [Sri Lanka] e_t 之间的关系 "Place of birth"。我们将句子中可能表达目标关系的连续词序列称为 "关系模式"。显然,识别句子中的关系模式可以有效地为关系提取器提供更准确的特征,并使关系预测的过程更具可解释性。

以往的远程监督关系抽取模型通常依赖分段卷积神经网络(PCNNs)、词级注意机制来突出显示局部结构,并捕获关系模式的信息。随着预训练语言模型的发展,近些年提出的关系抽取模型使用预训练的 Transformer 来生成高质量的句子表示[66]。然而,原始的 Transformer 在获取局部依赖和短语结构方面能力较弱,使得基于 Transformer 的方法难以在远程监督场景中捕获关系模式。

为了解决这个问题,本节提出一种具有模式识别能力的基于自注意网络的远程监督关系抽取模型（pattern - aware self - attention network based distant supervised relation extraction model，PSAN - RE），它能够使用统一的框架自动识别预训练 Transformer 中各种形式的关系模式。具体来说，我们假设两个相邻的词之间的相关性反映了它们属于同一模式的概率。为了确定几个相邻的词是否可以形成一个模式，PSAN - RE 使用缩放的点积来对词的相关性进行建模，然后基于一个新的模式感知自注意网络生成所有模式的概率分布。为了将模式信息输入预训练的 Transformer，PSAN - RE 将获得的概率分布应用于 Transformer 的第一层，以调整其注意力分数。因此，不同模式中的词语被限制为不相互关注，并且全局依赖关系仍然保留在后续层中。在两个广泛使用的基准数据集上进行的广泛实验结果表明，我们的模型比所有对比的基线表现更好。

本节的主要贡献：据我们所知，这是在远程监督关系提取中为预训练的 Transformer 识别关系模式的第一项工作；所提出的方法能够自动识别各种形式的关系模式，而不会丢输入语句的全局依赖；与使用解析工具的方法不同，本节的方法以端到端的方式工作，不会受到错误传播问题的影响；在两个广泛使用的基准数据集上的大量实验结果表明，本节提出的 PSAN - RE 模型取得了 State - of - the - art 的实验结果。

3.5.2　问题描述

远程监督方法可用来自动生成大规模训练数据而不需要人工标注。它的基本假设是，如果某个实体对在知识图谱中存在关系，那么任何提及这两个实体的句子都可能表达这种关系。然而，这个假设太强了，并且受到噪声数据问题的影响。为了缓解这个问题，Riedel 等[67]提出"至少表达一次"假设并将训练数据划分为句包，其中每个包是一组包含相同实体对的句子。之后，句包级关系提取已成为远程监督设置中的标准范式。

由于缺乏人工干预，通过远程监督生成的大多数句子都很长，而通常关系模式有助于表达目标关系。因此，学习有用的模式信息已成为远程监督关系抽取中最重要的点之一。根据捕获局部结构的方式，现有的基于神经网络的方法可以分为三类。

第一类方法，利用 PCNNs[60] 来获得局部结构。在 PCNNs 中，卷积神经网络（convolution neural networks，CNN）学习到的每个特征图根据两个实体的位置分为三部分。然后，分别对这三个部分进行最大池化操作。由于它能够捕获句子有用的局部特征，因此 PCNNs 被广泛用于各种关系抽取模型中。例如，基于 PCNNs 的方法，Lin 等[29]采用句子级选择注意力机制来计算句包的表示；Feng 等[30]使用强化学习来训练一个实例（句子）选择器，以从句包中移除嘈杂的句子；Yuan 等[68]使用句子的非独立同分布相关性来获取每个句子的权重；Shang 等[36]采用无监督深度聚类为嘈杂的句子生成新标签，并尝试将嘈杂的句子转换为有用的训练数据。尽管这些做法都能够取得较好的效果，但因为 PCNNs 专注于局部结构或与位置无关的特征，因此它在捕获全局依赖方面的能力很弱。

第二类方法，使用词级注意力机制来减少无关词的影响。例如，Feng 等[25]利用双层记忆网络并采用注意力机制来获取句子中的重要元素。Du 等[69]设计了一个多层次的结构化自注意机制来捕获更好的上下文表示。Jat 等[31]采用具有单词和句子级注意力机制的双向门控循环单元（bidirectional gated recurrent unit，Bi‐GRU）来提取特定特征。Zhang 等[70]采用知识图谱嵌入技术来设计知识感知注意力方案。这种方法独立地为每个单词分配权重，同时忽略相邻单词之间的关联，这对于识别关系模式至关重要。

第三类方法，采用有监督的依赖解析器来提前生成结构信息。例如，He 等[71]通过递归的树状 GRU，利用基于依赖树的特征来学习句子的结构信息。Vashishth 等[32]使用从图卷积网络（graph convolution networks，GCN）编码获得的句法信息及嵌入的辅助信息来改进句子表示。但是一般来说，使用依赖解析器需要对句子进行预处理，因此容易引发错误传播问题。

目前，DISTRE[21]在所有远程监督方法中展示了最先进的结果。它采用 GPT 模型[66]作为句编码器来获得元素之间的全局依赖关系。尽管这种模型在性能方面取得了突破，但它无法识别在语义表示和关系预测中至关重要的关系模式。

与现有方法不同，本节所提出的 PSAN‐RE 模型不仅可以获取词之间的全局依赖关系，还能以端到端的方式自动识别各种形式的关系模式。在两个广泛使用的基准数据集上的实验结果表明，PSAN‐RE 模型取得了新的最先进的性能。

3.5.3 模型架构

1. 模型总览

PSAN‐RE 模型的结构如图 3.5.1 所示，该图展示了在一个句包中处理一个句子的过程。对于一个输入句子 s，每个词 t_i 首先由 d 维的符号嵌入 e_t 和位置嵌入 e_p 之和表示。然后，将输入表示同时输入模式感知自注意网络和预训练的 Transformer。前者负责为所有模式生成概率分布 P，用于引导第一个 Transformer 层的注意力分数遵循模式结构：

$$\text{AttentionScore}(\boldsymbol{Q},\boldsymbol{K}) = \boldsymbol{P} \odot \text{Softmax}\left(\frac{\boldsymbol{Q}\boldsymbol{K}^{\text{T}}}{\sqrt{d_k}}\right) \quad (3.5.1)$$

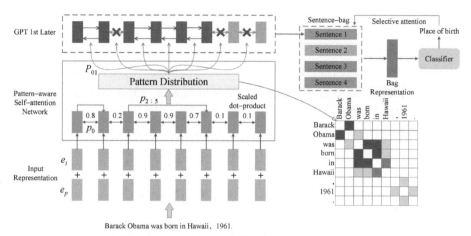

图 3.5.1　PSAN-RE 模型结构图（附彩图）

式中，⊙——元素级别的相乘；

　　d_k——在多头注意力机制中，键向量 k 的维度；

　　P_{ij}——词语 t_i、t_j 属于同一个关系模式的概率。

因此，不同关系模式中的词语被限制为不互相关注，并且模式的信息被增强至预训练的 Transformer 中。本节在句包中的不同句子之间使用了选择注意力机制来生成最终的句包表示。与以往方法类似，关系预测将以句包为单位进行。

2. 具备关系模式识别能力的自注意网络

从表 3.5.1 可以看出，关系模式有以下几个特点：

（1）它们的形式各异，不局限于特定的格式。例如，在句子#1 中，"[Missoula]e_t，[Mont.]e_h"表示了关系"contain"，在该关系中，逗号是这种关系模式中不可或缺的一部分。

（2）关系模式可能距离实体很远。例如，在句子#2 中，头实体 [Darren McGavin]e_h 和关系模式"died on Saturday in Los Angeles"在句子的两端。

（3）在一个句子中可能会有多个关系模式。例如，在句子#1 中，对实体对 [Micheal Smuin]e_h 和 [Missoula]e_t 来说，显然"was born in Missoula"也是关系"place of birth"的一个关系模式。

表 3.5.1　NYT 数据集中的两个句子

句子	关系
#1：Michael Smuin, the son of a Safeway butcher, was born in [**Missoula**]e_t，[**Mont.**]e_h，on Oct. 13, 1938.	contains place of birth
#2：[**Darren McGavin**]e_h，an actor with hundreds of television, movie and theatrical credits to his name, *died on Saturday in* [**Los Angeles**]e_t.	place of death

上述特点表明，一个理想的关系抽取模型不仅要识别出不同形式的关系模式，还要考虑词之间的全局依赖。顺着这个思路，本节设计了一个具备关系模式识别能力的自注意网络。该网络的基本假设：在相同关系模式中的词之间，相比在不同关系模式中的词之间，具有更强的相关性。上述假设通过自注意机制来实现，使得在相同关系模式中的词语之间能够相互关注，这种方法在句子表示的学习中被证明是十分有效的[27]。具体来说，本节将学习关系模式分布的问题分解为三步：

第1步，建立相邻两个单词同属相同关系模式的概率。

第2步，计算连续的局部结构（连续的词语序列）是一个关系模式的概率。

第3步，在保证全局依赖的情况下，将生成的模式信息送入预训练的Transformer。

给定一个句子 $s = \{t_1, t_2, \cdots, t_l\}$，其中 l 为句子长度。首先，计算词语 t_i 和它的邻居 t_{i+1} 之间属于同一个关系模式的概率 p_i。受到文献[23]的启发，本节使用了缩放的点积运算为词语 t_i 和 t_{i+1} 之间的相关性 $c_{i,i+1}$ 建模：

$$c_{i,i+1} = \frac{\boldsymbol{q}_i \boldsymbol{k}_{i+1}}{\sqrt{d}} \tag{3.5.2}$$

式中，$\boldsymbol{q}_i$——维度为 d 的 t_i 的查询向量；

$\boldsymbol{k}_{i+1}$——维度为 d 的 t_{i+1} 的键向量。

式（3.5.2）使用自注意机制来实现。

因此，非相邻词语的相关性在 Softmax 操作之前被掩盖。此外，PSAN-RE 在自注意层还使用了 Dropout 机制来防止过拟合问题。

显然，$c_{i,i+1}$ 和 $c_{i+1,i}$ 可能具有不同的值。而相反地，GPT 是一个单向的语言模型[28]，因此 p_i 被定义为 $c_{i,i+1}$ 和 $c_{i+1,i}$ 的几何平均值，即

$$p_i = \sqrt{c_{i,i+1} \times c_{i+1,i}} \tag{3.5.3}$$

当 p_i 的值较大时，表明 t_i 和 t_{i+1} 属于同一个关系模式中；当 p_i 的值较小时，表明 t_i 和 t_{i+1} 之间存在一个断点。

接下来，计算所有的关系模式的分布 $\boldsymbol{P}$。不失一般性，使用 $p_{i,j}$ 表示 t_i 到 t_j 的这个序列属于一个关系模式的概率。$p_{i,j}$ 的计算方式被定义为从 t_i 到 t_j 之间的所有 $p_k (i \leq k < j)$ 之积：

$$p_{i,j} = \prod_{k=i}^{j-1} p_k \tag{3.5.4}$$

使用乘积方式来表达 $p_{i,j}$，有两个优点。其一，比起加和，使用乘积的方式能够更好地定义模式的边界。如果 p_k 的值很小，那么值 $p_{i,j}$ 的值也会很小。其二，这种方式能够引导模型去发掘多个短的模式而非一个长的。假如序列很

长,即使从 t_i 到 t_j 之间的 p_k 都比较大,但 $p_{i,j}$ 仍然很小。这样的做法能够使本节的模型更好地学习细粒度的模式信息。

因此,概率分布 P 被定义为

$$P_{ij} = p_{i,j} \tag{3.5.5}$$

最终,P 被用作调整 GPT 的第一层注意力得分。这里本节只调整 GPT 的第一层注意力得分,理由如下:

(1)先前的工作发现,Transformer 的高层倾向于学习全局的信息,低层则倾向于捕捉表面和词汇的信息。那么显然,将模式信息送入低层是更好的选择。

(2)一般来说,"模式"是几个词之间的一种组合,然而,由于自注意机制的特性,一个词在第二层的表示就已经包含了关于其他词的信息。因此,在后续层中的划分模式违背了最初的目的。我们还通过实验探索了将模式信息添加到 GPT 的不同层的效果(在实验部分中描述),结论与理论分析一致。

3. 句包表示向量生成

对于输入句子,首先在其开头和结尾分别添加特殊标记 _START_ 和 _CLF_。为了避免字符不在词表中(out-of-vocabulary,OOV)的问题并利用子词的信息,将字节对编码(byte pair encoding,BPE)用于标记句子。然后,通过从预训练的嵌入矩阵查找,将每个词映射到 d 维的符号嵌入 e_{ti} 和位置嵌入 e_{pi}。t_i 的最终表示是其对应的符号嵌入 e_{ti} 和位置嵌入 e_{pi} 之和。

GPT 的输出是一个状态序列,长度与句子长度相同。这里采用与 _CLF_ 符号相关列的状态当作该句子的表示,记作 $s_i \in \mathbb{R}^{1 \times d}$。之后,对句包中的所有句子,使用选择注意力机制生成最终的句包向量表示 $b \in \mathbb{R}^{1 \times d}$,计算方式为

$$b = \sum \alpha_j s_j \tag{3.5.6}$$

式中,α_j——用来衡量句子 s_j 和目标关系 r_i 之间相关性的耦合系数,它的计算方式为

$$\alpha_j = \frac{\exp(s_j r_i^\mathrm{T})}{\sum \exp(s_j r_i^\mathrm{T})} \tag{3.5.7}$$

式中,$r_i \in \mathbb{R}^{1 \times d}$——关系 r_i 的向量表示,由随机初始化的方法生成。

4. 关系预测

神经网络的输出为

$$O = b_i R^\mathrm{T} \tag{3.5.8}$$

式中,b_i——第 i 个句包的向量表示;

$R \in \mathbb{R}^{k \times d}$——所有关系的表示矩阵,$k$ 为训练集中的关系集合大小。

为了便于表达，式（3.5.8）中省去了偏置项。

最后，使用 Softmax 函数来获得最终的预测结果：

$$\mathrm{pred}(r \mid \boldsymbol{b}_i, \boldsymbol{\Theta}) = \frac{\exp(o_r)}{\sum_{j=1}^{k} \exp(o_j)} \quad (3.5.9)$$

式中，$\boldsymbol{\Theta}$——模型中所有的参数。

5. 损失函数与优化

关系抽取模型的损失函数为交叉熵损失函数：

$$\mathcal{L}_{\mathrm{RE}} = \sum_{i=1}^{n} \log(\mathrm{pred}(r_i \mid \boldsymbol{b}_i, \boldsymbol{\Theta})) \quad (3.5.10)$$

与 DISTRE 模型类似，为了提高模型的泛化能力并促进模型快速收敛，在微调过程中，语言模型的损失函数也被引进，作为辅助项来成为损失函数的一部分：

$$\mathcal{L}_{\mathrm{LM}} = \sum_{i} \log P(t_i \mid t_{i-1}, \cdots, t_{i-w}; \boldsymbol{\Theta}) \quad (3.5.11)$$

式中，w——语言模型中，为了预测下一个词 t_i 而构造的上下文窗口大小。

综上，将最终的模型损失函数定义为

$$\mathcal{L} = \mathcal{L}_{\mathrm{RE}} + \lambda \mathcal{L}_{\mathrm{LM}} \quad (3.5.12)$$

式中，λ——调和因子，目的是平衡两项。

在训练过程中，会使用 Adam 优化算法[30]，以及具有线性学习率衰减和预热策略来帮助优化参数。

3.5.4 实验验证

本节在 NYT 和 GIDS 数据集上验证 PSAN – RE 模型的有效性。与之前工作一致，所有模型都采用 Hold – out 方式进行评估。该方法无须人工评估即可提供近似的精度测量，其原理是将测试文章中发现的关系事实与 Freebase 中的关系事实进行比较。本节实验采用精确 – 召回曲线（precision – recall curves, PR – Curves）、曲线下面积曲线（area under curve, AUC）和 P@N（top – N 提取的关系实例的查准值）来说明实验结果。

1. 基线模型

为了表现 PSAN – RE 模型的优越性，在此将其与以下 5 个先进的基线模型进行比较。

• PCNNs + ATT：用 PCNNs 作为句子的编码器，从而获得局部结构信息和句子级别的选择注意力得分，进而获得句包级别的表示。

• BGWA：使用一个基于双向 GRU 的关系抽取模型，该模型使用词级别和句子级别的注意力来学习重要的特征。

• RESIDE：利用从知识图谱中获得的句法信息和额外边缘信息（如实体

类别和关系的别称）生成高质量句子表示的模型。

- DISTRE：使用预训练 Transformer 语言模型作为句子的编码器来考虑全局上下文信息的模型。
- DCRE：使用无监督深度聚类方法为噪声句子生成关系标签，并且能够将其转变为有用的训练数据的模型。

2. 实验设置

在实验中，所有的训练过程都是在 CentOS 7.6 平台上使用 PyTorch 的单个 NVIDIA TITAN Xp GPU 卡上完成的。对于预训练的 GPT，重用了 Radford 等发布的参数。我们使用网格搜索策略和交叉验证技术来调整网络的重要超参数。具体来说，批量大小从 $\{4,8,16\}$ 中调整。NYT 数据集上的学习率从 $\{4.70 \times 10^{-5}, 4.71 \times 10^{-5}, \cdots, 4.80 \times 10^{-5}\}$ 中选择，GIDS 数据集上的学习率从 $\{1.0 \times 10^{-5}, 1.1 \times 10^{-5}, \cdots, 2.0 \times 10^{-5}\}$ 中选择。调和因子 λ 从 $\{0.5, 0.6, 0.7, 0.8\}$ 中选择。所有 Dropout 概率均选自 $\{0.1, 0.3, 0.5, 0.7, 0.9\}$。对于其他参数，我们遵循 DISTRE 模型中的设置。表 3.5.2 显示了本节提出的 PSAN-RE 模型的详细实验参数设置。

表 3.5.2 实验参数设置

参数	值
批量大小	16
NYT 数据集上的学习率	4.79×10^{-5}
GIDS 数据集上的学习率	1.5×10^{-5}
P-attention Dropout	0.7
G-attention Dropout	0.1
分类 Dropout	0.1
λ 谐波因子	0.7
Adam β_1	0.9
Adam β_2	0.999
Warm-up	0.2%
残差 Dropout	0.1

3. 实验结果

实验结果见表 3.5.3、表 3.5.4 及图 3.5.2。

表 3.5.3　不同模型在 NYT 数据集上的 AUC 和 P@N

模型	AUC	P@100	P@200	P@300	P@500	P@1000	P@2000
PCNNs + ATT	0.341	0.782	0.706	0.694	0.612	0.523	0.395
BGWA	0.340	0.752	0.741	0.714	0.663	0.538	0.412
RESIDE	0.415	**0.818**	**0.754**	**0.743**	**0.697**	0.593	0.450
DISTRE	0.422	0.680	0.670	0.653	0.650	0.602	0.479
DCRE	0.369	0.812	0.746	0.728	0.651	0.551	0.417
PSAN – RE	**0.438**	0.792	0.711	0.668	0.659	**0.604**	**0.481**

表 3.5.4　不同模型在 GIDS 数据集上的 AUC 和 P@N

模型	AUC	P@100	P@200	P@300	P@500	P@1000	P@2000
PCNNs + ATT	0.799	0.970	0.935	0.914	0.906	0.876	0.752
BGWA	0.815	0.990	0.980	0.960	0.940	0.876	0.807
RESIDE	0.891	**0.100**	0.975	0.970	0.948	0.912	0.827
DISTRE	0.902	0.980	0.970	0.970	0.964	0.941	0.886
DCRE	0.845	0.960	0.925	0.924	0.912	0.863	0.784
PSAN – RE	**0.911**	0.970	**0.985**	**0.973**	**0.966**	**0.941**	**0.898**

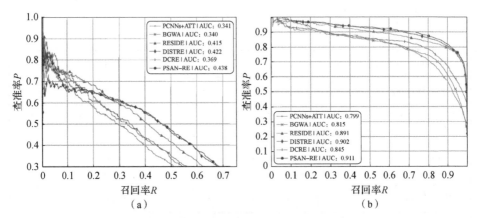

图 3.5.2　不同模型在两个数据集上的 PR 曲线（附彩图）

(a) PR 曲线（NYT）；(b) PR 曲线（GIDS）

从这些结果中可以看出：

（1）将模式信息增强到预训练的 Transformer 确实可以提高其在远程监督

关系提取中的性能。在 NYT 数据集上，PSAN-RE 在所有基线中达到了最佳性能，AUC 值为 0.438。特别是，当召回率 R 从 0 到 0.1 时，PSAN-RE 和 DISTRE 的 PR 曲线之间存在明显的差距。根据 PR 曲线，与 DISTRE 相比，PSAN-RE 在 $P@100$ 值上获得了 0.112 的绝对提升。

（2）本节所提的关系模式识别方法是有效的。PSAN-RE 和 DISTRE 的区别在于前者使用了具有关系模式识别能力的自注意网络。从上面的实验结果可以发现，PSAN-RE 的性能要比 DISTRE 好很多。这种比较也可以看作消融实验。

（3）本节提出的方法 PSAN-RE 在实际场景中具有很强的应用前景。在 GIDS 数据集上，PSAN-RE 仍然在所有基线模型中表现最好，AUC 值为 0.911。此外，它在除 $P@100$ 之外的所有 $P@N$ 值中取得了最好的结果。值得注意的是，GIDS 的测试集是不含噪声的。因此，该结果反映了 PSAN-RE 在实际应用中的性能。

（4）本节提出的方法 PSAN-RE 可以在高置信度句子的精度上带来更大的提高。例如，在 NYT 数据集上，与 DISTRE 相比，PSAN-RE 在 $P@100$ 中实现了 0.112 的绝对提升，而在 $P@2000$ 中只实现了 0.002 的绝对提升。本节分析后认为，这种现象背后的原因是远程监督生成的一些句子不包含任何正确的关系模式，例如，"$[Trump]e_h$ and $[Ivanka]e_t$ have been living in the United States for many years."→father of。对于这些句子，PSAN-RE 很难充分发挥其优势。

3.6 多粒度语义表示关系抽取模型

针对现有模型直接从单词级语义学习句子级语义，无法捕捉短语级语义的不足，本节提出了一种新的多粒度语义表示关系抽取模型 MGSR。该模型应用词间、块内和块间三个自注意层，分别学习单词级、短语级、句子级的多粒度语义表示。

3.6.1 概述

关系抽取旨在从句子中找出实体对之间的语义关系，抽取的结果通常以三元组作为结构化的表示格式。如图 3.6.1 所示，示例语句中有 3 个实体（John Williams、UN troops、Africa）和 2 个关系三元组（(entity 1：John Williams；relation type：Member-Collection；entity 2：UN troops)、(entity 1：John Williams；relation type：Entity-Destination；entity 2：Africa)）。关系类型 MC（member-collection）的表达主要依赖位于目标实体对中间的几个单词"a member of"，而关系类型 ED（entity destination）的表达依赖于位于实体对中间的一些单词"arrived in"。这些词被称为表达语义关系的关键短语。短语"arrived in"虽然存在于"UN troops"和"Africa"的中间,但为什么它们之间没有 ED 类型的关系呢?可能是因为目标实体对左边的单词"of"是关系分类的关键短语。

图 3.6.1　关系抽取示例

这个例子表明,关键短语和相对位置信息在关系抽取任务中是非常重要的。许多研究工作利用句子中的依存结构来捕获关键短语,在关系抽取任务中取得了很大成功。例如,Xu 等[54]和 Miwa 等[55]利用实体对之间的最短依存路径保留相关的单词,而删除不相关的单词。Zhang 等[72]认为仅使用依存树最短路径的方法存在过度剪枝的问题,因此提出了一种通过保留最短路径周围特定距离单词的新剪枝策略,避免了关键信息的丢失。作为上述研究的扩展,Guo 等[73]提出一种完全依存树上软剪枝的方法。他们的模型使用不同的注意权重来确定单词的重要性。这些基于依存树的模型去除无关词的同时,能够有效地保留关键短语,在关系抽取任务上表现出良好的性能。然而,这些模型的缺点是必须使用一个依存句法分析工具,该工具本身产生的错误会传播到关系抽取任务。为了克服这一缺点,本节构建了一个基于 Transformer[21]的模型用于关系抽取。Transformer 网络可以捕捉单词序列的长距离依存关系,它对各种自然语言处理任务的有效性已经被一些研究工作[4,74]证实。在没有依存句法分析工具的帮助下,本节的模型通过使用 Transformer 中的自注意机制来保留相关信息而忽略无关信息。

在自然语言中,多个单词组成一个短语,几个短语组成一个句子。现有的基于 Transformer 句子级任务的模型直接从单词级语义学习句子级语义,粗略地忽视了短语级语义。本节认为,词级语义和句级语义两者之间存在语义上的鸿沟。词级语义是低级语义抽象或细粒度语义。句子级语义是高级语义抽象或粗粒度语义。为了弥合低级语义抽象和高级语义抽象之间的语义鸿沟(或平滑细粒度语义到粗粒度的语义的转换),本节利用词间、块内、块间三种不同的自注意机制依次学习单词级、短语级和句子级多粒度语义表示。本节提出的模型从词级语义抽象出短语级语义,然后从短语级语义抽象出句子级语义,这种方法可能有助于获得更精确的语义。实验表明,该模型在关系抽取任务中是有效的。

除了能够学习多粒度语义表示外,本节的模型还可以处理多关系抽取。在多关系抽取任务中,有些句子可能包含多个实体和关系三元组,一个实体可能属于多个不同的三元组,这给抽取工作带来了很大挑战。一些有效的图模型[42,62]已经被提出来解决多关系抽取,但这些模型一般存在着计算代价大的问题。本节提出了一种新的多关系抽取的方法解决这个问题。我们根据一个实体对把一个句子分割成两个实体块和三个上下文块。因此,包含多个实体对的句子被表示为一个分割集,分割集的分割元素就是待分类的样例。本节构造了一个多粒度语义表示(MGSR)模型作为分类器,这个模型采用了三个自注意层学习多粒度语义表示,它们分别是词间自注意层、块内自注意层和块间自注意层。词间自注意层用来学习携带上下文信息的单词表示,即词级语义表征。实体块是名词短语,上下文块内包含着表达实体间语义关系的关键短语。块内自注意层利用相关的忽略不相关的词级信息,在块中捕捉关键短语信息形成短语级语义表示。

本节的主要工作有:提出一个用于关系抽取的多粒度语义表示(MGSR)模型,该模型从单词级语义抽象短语级语义,再从短语级语义抽象句子级语义,而不是从单词级语义直接抽象句子级语义,这种方法可以弥合语义鸿沟捕捉更精确的语义;提出一种新的基于分割集的关系抽取方法,将多关系抽取转化为更容易实现的分类任务。

3.6.2 问题描述

现有的关系抽取模型大致可以分为三类:半监督的关系抽取模型[52,75-77]、有监督的关系抽取模型[37,49-51,78]和远程监督关系抽取模型[22,52-53,79-81]。在半监督的模型中,Hearst[82]和Oakes[75]构建了一组匹配规则,用于抽取关系;Brin[47]、Agichtein 等[83]、Bunescu 等[52]和 Nakashole 等[76]采用自举(Bootstrapping)技术抽取关系,这种方法使用模板反复迭代,以匹配候选关系;Blum 等[84]和 Chen 等[77]在一个标记图上应用传递规则来标注未知关系。半监督的模型不需要很多标注数据,但困难在于设计既具有高精确度又有高覆盖率的规则或模式。监督的模型主要分为:需要人工选择特征集分类的核函数模型[4,21,74]、可以自动学习潜在特征的神经网络模型[37,85]。基于神经网络的模型既可以使用也可以不使用人工特征集,主要包括:基于 RNN 的[54,56,86]、基于 CNN 的[38,59-60]、基于 GCN 的[43]、基于 Transformer 的[87]和基于混合网络的[88]。基于神经网络的模型可以学习潜在的特征和模式,但需要大量的人工标注的训练数据。为了减少人为参与,一些研究者提出一种使用现有的知识库代替人工劳动标注数据的远程监督模型。现有的工作在关系抽取方面取得了很大成功。然而,大多数研究都关注于单关系抽取[40,54],但现实中一个句子可能存在多种关系三元组。一些有效的多关系抽取模型都采用了基于图的方法。Peng 等[42]将句子和关系分为两个有向无环图,并使用图 Bi-LSTM 网络对前向关系和后向关系进行分类。Eberts 等[88]首先通过最大池化所有单词获得跨度表示,然后将跨度表示输入分类层抽取关系。这些基于图的模型可以很好地处理多关系抽取,但是它们往往需要完成很大的计算量。为了解决这个问题,本节提出了一种新的多关系抽取方法。它由实体对将句子分割成一个分割集,这样,多关系抽取就转化为对分割集的所有分割元素分类的任务。

近年来,一些利用依存句法分析工具捕捉关键词的关系抽取模型[52,77]表现出良好的性能。与它们不同的是,本节的模型通过自注意机制保留相关的而忽略不相关的信息,这种方法不需要借助自然语言处理工具,从而避免了错误传播问题。一些研究已经证明 Transformer 中的自注意机制在多种自然语言处理任务中的有效性[80-81]。然而,这些基于 Transformer 的模型忽略了短语级语义,直接从词级语义抽象出句子级语义来完成句子级任务。为了捕捉更精确的语义,本节的模型首先从词级语义学习短语级语义,然后从短语级语义学习句子级语义,来弥合低级别语义到高级别语义抽象的语义鸿沟。

3.6.3 模型架构

1. 基于分割集的关系抽取方法

一个句子或一段文字可以被其中的一个实体对 $P=(E_1,E_2)$ 分割成五部分,即 $S=(C_l,E_1,C_m,E_2,C_r)$,其中 E_1 表示左实体块,E_2 表示右实体块,C_l、C_m、C_r 分别用来表示左、中、右上下文块。上下文块 $C=\{w_i\}_{i=0}^{p}$ 和实体块 $E=\{w_i\}_{i=0}^{q}$ 是零个、一个或多个单词的序列,p 是上下文块的长度,q 是实体块的长度。可以看出,一个实体对 P_i 对应于一个分割元素 S_i。一个句子可能包含多个实体对,因此可以描述为一个非空分割集 $\{S_i\}_{i=1}^{n}$。这样关系抽取任务就转化为标注分割集中每个分割元素的问题。抽取结果是有向的三元组,例如 (E_1,ED,E_2) 和 (E_2,ED,E_1) 是两个不同的三元组。本节把它们记为 (E_1,ED_1,E_2) 和 (E_1,ED_2,E_2),把方向不同的同类关系当作不同的两类关系,这样就把有向的三元组转化为无向的三元组,同时也使得关系类型数变为原来的两倍。对于只有一个实体的句子,它们被描述为一个仅包含一个元素的分割集 $S_1=(C_l,E_1,C_m,E_2=O,C_r=O)$,$O$ 是一个长度为零的块。类似地,对于没有任何实体的句子,它们被描述为仅包含一个元素的分割集 $S_1=(C_l,E_1=O,C_m=O,E_2=O,C_r=O)$。

2. 多粒度语义表示模型

本节构造了一个多粒度语义表示 MGSR (multi-granularity semantic representation)模型,用于关系抽取。如图3.6.2所示,一个句子被描述为一个分割集 $\{S_i\}_{i=1}^{n}$,不同的颜色代表不同的块。分割集中的元素 $S_i=(C_l,E_1,$

C_m, E_2, C_r)是待 MGSR 模型分类的样例。MGSR 由词间自注意层、块内自注意层、块间自注意层组成。这些层都由基于多头自注意机制的 Transformer[21] 编码器来实现,它既能够捕捉单词间的长距离依存关系,又能实现层内并行化计算,在此用符号"TE"(Transformer Encoder)表示。

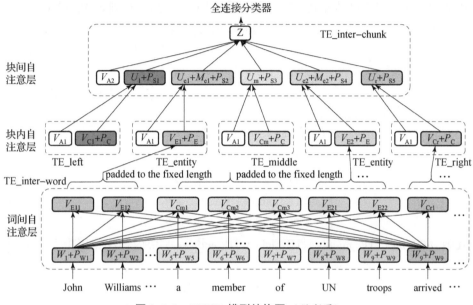

图 3.6.2 MGSR 模型结构图(附彩图)

1)词间自注意层

词间自注意层使用了一个 Transformer 编码器学习单词级的语义表示。本节选用预训练模型 BERT Base(Uncased)训练好的参数作为初始词嵌入向量,然后对其在关系抽取任务上应用微调方法进行微调。正余弦位置编码被加到词嵌入向量作为输入向量。一个句子被表示为矩阵 $W = (w_1, \cdots, w_i, \cdots, w_{L_s})$,$L_s$ 是句子长度,$w_i \in \mathbb{R}^D$ 是词嵌入向量,D 是词向量维度。输出矩阵如下:

$$V = \text{TE\_inter-word}(W + P_W) \qquad (3.6.1)$$

式中,TE_inter-word——词间自注意层的 Transformer 编码器;

$W \in \mathbb{R}^{L_s \times D}$——句子矩阵;

$P_W \in \mathbb{R}^{L_s \times D}$——位置编码矩阵;

$V \in \mathbb{R}^{L_s \times D}$——输出矩阵,一个携带上下文信息的词表示列表,即词级语义表示列表。

2)块内自注意层

块内自注意层利用四个基于 Transformer 编码器的组件,捕捉关键短语信息并形成短语级语义表示。其中,三个编码器用于左上下文块 C_1、中上下文

块 C_m 和右上下文块 C_r，一个编码器用于实体块 E_1 和 E_2。三个用于上下文块的编码器的网络结构和规模完全相同，但参数不同。用于实体块的编码器用于学习实体块的表示。词间自注意层对应于上下文块的输出向量列表被零向量填充到长度 L_c 并形成固定长度的向量列表 V_{Cl}、V_{Cm} 和 V_{Cr}。类似地，对应于实体块的输出向量列表被填充到长度 L_e 并形成固定长度的向量列表 V_{E1} 和 V_{E2}。块内自注意层的输入是这些固定长度的向量列表。当学习短语级表示时，填充部分在 Transformer 编码器中将被屏蔽。就像在 BERT 模型中一样，引入一个特殊的聚合向量 V_{A1} 作为块向量列表的第一个向量，用于组合块中的单词表示并捕获关键短语信息。模型只使用聚合向量 V_{A1} 的最终隐含层状态作为短语级语义表示。计算操作的表达式如下：

$$U_l \triangleq \text{TE\_left}([V_{A1}, V_{Cl} + P_C]) \tag{3.6.2}$$

$$U_m \triangleq \text{TE\_middle}([V_{A1}, V_{Cm} + P_C]) \tag{3.6.3}$$

$$U_r \triangleq \text{TE\_right}([V_{A1}, V_{Cr} + P_C]) \tag{3.6.4}$$

$$U_{e1} \triangleq \text{TE\_entity}([V_{A1}, V_{E1} + P_E]) \tag{3.6.5}$$

$$U_{e2} \triangleq \text{TE\_entity}([V_{A1}, V_{E2} + P_E]) \tag{3.6.6}$$

式中，TE_left，TE_middle，TE_right，TE_entity——块内自注意层中上下文块和实体块的 Transformer 编码器；

$V_{A1} \in \mathbb{R}^D$——块内自注意层中的聚合向量；

$P_C \in \mathbb{R}^{L_c \times D}$，$P_E \in \mathbb{R}^{L_e \times D}$——上下文块和实体块的位置编码矩阵；

$\triangleq$——一个特殊的赋值操作符，它的意思是仅提取 Transformer 编码器输出中聚合向量对应的最后隐含层状态；

$U \in \mathbb{R}^D$——V_{A1} 的最后隐含层状态。在块内自注意层，模型得到实体块表示 U_e，上下文块表示 U_l、U_m 和 U_r。U 可以看作短语级的语义表示。

3）块间自注意层

块间自注意层组合关键短语表示生成句子级语义表示，并将其分类为预定义的关系类型。它由一个 Transformer 编码器和一个全连接神经网络分类器组成。实体类型嵌入向量被添加到实体块表示中。计算操作的表达如下：

$$U'_{e1} = U_{e1} + M_{e1} \tag{3.6.7}$$

$$U'_{e2} = U_{e2} + M_{e2} \tag{3.6.8}$$

式中，$M_{e1} \in \mathbb{R}^D$——实体1的实体类型嵌入向量；

$M_{e2} \in \mathbb{R}^D$——实体2的实体类型嵌入向量。

与块内自注意层一样，模型仍然在该层使用一个聚合向量 V_{A2} 来组合关键短语信息，并形成句子级语义表示。表达式如下：

$$Q = [U_l, U_m, U_r, U'_{e1}, U'_{e2}] \tag{3.6.9}$$

$$Z \triangleq \text{TE\_inter-chunk}([V_{A2}, Q + P_S]) \tag{3.6.10}$$

式中，TE_inter-chunk——块间自注意层中的 Transformer 编码器；

$Q \in \mathbb{R}^{5 \times D}$——上下文块和实体块的表示向量的列表；

$V_{A2} \in \mathbb{R}^{D}$——块间自注意层中的聚合向量；

$P_S \in \mathbb{R}^{5 \times D}$——位置编码矩阵；

$Z \in \mathbb{R}^{D}$——句子级语义表示，是全连接分类器的输入。

模型使用交叉熵损失函数 $\mathcal{F}_r$ 来最小化一个批量中关系类型标签的预测值 $\tilde{y}$ 和实际值 y 之间的距离。预测值 $\tilde{y}$ 为

$$\tilde{y} = \text{Softmax}(\tanh(ZW_r + b_r)) \quad (3.6.11)$$

目标函数如下：

$$\mathcal{F}_r = -\sum_{j=1}^{J}\sum_{i=1}^{I} y_i \log \tilde{y}_i \quad (3.6.12)$$

式中，I——关系类型数；

J——一个批量训练数据中所有分割集中的元素数。

在该模型中，聚合向量 V_A 和实体类型嵌入向量 M_e 在训练过程中学习得到，位置编码向量 P_W、P_C 和 P_S 由 Vaswani 等[21]的方法生成。

3. 实体和关系联合抽取

在实体和关系联合抽取任务中，实体信息是未知的。所以，本节使用一个分块模型把句子分成实体块和非实体块。首先，将分块问题当成一个序列标注任务；然后，选择一个单词级的编码器和一个分类器来完成。我们用一个 Transformer 编码器和一个 Bi-LSTM 编码器进行实验，发现后者在分块任务上有更好的性能。本节训练了一个三层的 Bi-LSTM 编码器和一个分类器，为每个单词输出一个分块标签。计算操作的表达式如下：

$$h_t = \text{Bi-LSTM}(w_t, h_{t-1}) \quad (3.6.13)$$

$$\tilde{s}_t = \text{Softmax}(\tanh(h_t W_s + b_s)) \quad (3.6.14)$$

式中，$\tilde{s}_t$——分块标签的预测值。

根据分块标签，句子可以被分为实体块和上下文块。此步骤完成后，MGSR 模型能够处理联合抽取任务。因为实体类型仍然未知，所以表达式被替换如下：

$$Q = [U_1, U_m, U_r, U_{e1}, U_{e2}] \quad (3.6.15)$$

实体类型标签由实体分类器输出，实体分类器的输入是实体块表示 U_e。实体类型标签的预测值 $\tilde{z}$ 为

$$\tilde{z} = \text{Softmax}(\tanh(U_e W_e + b_e)) \quad (3.6.16)$$

目标函数如下：

$$\mathcal{F}_e = -\sum_{j=1}^{2J}\sum_{i=1}^{I_e} z_i \log \tilde{z}_i \quad (3.6.17)$$

式中，I_e——实体种类的数目；

J——一个批量训练数据中分割集的所有元素的数目，$2J$表示一个元素中有2个实体；

$\mathcal{F}_e$——实体部分的损失。

总损失函数$\mathcal{F}$由下式给出：

$$\mathcal{F} = \mathcal{F}_e + \lambda \mathcal{F}_r \tag{3.6.18}$$

式中，λ——偏置权重，它决定着实体和关系两部分损失的相对重要程度。

3.6.4 实验验证

本节在两个标准数据集上进行了实验来评估模型的性能。ACE 2005 数据集用于实体和关系联合抽取任务，SemEval 2010 数据集用于关系分类任务。此外，在 SemEval 2010 数据集上设计了消融实验来证明本节提出的多粒度语义表示的有效性。

1. 评价指标

在 ACE 2005 数据集上，像以往研究工作一样，本节采用标准的查准率（precision，P）、召回率（recall，R）和 F1 值评估模型的性能。在 SemEval 2010 数据集上，与以往研究一样，本节使用宏平均 F1 值（F1 – macro）评估模型的性能。

2. 超参数设置

本节使用预训练模型 BERT – base（Uncased）训练好的参数作为初始词嵌入向量，然后在关系抽取任务应用微调方法。因此，词嵌入向量的维度 $D = 768$。在 MGSR 模型中有 6 个由工作实现并发布在 tensor2tensor 实验室的 Transformer 编码器：在词间自注意层的 Transformer 编码器 TE_inter – word，位于块内自注意层的 Transformer 编码器 TE_left、Transformer 编码器 TE_middle、Transformer 编码器 TE_right、Transformer 编码器 TE_entity 和在块间自注意层的 Transformer 编码器 TE_inter – chunk。在这些编码器中，隐含层大小是 768，层数是 3，自注意头数是 12。句子的固定长度 $L_s = 80$，上下文块的固定长度 $L_c = 30$，实体块的固定长度 $L_e = 6$。全连接分类器的层数是 1。λ 设置为 1。模型在 $\{0.000\,005, 0.000\,05, 0.000\,5, 0.005\}$ 中选择初始学习率，在 $\{50, 100\}$，选择批量大小。在 ACE 2005 数据集的验证集上，我们进行网格搜索获得超参数的最优配置：学习率为 0.000 05，批量大小为 100。模型利用 Adam 算法来计算梯度和更新参数。

3. 实体关系联合抽取结果

先前的一些模型[55,61]在实体和关系联合抽取任务中取得了很大成功。本节将提出的模型与这些强基线模型在 ACE 2005 数据集上进行比较。Li 等[41]使用 BILOU 策略标注实体,将新识别的实体链接到先前识别的实体来抽取关系。他们手动构建了一系列特征并利用特征矩阵学习实体的图结构。Miwa 等[55]首先借助于 POS 标签识别实体对,然后在实体对之间的最短依存路径上应用 LSTM 神经网络捕捉关键短语信息。Peng 等[42]将句子和关系分成两个有向无环图(DAG)。一个 DAG 包含具有前向指向的关系线性链,另一个 DAG 包含具有反向指向的关系线性链,它们被 Graph LSTM 神经网络连接起来进行关系分类。Luan 等[62]首先为每个跨度(span)计算一个局部上下文向量空间表示,然后使用一个动态跨度图(DyGIE)将全局信息整合到跨度表示,用于预测实体类型和关系类型。实验也将本节所提的 MGSR 模型与 3.4 节的 Chunk Graph LSTM 模型进行了纵向比较。MGSR 模型首先将句子分割成实体块和非实体(上下文)块,然后利用词间、块内和块间三个不同的自注意层依次学习单词级、短语级和句子级多粒度语义表示,以捕捉更精确的语义。MGSR 模型与联合模型(Joint Model)[61]的区别在于,MGSR 模型能够自动学习潜在的特征和模式。与 SPTRee 模型[55]不同,MGSR 模型没有使用任何辅助工具,从而避免了错误传播的问题。与这些计算代价较大的基于图的模型 Graph LSTM、DyGIE、Chunk Graph LSTM 相比,MGSR 模型采用了一种新的基于分割集的方法来解决多关系抽取问题。在 ACE 2005 数据集上的实验结果如表 3.6.1 所示,本节所提的 MGSR 模型分块任务的 F1 值为 0.951;实体识别任务的查准率为 0.880,召回率为 0.859,F1 值为 0.869;关系抽取任务的查准率为 0.668,召回率为 0.635,F1 值为 0.651。

表 3.6.1　ACE 2005 数据集上实体和关系联合抽取结果

模型	Chunking F1 值	实体识别 P	实体识别 R	实体识别 F1 值	关系抽取 P	关系抽取 R	关系抽取 F1 值
Joint Model	—	0.852	0.769	0.808	0.654	0.398	0.495
SPTree	—	0.829	0.839	0.834	0.572	0.54	0.556
Graph LSTM	—	0.801	0.826	0.813	0.615	0.523	0.565
DyGIE	—	—	—	0.884	—	—	0.632
Chunk Graph LSTM	—	88.0	0.869	0.874	0.673	0.615	0.643
MGSR	0.951	88.0	0.859	0.869	0.668	0.635	0.651

MGSR 模型在 ACE 2005 数据集上的性能优于先前的关系抽取模型。其原因有:该模型没有使用任何辅助 NLP 工具,从而避免了错误传播问题;该模

型首先从词级语义学习短语级语义,然后从短语级语义学习句子级语义,这种方法可以弥合语义鸿沟,获取更精确的语义。MGSR 模型在实体识别中的性能差于 Chunk Graph LSTM 和 DyGIE 模型,原因是:Chunk Graph LSTM 使用了从无标签数据挖掘实体相关知识的语料子图,有利于提高实体识别的准确性;DyGIE 是一个能够处理嵌套实体识别的模型,在存在嵌套实体的数据集上具有优势。

MGSR 模型在关系抽取中优于 Chunk Graph LSTM 模型,原因是:数据集中包含多关系的句子不到 15%,实体对形成的图结构大多为稀疏图,基于分割的方法在稀疏图结构中有优势,而基于图的 Chunk Graph LSTM 模型可能在稠密图中更有优势。实验结果证明了 MGSR 模型的有效性。

4. 关系分类结果

本节提出的模型在 ACE 2005 数据集上的实体和关系联合抽取任务中取得了很好的表现,为了检测它在关系分类任务上的性能,我们在 SemEval 数据集上进行了实验,并与一些有效的关系分类模型进行了比较。实验结果列在表 3.6.2 中,第一行是一个 SVM 分类器,后面两行是基于 RNN 的模型。

表 3.6.2 SemEval 2010 数据集上的关系分类结果

模型	特征集合和工具包	宏 F1 值
SVM	词性、前缀、词形、WordNet、依存树	0.822
RNN	语法分析、词性、命名实体识别、WordNet	0.776
MVRNN	句法分析	0.791
CDNN	单词对、周围词、WordNet、句子特征	0.827
XuCNN	依存树、主语周围词、WordNet	0.856
AttCNN	实体位置	0.880
C - GCN	依存分析	0.848
C - AGGCN	依存分析	0.857
Span - Pre	BERT - large	0.919
MGSR	—	0.886
MGSR(G300)	—	0.881
MGSR - MGR	—	0.853

这些模型设计构造了一系列特征,并利用多种 NLP 工具对关系进行分类。MVRNN 模型为每个单词设置了一个向量和一个矩阵,以捕捉该单词和句法树

第3章 嵌套实体识别和多关系抽取

路径上相邻单词的语义。它没有使用任何人工构造的特征，但是需要句法分析工具的帮助。CDNN[41]利用一个深度 CNN 提取词汇和句子级特征。该模型使用了大量的辅助特征和 NLP 工具对关系进行分类，其性能在很大程度上取决于特征和工具的数量和质量。基于依存树的模型[55]利用句子的依存结构捕捉关键短语。它们在关系抽取方面的性能取得了显著的提高。例如，XuCNN[37]模型研究了一种基于 CNN 的实体对依存路径模型，借助于 WordNet 和其他特征，它的宏 F1 值达 85.6%。C-GCN[72]这项工作发现了过度剪枝问题，提出了一种新的剪枝方法，通过保留最短路径附近的单词来避免关键信息的丢失。一些模型证明引入注意机制可以有效地提高关系抽取的性能。AttCNN 模型[38]利用多级注意机制和新的位置表示方法来捕获特定实体信息和关系信息，取得宏 F1 值高达 88.0% 的良好性能。C-AGGCN 模型[73]提出了软剪枝方法，并将注意机制引导的图卷积网络应用于完全依存树来抽取关系。与这些基于依存树的模型不同，本节提出的模型 MGSR 使用了自注意机制而不是 NLP 工具，在保留相关信息的同时忽略不相关的信息，因此该模型避免了错误传播的问题，在关系分类中取得了较好的性能。Span-Pre[90]将关系分类问题转化为问答系统中的 Span Prediction 问题，利用 BERT-large 预训练词向量，取得 SemEval 2010 关系分类上的最佳性能，其宏 F1 值达 91.9%。本节提出的模型不如最佳模型的原因可能是 Span-Pre 模型使用了更多维数的词向量和更大规模的网络，有助于提高性能。本节提出的模型性能优于先前的大多数模型，宏 F1 值达 88.6%，结果证明该模型的有效性。为了观察 BERT-base 词嵌入对模型性能的作用，实验将 BERT-base 词嵌入向量替换为 Stanford 的 GloVe 300 维的词嵌入作为初始单词向量，结果如表 3.6.2 中 MGSR(G300)行所示，其宏 F1 值降低 0.005。通过比较可知，其提升主要来自模型而不是 BERT-base 词嵌入向量。

MGSR 模型从词级语义学习短语级语义，然后从短语级语义学习句子级语义，而不是直接从词级语义学习句子级语义。本节认为这种方法可以弥合低级语义抽象和高级语义抽象之间的语义鸿沟，有利于捕捉更精确的语义。为了证明这一点，本节在模型上进行了消融实验。首先，设计了一个基于 Transformer 编码器的模型；然后，通过去除多粒度的语义表示，它直接从词级语义抽象句子级语义。也就是说，块内自注意层和块间自注意层被词间自注意层取代。位置编码和实体类型嵌入添加到单词嵌入向量中作为模型输入，结果如表 3.6.2 中 MGSR-MGR 行所示，经过比较可以看出，去除多粒度语义表示后，性能出现显著的下降。实验证明，多粒度语义表示在关系分类模型中起着至关重要的作用。

3.7 本章小结

本章详细介绍了实体识别基础方法,提出了新型超图网络 HGN 模型,它既可以学习自然语言的序列结构表示,也可以学习嵌套实体的超图结构表示,而且是一个能够处理普通、交叉、嵌套实体识别的通用模型。尽管使用了两个简单的双向 LSTM 实现 HGN 模型,但实验证明它在实体识别的任务中取得了良好的性能。除了通用性和有效性外,HGN 模型的主要优点还包括灵活性。因为节点表示层和超边表示层可以用更强大的编码器代替。例如,使用 Transformer 编码器中的多头自注意层作为节点和超边表示层,既能实现层内并行化减少时间代价,又能提高系统性能。HGN 模型的编码器可以替换为更强大的编码器,这为模型的升级改造提供了条件。

本章针对远程监督关系抽取领域现有方法无法全面建模关系之间的相关性和互斥性这一问题,受到物理领域库仑定律的启发,提出一种基于力引导图的远程监督关系抽取模型。该模型用引力刻画关系之间的相关性,用斥力刻画关系之间的互斥性。通过在 NYT 和 GIDS 两个数据集上的实验,证明了该方法的有效性。之后,本章又提出了一个在关系知识图上混合推理的多关系抽取模型,研究了一种利用未标注语料提升多关系抽取性能的新方法,提出了 Chunk LSTM,并将它与 Graph LSTM 组合形成 Chunk Graph LSTM 来推断实体对之间的关系。Graph LSTM 将单词作为图节点,而 Chunk Graph LSTM 将语义块作为图节点。与 Graph LSTM 相比,Chunk Graph LSTM 减少了图的节点数,从而降低了图的复杂度。实验结果证明了该模型的有效性。

针对关系模式识别问题,本章首先提出了端到端的关系模式自动识别方法。该模型假设:属于统一关系模式的单词之间的相关性更高,而不同关系模式的单词之间的相关性较低。基于这一假设,本章实现了 PSAN – RE 模型并取得了优异的实验结果。之后,本章提出了一种新的多粒度语义表示关系抽取模型 MGSR。该模型应用词间、块内和块间三个自注意层分别学习单词级、短语级、句子级的多粒度语义表示,通过逐级抽象来捕捉更精确的语义。MGSR 模型采用基于分割集的关系抽取方法。此方法将包含多个实体对的句子分割为一个分割集,分割集的元素是待分类的样例,这使得多关系抽取问题变得易于处理。在标准数据集上的大量实验证明了该模型的有效性。

3.8 本章参考文献

[1] HUANG Z H,XU W,YU K. Bidirectional LSTM – CRF models for sequence tagging[Z/OL]. DOI:10.48550/arXiv.1508.01991.

[2] LAMPLE G, BALLESTEROS M, SUBRAMANIAN S, et al. Neural architectures for named entity recognition[C/OL]//Proceedings of the 2016 Conference of the North American Chapter of the Association for Computational Linguistics: Human Language Technologies, 2016:260-270. DOI:10.18653/v1/N16-1030.

[3] CHIU J, NICHOLS E. Named entity recognition with bidirectional LSTM-CNNs [J/OL]. Transactions of the association for computational linguistics, 2016, 4: 357-370. http://aclweb.org/anthology/Q16-1026.

[4] DEVLIN J, CHANG M W, LEE K, et al. BERT: pre-training of deep bidirectional transformers for language understanding[C/OL]//Proceedings of the 2019 Conference of the North American Chapter of the Association for Computational Linguistics, 2019:4171-4186. DOI:10.18653/v1/N19-1423.

[5] KATIYAR A, CARDIE C. Nested named entity recognition revisited[C/OL]// Proceedings of the 2018 Conference of the North American Chapter of the Association for Computational Linguistics: Human Language Technologies, 2018 (1):861-871. DOI:10.18653/v1/N18-1079.

[6] ALEX B, HADDOW B, GROVER C. Recognising nested named entities in biomedical text[C/OL]//BioNLP2007: Biological, Translational, and Clinical Language Processing, 2007:65-72. http://aclweb.org/anthology/W07-1009.

[7] MUIS A O, LU W. Learning to recognize discontiguous entities[C/OL]// Proceedings of the 2016 Conference on Empirical Methods in Natural Language Processing, 2016:75-84. https://www.aclweb.org/anthology/D16-1008.

[8] FINKEL J R, MANNING C D. Nested named entity recognition[C/OL]// Proceedings of the 2009 Conference on Empirical Methods in Natural Language Processing, Association for Computational Linguistics, 2009:141-150. http://aclweb.org/anthology/D09-1015.

[9] LU W, ROTH D. Joint mention extraction and classification with mention hypergraphs[C/OL]//Proceedings of the 2015 Conference on Empirical Methods in Natural Language Processing. Association for Computational Linguistics, 2015: 857-867. http://aclweb.org/anthology/D15-1102.

[10] LIN H Y, LU Y J, HAN X P, et al. Sequence-to-nuggets: Nested entity mention detection via anchor-region networks[C/OL]//Proceedings of the 57th Annual Meeting of the Association for Computational Linguistics. Florence, Italy: Association for Computational Linguistics, 2019:5182-5192. DOI:10. 18653/v1/P19-1511.

[11] MUIS A O, LU W. Labeling gaps between words: recognizing overlapping mentions with mention separators[C/OL]//Proceedings of the 2017 Conference

on Empirical Methods in Natural Language Processing, 2017: 2608 - 2618. http://aclweb.org/anthology/D17-1276.

[12] ELISSEEFF A, WESTON J. A kernel method for multi-labelled classification [C/OL]//Proceedings of the 14th International Conference on Neural Information Processing Systems: Natural and Synthetic, 2001: 681 - 687. DOI: 10.5555/2980539.2980628.

[13] XU M B, JIANG H, WATCHARAWITTAYAKUL S. A local detection approach for named entity recognition and mention detection[C/OL]//Proceedings of the 55th Annual Meeting of the Association for Computational Linguistics, 2017(1): 1237 - 1247. DOI: 10.18653/v1/P17-1114.

[14] GRAVES A, JAITLY N, MOHAMED A. Hybrid speech recognition with deep bidirectional LSTM[C/OL]//2013 IEEE Workshop on Automatic Speech Recognition and Understanding, 2013: 273 - 278. DOI: 10.1109/ASRU.2013.6707742.

[15] HOCHREITER S, SCHMIDHUBER J. Long short-term memory[J/OL]. Neural computation, 1997, 9(8): 1735 - 1780. DOI: 10.1162/neco.1997.9.8.1735.

[16] OHTA T, TATEISI Y, KIM J D. The GENIA corpus: an annotated research abstract corpus in molecular biology domain[C/OL]//Proceedings of the 2nd International Conference on Human Language Technology Research, 2002: 82 - 86. DOI: 10.5555/1289189.1289260.

[17] SANG E F T K, DE MEULDER F. Introduction to the CoNLL-2003 shared task: language-independent named entity recognition[C/OL]//Proceedings of the 7th Conference on Natural Language Learning at HLT-NAACL 2003, 2003: 142 - 147. http://aclweb.org/anthology/W03-0419.

[18] PENNINGTON J, SOCHER R, MANNING C D. GloVe: global vectors for word representation[C/OL]//Proceedings of the 2014 Conference on Empirical Methods in Natural Language Processing (EMNLP), 2014: 1532 - 1543. DOI: 10.3115/v1/D14-1162.

[19] KINGMA D P, BA J L. Adam: a method for stochastic optimization[Z/OL]. DOI: 10.48550/arXiv.1412.6980.

[20] COLLOBERT R, WESTON J, BOTTOU L, et al. Natural language processing (almost) from scratch[J/OL]. The journal of machine learning research, 2011, 12: 2493 - 2537. DOI: 10.5555/1953048.2078186.

[21] VASWANI A, SHAZEER N, PARMAR N, et al. Attention is all you need [C/OL]//Advances in Neural Information Processing Systems, 2017: 5998 -

第3章 嵌套实体识别和多关系抽取

6008. DOI:10.48550/ arXiv.1706.03762.

[22] MINTZ M, BILLS S, SNOW R, et al. Distant supervision for relation extraction without labeled data[C/OL]//Proceedings of the Joint Conference of the 47th Annual Meeting of the ACL and the 4th International Joint Conference on Natural Language Processing of the AFNLP, 2009:1003 - 1011. http://www.aclweb.org/anthology/P09 - 1113.

[23] HAN X P, SUN L. Global distant supervision for relation extraction[C/OL]// Proceedings of the 30th AAAI Conference on Artificial Intelligence, 2016: 2950 - 2956. DOI:10.5555/3016100.3016315.

[24] SU S, JIA N N, CHENG X, et al. Exploring encoder - decoder model for distant supervised relation extraction[C/OL]//Proceedings of the 27th International Joint Conference on Artificial Intelligence, 2018:4389 - 4395. DOI:10.5555/3304222.3304380.

[25] FENG X C, GUO J, QIN B, et al. Effective deep memory networks for distant supervised relation extraction[C/OL]//Proceedings of the 26th International Joint Conference on Artificial Intelligence, 2017:4002 - 4008. DOI:10.5555/3171837.3171845.

[26] JIANG X T, WANG Q, LI P, et al. Relation extraction with multi - instance multi - label convolutional neural networks[C/OL]//Proceedings of the 26th International Conference on Computational Linguistics, 2016:1471 - 1480. https://aclanthology.org/C16 - 1139.pdf.

[27] YE H, CHAO W H, LUO Z C, et al. Jointly extracting relations with class ties via effective deep ranking[C/OL]//Proceedings of the 55th Annual Meeting of the Association for Computational Linguistics, 2017:1810 - 1820. DOI:10.18653/v1/P17 - 1166.

[28] KIPF T N, WELLING M. Semi - supervised classification with graph convolutional networks[C/OL]//ICLR 2017, 2017. https://openreview.net/pdf?id=SJU4ayYgl.

[29] LIN Y K, SHEN S Q, LIU Z Y, et al. Neural relation extraction with selective attention over instances[C/OL]//Proceedings of the 54th Annual Meeting of the Association for Computational Linguistics, 2016(1):2124 - 2133. DOI:10.18653/v1/P16 - 1200.

[30] FENG J, HUANG M L, ZHAO L, et al. Reinforcement learning for relation classification from noisy data[C]// Proceedings of the 32nd AAAI Conference on Artificial Intelligence, 2018:5779 - 5786.

[31] JAT S, KHANDELWAL S, TALUKDAR P. Improving distantly supervised

relation extraction using word and entity based attention[Z/OL]. DOI:10. 48550/arXiv.1804.06987.

[32] VASHISHTH S,JOSHI R,PRAYAGA S S,et al. RESIDE:improving distantly - supervised neural relation extraction using side information[C]//Proceedings of the 2018 Conference on Empirical Methods in Natural Language Processing, 2018:1257 - 1266.

[33] YUAN Y J,LIU L Y,TANG S L,et al. Cross - relation cross - bag attention for distantly - supervised relation extraction[C/OL]//Proceedings of the AAAI Conference on Artificial Intelligence,2019(33):419 - 426. DOI:10. 1609/ AAAI.V33I01.3301419.

[34] YE Z X,LING Z H. Distant Supervision relation extraction with intra - bag and inter - bag attentions[C/OL]//Proceedings of the 2019 Conference of the North American Chapter of the Association for Computational Linguistics: Human Language Technologies,2019(1):2810 - 2819. DOI:10.18653/v1/ N19 - 1288.

[35] LI Y,LONG G D,SHEN T,et al. Self - attention enhanced selective gate with entity - aware embedding for distantly supervised relation extraction[C/OL]// Proceedings of the AAAI Conference on Artificial Intelligence,2020(34): 8269 - 8276. DOI:10.1609/aaai.v34i05.6342.

[36] SHANG Y M,HUANG H Y,MAO X L,et al. Are noisy sentences useless for distant supervised relation extraction?[C/OL]//Proceedings of the AAAI Conference on Artificial Intelligence,2020:8799 - 8806. DOI:10.1609/aaai. v34i05.6407.

[37] XU K,FENG Y S,HUANG S,et al. Semantic relation classification via convolutional neural networks with simple negative sampling[C/OL]// Proceedings of the 2015 Conference on Empirical Methods in Natural Language Processing,2015:536 - 540. http://www.aclweb.org/anthology/D15 - 1062.

[38] WANG L L,CAO Z,DE MELO G,et al. Relation classification via multi - level attention CNNs[C/OL]//Proceedings of the 54th Annual Meeting of the Association for Computational Linguistics,2016(1):1298 - 1307. http://www. aclweb.org/anthology/P16 - 1123.

[39] SOCHER R,HUVAL B,MANNING C D,et al. Semantic compositionality through recursive matrix - vector spaces[C/OL]//Proceedings of the 2012 Joint Conference on Empirical Methods in Natural Language Processing and Computational Natural Language Learning,2012:1201 - 1211. http://www.

aclweb. org/anthology/D12-1110.

[40] ZENG D J,LIU K,LAI S W,et al. Relation classification via convolutional deep neural network[C/OL]//Proceedings of the 25th International Conference on Computational Linguistics,2014:2335-2344. https://aclanthology. org/C14-1220. pdf.

[41] LI Q, JI H. Incremental joint extraction of entity mentions and relations [C/OL]//Proceedings of the 52nd Annual Meeting of the Association for Computational Linguistics,2014(1):402-412. DOI:10. 3115/v1/P14-1038.

[42] PENG N Y, POON H F, QUIRK C, et al. Cross-sentence n-ary relation extraction with graph LSTMs[J/OL]. Transactions of the association for computational linguistics,2017,5:101-115. http://aclweb. org/anthology/Q17-1008.

[43] FU T J,LI P H,MA W Y. GraphRel:modeling text as relational graphs for joint entity and relation extraction[C]//Proceedings of the 57th Annual Meeting of the Association for Computational Linguistics,2019:1409-1418. https://www. aclweb. org/anthology/P19-1136.

[44] MIKOLOV T, SUTSKEVER I, CHEN K, et al. Distributed representations of words and phrases and their compositionality[C/OL]//Proceedings of the 26th International Conference on Neural Information Processing Systems,2013(2): 3111-3119. DOI:10. 5555/2999792. 2999959.

[45] PETERS M E, NEUMANN M, IYYER M, et al. Deep contextualized word representations [C/OL]//Proceedings of the 2018 Conference of the North American Chapter of the Association for Computational Linguistics: Human Language Technologies, 2018 (1): 2227-2237. DOI: 10. 18653/v1/N18-1202.

[46] HOCHREITER S, SCHMIDHUBER J. Long short-term memory[J/OL]. Neural computation,1997,9(8):1735-1780. DOI:10. 1162/neco. 1997. 9. 8. 1735.

[47] BRIN S. Extracting patterns and relations from the world wide web[C/OL]// Selected Papers from the International Workshop on the World Wide Web and Databases,1998:172-183. DOI:10. 5555/646543. 696220.

[48] AGICHTEIN E,GRAVANO L. Snowball:extracting relations from large plain-text collections[C/OL]//Proceedings of the 5th ACM Conference on Digital Libraries,2000:85-94. DOI:10. 1145/336597. 336644.

[49] ZELENKO D, AONE C, RICHARDELLA A. Kernel methods for relation extraction[J]. Journal of machine learning research,2003,3:1083-1106.

[50] BUNESCU R C, MOONEY R J. Subsequence kernels for relation extraction[C/OL]//Proceedings of the 18th International Conference on Neural Information Processing Systems,2005:171-178. DOI:10.5555/2976248.2976270.

[51] QIAN L, ZHOU G, KONG F, et al. Exploiting constituent dependencies for tree kernel-based semantic relation extraction[C/OL]//Proceedings of the 22nd International Conference on Computational Linguistics (COLING 2008),2008:697-704. http://www.aclweb.org/anthology/C08-1088.

[52] BUNESCU R, MOONEY R. Learning to extract relations from the web using minimal supervision[C/OL]//Proceedings of the 45th Annual Meeting of the Association of Computational Linguistics,2007:576-583. http://www.aclweb.org/anthology/P07-1073.

[53] RIEDEL S, YAO L, MCCALLUM A K. Modeling relations and their mentions without labeled text[C/OL]//Proceedings of the 2010 European Conference on Machine Learning and Knowledge Discovery in Databases,2010:148-163. http://doi.org/10.1007/978-3-642-15939-8_10.

[54] XU Y, JIA R, MOU L L, et al. Improved relation classification by deep recurrent neural networks with data augmentation[C/OL]//Proceedings of the 26th International Conference on Computational Linguistics (COLING 2016),2016:1461-1470. http://www.aclweb.org/anthology/C16-1138.

[55] MIWA M, BANSAL M. End-to-end relation extraction using LSTMs on sequences and tree structures[C/OL]//Proceedings of the 54th Annual Meeting of the Association for Computational Linguistics,2016(1):1105-1116. http://www.aclweb.org/anthology/P16-1105.

[56] ZHANG S, ZHENG D Q, HU X C, et al. Bidirectional long short-term memory networks for relation classification[C/OL]//Proceedings of the 29th Pacific Asia Conference on Language, Information and Computation,2015:73-78. http://www.aclweb.org/anthology/Y15-1009.

[57] ZHENG S C, WANG F, BAO H Y, et al. Joint extraction of entities and relations based on a novel tagging scheme[C/OL]//Proceedings of the 55th Annual Meeting of the Association for Computational Linguistics,2017:1227-1236. DOI:10.18653/v1/P17-1113.

[58] ZHOU P, SHI W, TIAN J, et al. Attention-based bidirectional long short-term memory networks for relation classification[C/OL]//Proceedings of the 54th Annual Meeting of the Association for Computational Linguistics,2016(2):207-212. DOI:10.18653/v1/P16-2034.

[59] DOS SANTOS C, XIANG B, ZHOU B W. Classifying relations by ranking with

convolutional neural networks[C/OL]//Proceedings of the 53rd Annual Meeting of the Association for Computational Linguistics and the 7th International Joint Conference on Natural Language Processing,2015(1):626-634. http://www.aclweb.org/anthology/P15-1061.

[60] ZENG D J,LIU K,CHEN Y B,et al. Distant supervision for relation extraction via piecewise convolutional neural networks[C/OL]//Proceedings of the 2015 Conference on Empirical Methods in Natural Language Processing, 2015: 1753-1762. DOI:10.18653/v1/d15-1203.

[61] WANG S L, ZHANG Y, CHE W X, et al. Joint extraction of entities and relations based on a novel graph scheme[C/OL]//Proceedings of the 27th International Joint Conference on Artificial Intelligence, 2018: 4461-4467. DOI:10.24963/ijcai.2018/620.

[62] LUAN Y, WADDEN D, HE L H, et al. A general framework for information extraction using dynamic span graphs [C/OL]//Proceedings of the 2019 Conference of the North American Chapter of the Association for Computational Linguistics: Human Language Technologies, 2019: 3036-3046. DOI: 10.18653/v1/n19-1308.

[63] TAI K S,SOCHER R,MANNING C D. Improved semantic representations from tree-structured long short-term memory networks[C/OL]//Proceedings of the 53rd Annual Meeting of the Association for Computational Linguistics and the 7th International Joint Conference on Natural Language Processing, 2015 (1):1556-1566. http://www.aclweb.org/anthology/P15-1150.

[64] ROWEIS S T, SAUL L K. Nonlinear dimensionality reduction by locally linear embedding[J/OL]. Science,2000,290(5500):2323-2326. http://science.sciencemag.org/content/290/5500/2323.

[65] MINTZ M, BILLS S, SNOW R, et al. Distant supervision for relation extraction without labeled data [C]//Proceedings of the Joint Conference of the 47th Annual Meeting of the ACL and the 4th International Joint Conference on Natural Language Processing of the AFNLP,2009(2): 1003-1011.

[66] ALT C, HÜBNER M, HENNIG L. Fine-tuning pre-trained transformer language models to distantly supervised relation extraction [C/OL]//Proceedings of the 57th Conference of the Association for Computational Linguistics,2019:1388-1398. DOI:10.18653/v1/p19-1134.

[67] RIEDEL S, YAO L M, MCCALLUM A. Modeling relations and their mentions without labeled text[C]//Proceedings of the 2010 European conference on Machine learning and knowledge discovery in databases: Part III,2010:148-163.

[68] YUAN C S, HUANG H Y, FENG C, et al. Distant supervision for relation extraction with linear attenuation simulation and non-IID relevance embedding [C]//Proceedings of the 33rd AAAI Conference on Artificial Intelligence, 2019:7418-7425.

[69] DU J H, HAN J G, WAY A, et al. Multi-level structured self-attentions for distantly supervised relation extraction [C/OL]//Proceedings of the 2018 Conference on Empirical Methods in Natural Language Processing, 2018: 2216-2225. DOI:10.18653/v1/d18-1245.

[70] ZHANG N Y, DENG S M, SUN Z L, et al. Long-tail relation extraction via knowledge graph embeddings and graph convolution networks [C/OL]//Proceedings of the 2019 Conference of the North American Chapter of the Association for Computational Linguistics: Human Language Technologies, 2019:3016-3025. DOI:10.18653/v1/n19-1306.

[71] HE Z Q, CHEN W L, LI Z H, et al. SEE: syntax-aware entity embedding for neural relation extraction [C]//Proceedings of the 32nd AAAI Conference on Artificial Intelligence, 2018:5795-5802.

[72] ZHANG Y H, QI P, MANNING C D. Graph convolution over pruned dependency trees improves relation extraction [C/OL]//Proceedings of the 2018 Conference on Empirical Methods in Natural Language Processing, 2018:2205-2215. DOI: 10.18653/v1/D18-1244.

[73] GUO Z J, ZHANG Y, LU W. Attention guided graph convolutional networks for relation extraction [C/OL]//ACL, 2019:241-251. DOI:10.18653/v1/p19-1024.

[74] RADFORD A, NARASIMHAN K, SALIMANS T, et al. Improving language understanding by generative pre-training [EB/OL]. https://www.cs.ubc.ca/~amuham01/LING530/papers/radford2018improving.pdf.

[75] OAKES M P. Using Hearst's rules for the automatic acquisition of hyponyms for mining a pharmaceutical corpus [C]//International Workshop Text Mining Research, Practice and Opportunities, 2005:63-67.

[76] NAKASHOLE N, TYLENDA T, WEIKUM G. Fine-grained semantic typing of emerging entities [C/OL]//Proceedings of the 51st Annual Meeting of the Association for Computational Linguistics, 2013:1488-1497. http://www.aclweb.org/anthology/P13-1146.

[77] CHEN J, JI D, TAN C L, et al. Relation extraction using label propagation based semi-supervised learning [C/OL]//Proceedings of the 21st International Conference on Computational Linguistics and 44th Annual Meeting of the

Association for Computational Linguistics, 2006: 129 – 136. http://www.aclweb.org/anthology/P06 – 1017.

[78] BOLLEGALA D T, MATSUO Y, ISHIZUKA M. Relational duality: unsupervised extraction of semantic relations between entities on the web [C/OL]//Proceedings of the 19th International Conference on World Wide Web, 2010: 151 – 160. DOI: 10.1145/1772690.1772707.

[79] HOFFMANN R, ZHANG C, LING X, et al. Knowledge – based weak supervision for information extraction of overlapping relations [C/OL]//Proceedings of the 49th Annual Meeting of the Association for Computational Linguistics: Human Language Technologies, 2011: 541 – 550. http://www.aclweb.org/anthology/P11 – 1055.

[80] SURDEANU M, TIBSHIRANI J, NALLAPATI R, et al. Multi – instance multi – label learning for relation extraction [C/OL]//Proceedings of the 2012 Joint Conference on Empirical Methods in Natural Language Processing and Computational Natural Language Learning. Association for Computational Linguistics, 2012: 455 – 465. http://www.aclweb.org/anthology/D12 – 1042.

[81] REN X, WU Z Q, HE W Q, et al. CoType: joint extraction of typed entities and relations with knowledge bases [C/OL]//Proceedings of the 26th International Conference on World Wide Web, 2017: 1015 – 1024. DOI: 10.1145/3038912.3052708.

[82] HEARST M A. Automatic acquisition of hyponyms from large text corpora [C/OL]//The 14th International Conference on Computational Linguistics, 1992: 539 – 545. http://www.aclweb.org/anthology/C92 – 2082.

[83] AGICHTEIN E, GRAVANO L. Snowball: extracting relations from large plain – text collections [C/OL]//Proceedings of the 5th ACM Conference on Digital Libraries, 2000: 85 – 94. DOI: 10.1145/336597.336644.

[84] BLUM A, LAFFERTY J, RWEBANGIRA M R, et al. Semi – supervised learning using randomized mincuts [C/OL]//Proceedings of the 21st International Conference on Machine Learning, 2004: 13. DOI: 10.1145/1015330.1015429.

[85] ZHENG S C, WANG F, BAO H Y, et al. Joint extraction of entities and relations based on a novel tagging scheme [C/OL]//Proceedings of the 55th Annual Meeting of the Association for Computational Linguistics, 2017: 1227 – 1236. DOI: 10.18653/v1/P17 – 1113.

[86] ZHANG H J, LI J X, JI Y Z, et al. Understanding subtitles by character – level sequence – to – sequence learning [J]. IEEE transactions on industrial informatics, 2017, 13(2): 616 – 624.

[87] VERGA P, STRUBELL E, MCCALLUM A. Simultaneously self – attending to all mentions for full – abstract biological relation extraction [C/OL]//North American Chapter of the Association for Computational Linguistics, 2018. DOI: 10.18653/v1/N18 – 1080.

[88] VU N T, ADEL H, GUPTA P, et al. Combining recurrent and convolutional neural networks for relation classification [C/OL]//Proceedings of the 2016 Conference of the North American Chapter of the Association for Computational Linguistics: Human Language Technologies, 2016: 534 – 539. DOI: 10.18653/v1/N16 – 1065.

[89] EBERTS M, ULGES A. Span – based joint entity and relation extraction with transformer pre – training[C/OL]//The 24th European Conference on Artificial Intelligence, the 10th Conference on Prestigious Applications of Artificial Intelligence, 2020(325): 2006 – 2013. DOI: 10.3233/faia200321.

[90] COHEN A, ROSENMAN S, GOLDBERG Y. Relation extraction as two – way span – prediction[Z/OL]. DOI: 10.48550/arXiv.2010.04829.

第 4 章

单模块同步实体关系联合抽取

4.1 实体关系联合抽取

实体关系联合抽取旨在从非结构化文本中抽取出形如（头实体,关系,尾实体）的结构化三元组，是自然语言处理与信息抽取领域的重要基础任务。该技术被广泛应用于自然语言理解、语义检索、智能问答、自动化知识图谱构建等场景，具有重要的研究意义和应用价值。面对重叠三元组、嵌套实体等复杂场景，现有的实体关系联合抽取方法均遵循"先分解，后组合"的范式——在宏观的模型架构层面是联合的，而具体到头实体、关系、尾实体等元素的微观抽取逻辑仍然是分模块、异步的。因此，现有的实体关系联合抽取方法依旧存在错误传播问题。针对这一难题，本章提出单模块同步实体关系联合抽取思想，并从知识图谱表示学习、实体对关联学习、冗余负样本消解等三个不同视角对其解决方案进行深入探索。

4.1.1 研究背景及意义

历经半个多世纪的发展，人工智能技术已成为推动新一轮科技和产业革命的驱动力，深刻影响世界政治、经济、军事和社会发展，得到各国政府、学术界及产业界的高度关注。当前，人工智能正处于从感知智能向认知智能发展的关键阶段。作为人工智能的最高形态，认知智能旨在赋予机器类似人类智慧的数据理解、知识表达、逻辑推理和自主学习能力，是进一步解放和发展我国社会生产力、提高人民生活水平、构建国家竞争新优势的关键突破口之一。

众所周知，大规模知识图谱是现阶段认知智能发展的基石。实体识别和关系抽取作为自动化知识图谱构建的重要手段，自诞生以来就备受关注。实体识别的目的是指出句子中出现的人物、地点、机构、时间、抽象概念等实体；关系抽取则是判断句子中的一对实体之间是否存在用户所关心的关系。二者结合便可从非结构化文本中抽取出形如（头实体,关系,尾实体）或 (h,r,t) 的关系三元组。因此，传统的实体关系抽取方法采用流水线机制（pipeline mechanism）：先进行实体识别，再将识别出的实体两两组合，判断其关系。然而，这种流水线机制存在两个明显的缺陷。其一，交互缺失。事实上，实体和关系之间是互相影响的。例如，关系"出生地"的头实体类型一定是人物，尾实体类型一定是地点。充分利用实体和关系之间的隐含限制，能在识别过程中显著降低模型的潜在搜索空间、提升预测效果。但是，流水线机制将实体识别和关系抽取视作两个独立的任务，无法有效利用上述交互信息。其二，错误传播。流水线机制将实体识别模型的输出作为关系抽取模型的输入，使得前者的错误会直接影响后者的预测结果。

为了缓解上述缺陷，研究人员提出了实体关系联合抽取方法[1]，将实体识别和关系抽取融入同一个端到端的模型，以充分学习两个任务之间的信息交互。尽管已经取得了巨大的进展，但是当前的联合抽取方法只是模型架构层面的"宏观联合"——其内部针对头实体、关系、尾实体的微观抽取逻辑仍然是分模块且异步的。因此，依旧存在错误传播问题，主要体现在以下两方面：

（1）多模块导致的错误传播。实体识别和关系抽取所对应的预测空间是完全不同的。为了便于计算，联合抽取模型一般会采用不同的模块分别处理实体和关系，然后将不同模块的预测结果根据其内在关联组合形成三元组。然而，实体识别、关系抽取、实体关系关联判断等模块都可能产生错误，这些模块的错误会传播并累积到组合而成的三元组中，影响结果的可靠性。

（2）异步抽取导致的错误传播。为了建模实体和关系之间的潜在关联，现有的联合抽取方法通常将实体关系抽取解构为若干个相互依赖的识别步骤，使得前一步的结果成为后一步的先验。根据抽取顺序的不同，现有方法可以大致分为三类：关系在前，即 $r \rightarrow (h, t)$；关系在中，即 $h \rightarrow r \rightarrow t$；关系在后，即 $(h, t) \rightarrow r$。无论哪一类，其针对实体和关系的抽取都存在确切的先后顺序，这就导致前序步骤的错误会直接影响后续步骤的识别结果。

基于上述背景，本章聚焦于实体关系联合抽取中的错误传播问题，创新性地提出单模块同步实体关系联合抽取方法，具有重要的科学意义和应用价值，具体体现在以下四方面：

（1）有效解决了领域内困扰已久的错误传播问题。如前文所述，当前实体关系联合抽取方法的错误传播问题是由多个彼此孤立的功能模块，以及多个顺序依赖的抽取步骤引起的。本章所提出的单模块同步实体关系联合抽取方法是将实体识别和关系抽取融入同一个处理模块（如同一个分类网络），仅通过一步抽取运算即可实现从非结构化文本中识别出所有三元组，有效避免了实体与关系之间，以及实体、关系到三元组的错误传播问题。

（2）为实体关系联合抽取提供了全新的解决方案。实体关系联合抽取表面上是识别（头实体,关系,尾实体）组成的三元组，但由于实体可能由多个单词（英文）或连续字符（中文）组成，现有方法在实际操作中都会将其分解为针对（头实体开头,头实体结尾,关系,尾实体开头,尾实体结尾）的五元组识别任务。这样的做法既增加了抽取逻辑的复杂性，又降低了输出三元组的可靠性。与现有方法的"分解"思路截然相反，本章提出的单模块同步实体关系联合抽取方法的核心理念是"融合"。因此，本章工作不但填补了当前实体关系联合抽取方法在抽取逻辑上的空白，而且丰富了"联合抽取"的概念内涵。

（3）高效的抽取逻辑显著降低了训练和解码的难度。多处理模块和异步抽取策略导致现有的联合模型在实际应用中面临两个困难：首先，模块之间关联和影响的可解释性差、相对权重难以协调，使得模型训练困难；其次，多个模块或者步骤的预测结果可能出现缺失、矛盾、错误等情况，使得三元组解码困难。与之相反，本章所提出的单模块同步实体关系联合抽取方法计算逻辑高效、训练目标明确、输出含义清晰，有效弥补了已有工作在训练和解码过程中的短板。

（4）简洁的模型架构便于复杂场景下的应用部署。与实验室环境不同，真实应用场景对模型的稳定性、鲁棒性、可靠性、简洁性有较高要求。除此之外，还需要模型易于更新维护、方便迁移到不同计算平台和深度学习框架。本章提出的单模块同步实体关系联合抽取模型架构简单、抽取逻辑简洁、计算过程并行化程度高，易于迭代更新，能够适应复杂场景下的应用部署需求。

综上所述，研究单模块同步实体关系联合抽取技术，不仅能进一步提升现有方法在已经广泛应用的文本分类、智能问答、语义检索、推荐系统、知识图谱构建等领域的效果，而且符合经济社会和国家发展的战略需求，同时也是实体关系联合抽取技术达到一定瓶颈之后的必然选择。

4.1.2 本章问题描述及解决思路

给定一个由 L 个字符组成的句子 $S=\{w_1,w_2,\cdots,w_L\}$ 和 K 个预先定义好的关系 $\mathcal{R}=\{r_1,r_2,\cdots,r_K\}$，实体关系联合抽取的目的是使用统一的模型从句子中识别出所有可能的三元组 $\mathcal{T}_i=\{(h,r,t)\}$，其中 $0 \leq i \leq N$，N 为三元组个数。现有的联合抽取方法在实践过程中将其解构为多个彼此依赖的抽取步骤或者处理模块，再将各个步骤、模块的结果组合形成最终的预测三元组。不失一般性，以"关系在中"（即 $h \rightarrow r \rightarrow t$）方法为例，其首先识别句子中的所有头实体，然后以每个头实体为先验分别识别对应的关系，之后为每个头实体和关系预测尾实体。因此，"关系在中"方法抽取过程的条件概率可以形式化定义为

$$p(\mathcal{T}|S) = \prod_{(h,r,t) \in \mathcal{T}} p((h,r,t)|S)$$
$$= \prod_{h \in \mathcal{T}} p(h|S) \prod_{r \in \mathcal{T}|h} p(r|h,S) \prod_{t \in \mathcal{T}|(h,r)} p(t|h,r,S) \quad (4.1.1)$$

式中，$\mathcal{T}|h$——h 是该句子对应的三元组中的某个头实体；$\mathcal{T}|(h,r)$ 同理。

从式（4.1.1）中可以直观理解现有实体关系联合抽取方法的错误传播问题。具体地，一个三元组 (h,r,t) 正确的概率为 $p(h,r,t)=p(h\mid S)\times p(r\mid h,S)\times p(t\mid h,r,S)$。如果模型对 h、r、t 中的任意一个元素的识别产生错误，如 $p(h\mid S)=0$，则与之关联的条件概率 $p(r\mid h,S)$ 和 $p(t\mid h,r,S)$ 都会受到影响。更严重的是，如果 $p(h\mid S)=0$，则预测出的三元组一定是错误的，即 $p((h,r,t)\mid S)=0$。

一言以蔽之，多个彼此关联的"不确定性"导致了上述实体关系联合抽取方法的错误传播问题。事实上，任何一个模型都无法保证百分之百准确地预测。因此，解决该问题的关键就是减少抽取过程中"不确定性"的个数，即使用尽可能少的抽取步骤或者处理模块直接从句子中获取所有三元组。通过对实体关系抽取任务的深入分析，我们发现了一个重要的事实——以句子"唐朝是中国历史上一个辉煌的朝代，由李渊建立，历经多位皇帝统治，于907年灭亡。"为例，设其表达（唐朝，建立，李渊），（唐朝，灭亡，907年）等三元组。其中，实体"唐朝""李渊""907年"等都是句子中的连续字符序列，关系"建立""灭亡"等都是预先定义好的。换言之，组成三元组的所有关键要素都是已知的。因此，只要对句子中的连续字符序列和预定义关系进行合理组合，其结果中一定包含所有正确的三元组。随之，实体关系抽取任务也就转化为一个判断字符串和关系组成的三元组是否正确的分类问题，只需一个分类网络的一步分类计算即可。

显然，上述思路的关键难点是如何对句子中的连续字符序列和关系进行合理组合并判断其正确与否。针对这一难点，本章提出三种逐次递进、互为补充的解决方案：首先，受知识图谱表示学习任务的启发，提出基于关系推理的单模块同步实体关系联合抽取方法；在此基础上，为了解决基于关系推理的方法未直接建模实体对关联的缺陷，提出基于二部图链接的单模块同步实体关系联合抽取方法；最后，针对前两种方法在候选实体生成过程中会产生低质量冗余负样本的问题，提出基于细粒度分类的单模块同步实体关系联合抽取方法。

4.2　基于关系推理的单模块同步实体关系联合抽取

本节以知识图谱表示学习中头实体、关系、尾实体之间的运算逻辑为切入点，研究单模块同步实体关系联合抽取方法的实现和应用，进而分析其特点和优势，发现问题，并讨论解决方案。

4.2.1　概述

本章的核心目的是解决"先分解，后组合"范式下实体关系联合抽取模型的错误传播问题。如前文所述，该问题具体体现在两方面：由多个抽取步骤导致的错误传播；由多个抽取模块导致的错误传播。因此，消除错误传播的核心思路就是只用一个模块同步地抽取头实体、关系、尾实体，从而实现直接从非结构化文本中识别出所有三元组。可是，一个句子中可能包含多个三元组，这些三元组可能呈现实体对重叠（EPO）、单个实体重叠（SEO）、头、尾实体重叠（HTO）等多种重叠模式，而且每个三元组中都包含头实体、关系、尾实体三个元素。面对如此复杂的情形，如何将上述思路转化为简洁、可行的算法实践？在回答这一问题之前，我们先看一个例子，如图4.2.1所示。

图 4.2.1 单步分类的实体关系联合抽取

如图4.2.1所示，句子"北京是中国首都"表达了（中国,首都,北京）等三元组。通过观察可以发现，实体一定是句子中的连续字符序列。换言之，如果我们枚举句子中的所有字符序列，其中一定包含全部的正确实体。同理，关系是数据集中预先定义的。也就是说，在识别之前我们已经知道所有可能的关系类型。从枚举字符序列中取出一个字符序列 h^* 作为头实体，从候选关系中取出一个 r^* 作为关系，再从枚举字符序列中取出一个字符序列 t^* 作为尾实体，如果 (h^*,r^*,t^*) 为真，则当前组合就是一个合理的三元组，h^*、r^*、t^* 分别为头实体、关系、尾实体，如图4.2.1左侧的三元组（中国,首都,北京）；与之相反，如果 (h^*,r^*,t^*) 为假，则当前组合就不是合理的三元组，如图4.2.1右侧的（国首,首都,首都）。这样，实体关系联合抽取就转化成了一个以 (h^*,r^*,t^*) 为输入，以是（1）或否（0）为输出的简单二分类问题——只需要一个二分类器的一步分类操作，即可识别出句子中的所有三元组。

相比于已有的实体关系联合抽取方法，这种方法有以下5个优点：

（1）实体关系抽取过程只涉及一步二分类操作，有效避免了多个抽取步骤之间的错误传播问题。

（2）只用一个二分类器就完成了三元组识别，有效避免了多个模块引起的错误传播问题。

（3）对头实体和尾实体的分别枚举能有效应对重叠三元组、嵌套实体等复杂情形。

（4）该分类器的输入同时包含头实体、关系、尾实体的信息，可充分学习三者之间的交互和依赖。

（5）模型架构简单，易于实现且弹性灵活。

然而，这种方法也存在一个明显的缺陷：样本数量巨大——在训练过程中，负样本过多会导致模型训练过程向负标签（0）偏移，影响训练效果；在推理过程中，大量样本将降低模型推理速度，影响其应用部署。举例来说，设数据集中的最大实体长度为 C，若枚举句子中长度小于 C 的字符串为候选实体，则该句子的候选实体个数为

$$|\mathcal{E}| = L \times C + \frac{C}{2} - \frac{C^2}{2} \quad (4.2.1)$$

式中，L——句子长度。如果句子以单词为输入单元，则为单词个数；如果句子以字符为输入单元，则为字符个数。

由此，将候选头实体、候选尾实体、候选关系进行排列组合之后的样本总数为

$$|\mathcal{T}^*| = \left(L \times C + \frac{C}{2} - \frac{C^2}{2}\right)^2 \times K \quad (4.2.2)$$

式中，K——预定义关系的数量。

对于一个长度为 100 的句子，若最大实体长度 C 设置为 10，预定义关系的数量 $K=10$，则上述枚举方法会产生 $(100 \times 10 + 5 - 50)^2 \times 10 = 9\,120\,250$ 个候选三元组。更为严重的是，这些样本中可能只有一个是正确的。显然，对于目前几乎所有的分类算法，在如此庞大规模的负样本中寻找几个正样本，都无异于"大海捞针"。因此，如何将上述基于海量负样本的分类任务从不可行变为可行，是本章工作面临的巨大挑战。

为了应对上述挑战，本节从降低候选样本数量和提升分类效率两个角度出发，提出一种基于关系推理的实体关系联合抽取方法（translation - based joint entity and relation extraction，TransRel）。该方法的核心思路是：利用知识图谱表示学习中的翻译机制，将候选实体之间的排列组合简化为候选实体之间的线性变换，以同时达到降低样本数量、简化计算复杂度的目的。为了便于理解，我们以最简单、直观的 TransE 算法为例进行介绍。TransE 的评分函数（判断三元组真伪的打分函数）为

$$t \approx h + r \quad (4.2.3)$$

式中，h,t,r——头实体、尾实体、关系的特征表示。

设句子 $S = \{w_1, w_2, \cdots, w_L\}$ 中的候选实体数量为 $|\mathcal{E}|$，若使用朴素的三元组分类方式，则总的样本数量为 $K \times |\mathcal{E}|^2$。若使用 TransE 算法的评分函数并行地计算三元组真伪，则对应过程为

$$P_{(h^*,r^*,t^*)\in \mathcal{T}^*} = \sigma((\boldsymbol{H}+\boldsymbol{R})^{\mathrm{T}}\boldsymbol{T}) \qquad (4.2.4)$$

式中，$\mathcal{T}^*$——所有的候选三元组；

$\boldsymbol{H},\boldsymbol{R},\boldsymbol{T}$——所有候选头实体、候选关系、候选尾实体的向量表示；

$\sigma(\cdot)$——Sigmoid($\cdot$)激活函数，负责将计算结果映射到 (0,1) 概率空间；

$(\boldsymbol{H}+\boldsymbol{R})^{\mathrm{T}}\boldsymbol{T}$——通过内积衡量 $\boldsymbol{H}+\boldsymbol{R}$ 和 $\boldsymbol{T}$ 之间的相似度。使用$(\boldsymbol{H}+\boldsymbol{R})^{\mathrm{T}}\boldsymbol{T}$ 而非 $\boldsymbol{H}+\boldsymbol{R}-\boldsymbol{T}^{\mathrm{T}}$ 的目的是方便神经网络框架下的张量运算。

由式（4.2.4）可知，尽管候选头实体与候选尾实体的数量没有减少，但是原本针对 $K\times|\mathcal{E}|^2$ 个候选三元组的二分类操作，已经转换成了利用张量 $\boldsymbol{T}$ 对 $K\times|\mathcal{E}|$ 个候选头实体表示的一步线性变换。换言之，由于 $\boldsymbol{H}$、$\boldsymbol{R}$、$\boldsymbol{T}$ 都是可训练的参数，因此上述思路只需令 $K\times|\mathcal{E}|$ 个候选头实体表示经过一层无偏置的全连接网络，即可实现对所有候选三元组的评分。其本质是将"针对尾实体的枚举"与"针对三元组的分类"两步操作融合为一步线性变换。更进一步将关系独立，则针对每个关系而言，上述计算过程仅需对 $|\mathcal{E}|$ 个候选头实体进行一次线性变换。

虽然 TransE 算法简洁、高效、便于理解，但其无法建模对称关系，且对 $1-\text{to}-N$, $N-\text{to}-1$ 和 $N-\text{to}-M$ 类三元组的学习能力欠佳。因此，本节提出了 TransRel 模型，以 SE 算法的打分函数为基础设计抽取核函数。进一步，为了克服训练过程中负样本过多导致模型偏向负标签的问题，我们在训练时对候选三元组进行下采样（down sampling），以控制正负样本比例，提升训练效率。在两个标准数据集上的大量实验表明，本节所提出的 TransRel 模型不但在实体关系抽取任务上的性能优于已有方法，而且能有效应对实体对重叠、单个实体重叠，以及头、尾实体重叠等复杂场景。

综上所述，本节工作的主要贡献如下：提出了单模块同步实体关系联合抽取思路，打破了领域内长期形成的固有思维模式，为实体关系联合抽取任务提供了全新的解决方案；提出了一种基于关系推理的单模块同步实体关系联合抽取模型 TransRel。该模型首次实现了仅用一个模块同步抽取头实体、关系、尾实体，有效解决了"先分步，后组合"范式下的错误传播问题。在两个标准数据集上的大量实验表明，TransRel 模型在三元组抽取、重叠三元组抽取、多三元组抽取等多个场景中均优于已有方法。除此之外，TransRel 模型的架构更简单，抽取逻辑更简洁，推理过程也更灵活。

4.2.2 模型架构

基于上述讨论，以下内容将详细介绍本节提出的基于关系推理的实体关系联合抽取模型 TransRel：首先，介绍候选实体生成方法；其次，按照抽取过程的先后顺序，介绍句编码器（sentence encoder）、实体表示（entity representation）、实体关系抽取（entity and relation extraction）的详细内容。

4.2.2.1 候选实体生成

在数据预处理阶段，我们枚举每句话中长度小于 C 的连续字符序列作为候选实体。例如，针对句子"北京是中国的首都"，设 $C=2$，则候选实体序列为 $\mathcal{E}=\{$北,北京,京,京是,是,是中,中,中国,国,国的,的,的首,首,首都,都$\}$，共 $|\mathcal{E}|=15$ 个候选实体。因此，候选实体数量 $|\mathcal{E}|$ 与句子长度 L、最大实体长度 C 之间的计算关系为

$$|\mathcal{E}| = L \times C - \left[(C-1) + \frac{(C-1)(C-2)}{2}\right]$$
$$= L \times C + \frac{C}{2} - \frac{C^2}{2} \tag{4.2.5}$$

显然，上述 $|\mathcal{E}|$ 个候选实体中，只有少数实体是正确的。因此，在训练阶段，为了平衡正负样本分布和提升训练效率，我们对 $\mathcal{E}$ 进行下采样：从每句话中随机抽取出 n_{neg} 个错误实体作为负样本，与句子中的所有正确实体一起组成新的候选实体集合 $\bar{\mathcal{E}}$，参与模型训练。如果句子中的负样本数量小于 n_{neg}，则使用全部候选实体参与训练。

4.2.2.2 句编码器

句编码器是一个用于特征提取的神经网络，其作用是把一个不定长的输入文本序列（即自然语句）转换成一个或若干个固定长度的低维空间稠密向量，并在该低维向量中编码输入序列的特征信息。在自然语言处理领域，常见的句编码器有卷积神经网络、分段卷积神经网络、循环神经网络、递归神经网络、图卷积网络、ELMo、BERT、GPT 等。

本节提出的 TransRel 模型使用预训练的 BERT 作为句编码器。由于其强大的上下文特征建模能力、良好的并行计算能力和即插即用的特性，已经被广泛用于各种自然语言处理任务，并取得了令人瞩目的成就。

如图 4.2.2 所示，BERT 的输入信息由三部分组成：Token Embedding、Segment Embedding 和 Position Embedding。其中，Token Embedding 在中文中是

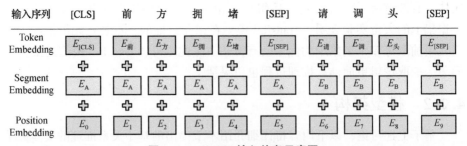

图 4.2.2　BERT 输入信息示意图

指字符的信息，在英文中为 Word Piece，为通过 BPE 编码之后的有限公共字词单元；Segment Embedding 指句子信息，用于区分当前单词属于哪一句话。输入序列中，全文开头用［CLS］特殊字符引导，句子之间用［SEP］特殊字符区分；Position Embedding 表示句子中单词的位置信息，与原始 Transformer 周期性的位置特征不同，BERT 使用单词在整个输入序列中的绝对位置信息作为位置特征。

模型最终的输入是上述三种特征之和，即

$$h_0 = SW_T + W_P + W_S \tag{4.2.6}$$

式中，S——所有输入序列对应的 one-hot 向量；

W_T, W_P, W_S——Token Embedding、Position Embedding、Segment Embedding。

值得注意的是，在本章所关注的句子级实体关系联合抽取任务中，模型的输入只有一个语句，因此实际计算时可以忽略 Segment Embedding。BERT 编码器的详情可参见 2.1.5 节。

4.2.2.3 实体表示

通过数据预处理阶段的候选实体生成和句编码阶段的字符特征提取，我们已经可以获取每个实体的特征表示。需要注意的是，每个实体都可能由多个字符组成，且数量不定。然而，在神经网络计算过程中，为了便于并行处理，我们需要将所有实体表示为固定长度的稠密向量。因此，本节提出的 TransRel 模型将实体开头字符和结尾字符的特征平均值作为实体特征，即

$$e = \frac{h_{\text{start}} + h_{\text{end}}}{2} \tag{4.2.7}$$

式中，h_{start}——实体开头字符的特征表示；

h_{end}——实体结尾字符的特征表示。

严格来讲，上述只取实体开头和结尾信息表示实体特征的方法忽略了实体中间的单词，尤其对于超长实体，信息损失会比较明显。之所以取实体开头和实体结尾的特征表示平均值，而不用所有字符特征平均值，其原因主要有以下三方面：

（1）便于并行计算。具体地，因为开头和结尾位置固定且有规律可循，对于任意实体，只需简单的操作即可捕获开头和结尾的特征。若取所有字符的平均值，则需考虑不同实体长度不同的问题，一定程度上会增加计算资源的消耗。

（2）BERT 编码器的自注意机制能有效学习字符之间的长距离依赖。因此，尽管未直接考虑实体中间部分字符，但开头、结尾特征中已经一定程度上包含了它们的信息。

（3）超长实体处于长尾分布，即数据集中的超长实体占比极小。

综上，式（4.2.7）中的实体特征计算方法是综合考虑了模型计算效率和

抽取性能之后的理性选择。

4.2.2.4 实体关系抽取

获取到候选实体表示 e 之后，TransRel 模型利用知识图谱表示学习中的关系推理，实现实体关系联合抽取。关系推理是指一个三元组中的关系可以视作头实体和尾实体之间的某种变换（翻译）。例如，TransE 算法假设 $h+r\approx t$，TransH 算法假设 $(h-w_r^T h w_r)+r\approx(t-w_r^T h w_r)$，TransR 算法假设 $M_r h+r\approx M_r t$，TransD 算法假设 $(w_r w_h^T+I)h+r\approx(w_r w_t^T+I)t$ 等，其中 h、r、t 分别是头实体、关系、尾实体的向量表示，w_r、M_r 为关系表示，I 是用于区分头实体对应关系和尾实体对应关系的参数。

在设计抽取核函数时，TransRel 模型主要考虑 3 个因素：①逻辑简洁、便于并行计算；②能有效建模对称关系；③能有效建模 1-to-N、N-to-1 和 N-to-M 类三元组。因此，我们使用 SE 算法的打分函数：

$$S(h,t)=R^h h-R^t t \qquad (4.2.8)$$

式（4.28）的核心思路是：首先，将头实体和尾实体通过 $R^h h$ 和 $R^t t$ 映射到对应的向量空间中，其中 $R^h\in\mathbb{R}^{d\times d}$ 和 $R^t\in\mathbb{R}^{d\times d}$ 分别表示头实体和尾实体映射；然后，将关系 r_i 视作头实体和尾实体之间的相似性度量。例如，对于关系"首都"而言，实体对（中国，北京）是相似的，而（中国，兰州）是不相似的。

SE 算法在知识图谱表示学习领域取得了巨大的成功，但是直接将其打分函数应用到实体关系抽取任务中还需要克服两个缺陷：

（1）SE 算法无法得出确切答案。SE 算法能够通过式（4.2.8）为任意三元组计算得分，可是无法回答该三元组"是"或者"不是"正确的。换言之，我们无法断言分数高于某个特定阈值的三元组就一定是正确的，反之则该三元组一定是错误的。这一特点与实体关系联合抽取任务是不符的。

（2）SE 算法的关系辨别力较差。SE 算法用 R^h 和 R^t 建模所有关系对应的实体映射，这一高度融合的关系建模方式在面临大量关系时，难以明确区分不同关系之间的界限，造成抽取结果混淆。

针对上述缺陷，TransRel 模型以 SE 算法的打分函数为基础，进行一系列改进。首先，我们为每一个关系设置单独的头、尾实体映射矩阵 R_i^h 和 R_i^t。为了使其更适应深度神经网络的计算，便于信息流动，我们使用 Xavier 方法对两个映射矩阵进行初始化。为了提升计算效率，我们使用张量运算对所有候选头实体、候选关系、候选尾实体并行打分：

$$P^k=\sigma((E_{head}^T R_{head})^T(E_{tail}^T R_{tail})) \qquad (4.2.9)$$

式中，P^k——关系 r_k 对应的头、尾实体能组成正确三元组的概率；

E_{head}——经过线性层角色映射的所有头实体表示；

E_{tail}——经过线性层角色映射的所有尾实体表示；

R_{head}, R_{tail}——头、尾实体对应的关系映射；

$\sigma(\cdot)$——Sigmoid 激活函数，负责将所有分数映射到 $[0,1]$ 概率空间，使得我们可以通过设置阈值 $\theta=0.5$ 来判断三元组的真假。

值得注意的是，SE 算法中使用减法来判断头、尾实体表示之间的相似性，在 TransRel 模型中，为了便于并行计算和 Sigmoid 激活函数的概率映射，我们将式（4.2.8）中的减法运算改进为张量乘法，使用内积来判断头、尾实体之间的相似度。

至此，我们使用三步简单的张量乘法便实现了头实体、关系、尾实体的单模块同步联合抽取。总体而言，上述设计有以下三个优点：

（1）由于为每个关系设置了单独的头、尾实体映射张量 R_{head} 和 R_{tail}，因此 TransRel 模型可以有效建模对称关系和 $1-to-N$、$N-to-1$ 和 $N-to-M$ 类三元组。

（2）由于模型输出 P_{ij}^k 就是候选头实体 e_i、候选尾实体 e_j 和关系 r_k 组成三元组的概率，因此 TransRel 模型在推理阶段的三元组解码效率为 $O(1)$。

（3）由于候选头实体和候选尾实体都是通过枚举产生，因此 TransRel 模型天然具备重叠三元组、多三元组、嵌套实体等复杂场景的识别能力。

4.2.2.5 目标函数

与多任务框架下的实体关系联合抽取方法使用多个带权损失函数不同，本节所提出的基于关系推理的实体关系联合抽取模型 TransRel 只包含一个分类模块的一步分类操作，因此具有唯一的目标函数：

$$\mathcal{L} = -\frac{1}{|\overline{\mathcal{E}}| \times K \times |\overline{\mathcal{E}}|} \times \sum_{i=1}^{|\overline{\mathcal{E}}|} \sum_{k=1}^{K} \sum_{j=1}^{|\overline{\mathcal{E}}|} (y_t \log P_{ij}^k + (1-y_t) \log(1-P_{ij}^k))$$

（4.2.10）

式中，K——关系数量；

$|\overline{\mathcal{E}}|$——经过负采样的候选实体数量；

y_t——三元组 (e_i, r_k, e_j) 对应的训练标签（错误三元组为 0，正确三元组为 1）。

值得注意的是，此处的 $|\overline{\mathcal{E}}|$ 不等于负样本采样数量 n_{neg}，因为一句话中的候选实体数量有可能小于 n_{neg}，而且 $\overline{\mathcal{E}}$ 还包含了所有正确实体。

4.2.3 实验验证

为了全面验证 TransRel 模型的性能，并分析其优点和缺点，我们设置了一系列丰富的实验，主要包括关系三元组抽取、重叠三元组抽取、多三元组抽取、实体对识别与关系抽取、参数分析、时空效率分析等。

4.2.3.1 实验设置

在下文中,首先介绍实验所用的数据集和评价指标;然后,详细描述所提出的 TransRel 模型在训练过程中的超参数设置;最后,介绍用于对比实验的基线模型。

1. 数据集和评价指标

实体关系联合抽取任务有两个分支:其一,从非结构化文本中抽取(头实体,关系,尾实体)组成的三元组,又称为关系三元组抽取(relational triple extraction);其二,从非结构化文本中抽取所有实体、实体类型及实体之间的关系。这两个分支间的区别主要体现在实体上:前者只抽取句子中的三元组,需要甄别无关系连接的孤立实体;后者需抽取句子中的所有实体及其类型。正因如此,上述两个分支的核心问题、挑战、难点、解决思路及标准数据集均有较大差异。

由于本章工作关注于第一分支的实体关系联合抽取任务,遵循领域内的主流做法,因此本节所有实验均在 NYT 和 WebNLG[2] 两个标准数据集上开展(数据集详情请参考 1.4 节)。需要说明的是,在实体关系联合抽取领域,NYT 和 WebNLG 均有两个版本:一个版本只标注了实体的最后一个单词,记作 NYT* 和 WebNLG*;另一个版本标注了实体的所有单词,记作 NYT 和 WebNLG。造成这一现象的原因是,文献[3]在实体关系联合抽取任务的起步阶段提出了第一个基于编解码器架构的模型 CopyRE 并取得了巨大成功,在领域内具有里程碑式意义。然而,CopyRE 有一个缺陷,就是其设计的复制机制在从原始语句中复制实体到生成的三元组序列时,只能复制一个单词。因此,CopyRE 所用的数据集只标注了实体的最后一个单词。作者在随后提出的 CopyMTL 模型[4]中,采用多任务学习框架弥补了这一缺陷。但是,由于 CopyRE 在领域内的重要性,以及为了保证对比实验的公平性,后续方法在实验中都会同时使用标注了最后一个单词和全部实体范围两个版本的数据集。逐渐地,这种做法成为实体关系联合抽取任务的事实标准。相关数据集的详细统计信息见表 4.2.1。

表 4.2.1 数据集整体统计信息

数据集	训练集	验证集	测试集	关系类型
NYT*	56 195	4 999	5 000	24
WebNLG*	5 019	500	703	171
NYT	56 195	5 000	5 000	24
WebNLG	5 019	500	703	216

值得注意的是，虽然 NYT* 和 WebNLG* 中只需识别实体的最后一个单词，但这并不意味着在 NYT* 和 WebNLG* 上的识别任务要比在 NYT 和 WebNLG 上简单。原因如下：

（1）当前主流的 BERT 等句编码器使用 BPE 算法对句子进行编码，使得 NYT* 和 WebNLG* 中实体的最后一个单词也有可能由多个字符组成，例如，Mountain→[Moun,tain]。因此，对于模型而言，在 NYT* 和 WebNLG* 上的识别与在 NYT 和 WebNLG 上的识别本质是一样的。

（2）只标注实体的最后一个单词减少了实体识别和关系分类的判断依据，增加了任务难度。例如，句子"陈宝国，1956 年出生于中国，曾获中国电视剧飞天奖最佳男演员"表达了三元组（陈宝国,出生地,中国）。如果标注全部实体范围，则人物"陈宝国"和国家"中国"都比较容易判断。可是，如果只标注实体的最后一个词，则该三元组就变成了（国,出生地,国），其头、尾实体相同，极大地增加了模型的识别难度。

更进一步，为了验证本节所提出的 TransRel 模型在重叠三元组、多三元组等复杂场景下的性能，我们将 NYT*、WebNLG*、NYT、WebNLG 的测试集根据三元组重叠类型（Normal，SEO，EPO，HTO）和句子中包含的三元组个数（N）划分为多个子集，相关统计信息见表4.2.2。其中，Triples 表示该子集中包含的三元组数量，E – len 表示该数据集中的最大实体长度。

表 4.2.2　测试集详细统计信息

数据集	子集									
	Normal	SEO	EPO	HTO	$N=1$	$N=2$	$N=3$	$N=4$	$N\geqslant 5$	Triples	E – len
NYT*	3266	1297	978	45	3244	1045	312	291	108	8110	7
WebNLG*	245	457	26	84	266	171	131	90	45	1591	6
NYT	3222	1273	969	117	3240	1047	314	290	109	8120	11
WebNLG	239	448	6	85	256	175	138	93	41	1607	39

我们使用查准率 P、召回率 R 和 F1 值作为实验结果的评价指标。其中，查准率为所有预测三元组中正确的三元组比例，召回率为预测正确的三元组占测试集中所有正确三元组的比例，F1 值为二者之间的调和均值。例如，测试集中共包含 1200 个正确三元组，模型预测出 1100 个三元组，其中有 1000 个是正确的，则查准率为 $1000 \div 1100 = 90.9\%$，召回率为 $1000 \div 1200 = 83.3\%$，F1 值为 $2 \times 0.909 \times 0.833 \div (0.909 + 0.833) = 86.9\%$。在测试过程中，当且仅当一个三元组的头实体、关系、尾实体完全正确时，才

会认为该三元组是正确的。由于 NYT 和 WebNLG 都包含两个版本，因此，在 NYT* 和 WebNLG* 上，如果头、尾实体的最后一个单词和它们之间的关系均预测正确，则该三元组正确，我们称之为部分匹配（partial match）；在 NYT 和 WebNLG 上，如果头、尾实体的所有单词和它们之间的关系全部预测正确，则该三元组正确，我们称之为完全匹配（exact match）。除了三元组之外，本节实验还涉及实体对预测和关系预测两个子任务，同样使用查准率、召回率和 F1 值三个评价指标。

2. 超参数设置

本节的所有实验均在同一台服务器上进行，该服务器的主要配置为：两块 AMD7742CPU，主频均为 2.25 GHz；256 GB 内存；八块英伟达 RTX 3090 GPU 计算卡以及 Ubuntu 20.04 操作系统。BERT 句编码器的参数使用 Huggingface2 发布的"BERT-base cased"预训练模型进行初始化，其中包含 12 层 Transformer 编码器，每个字符的特征向量为 768 维。我们在验证集上使用网格搜索确定模型的最优超参数，而后在测试集上评估模型性能。具体地，模型的所有参数均使用 Adam 优化算法进行训练，将学习率设置为 1×10^{-5}。在 NYT 和 NYT* 上，批量大小设置为 8；在 WebNLG 和 WebNLG* 上，批量大小设置为 6。决定三元组是否正确的阈值 θ 被设置为 0.5，即式（4.2.9）的输出 P_{kij} 如果大于 0.5，则三元组 (e_i, r_k, e_j) 为真，反之则为假。

另外，本节所提出的 TransRel 模型还有两个重要的超参数：负样本下采样标准 n_{neg}、生成候选实体时的最大实体长度 C。其中，通过实验方式，综合考虑模型训练速度、性能两个方面因素，将 n_{neg} 设置为 100。候选实体的最大长度 C 以数据集中的实体长度分布为准，并忽略了个别超长实体。接下来，详细介绍超参数 C 的设置过程。

NYT*、WebNLG*、NYT、WebNLG 数据集中的训练集、验证集、测试集的实体长度分布如图 4.2.3 所示。从图中可知，对于 NYT* 而言，训练集中的最大实体长度为 9，验证集中的最大实体长度为 7。因此，在 NYT* 数据集的训练、验证过程中，超参数 C 分别设置为 9、7。对于 WebNLG* 而言，训练集中的最大实体长度为 6，验证集中的最大实体长度为 6。因此，在 WebNLG* 数据集的训练、验证过程中，超参数 C 分别设置为 6、6。对于 NYT 而言，训练集中的最大实体长度为 12，验证集中的最大实体长度为 12。因此，在 NYT 数据集的训练、验证过程中，超参数 C 分别设置为 12、12。值得注意的是，在 WebNLG 数据集中，其训练集中的最大实体长度为 39，验证集中的最大实体长度为 21。但是长度为 39 的实体只有一个。如果将最大实体长度设置为 39，则会显著提升候选实体数量，增加模型计算负担，降低训练效果。因此，忽略长度为 39 的实体。最终在

WebNLG 数据集的训练、验证过程中，超参数 C 分别设置为 21、21。严格来讲，测试集的实体长度分布对于模型而言是未知的。因此，本节以训练集中的实体长度为基础，对测试集上的实体长度进行调整。最终在 NYT*、WebNLG*、NYT、WebNLG 四个数据集的测试集中，将 C 分别设置为 7、6、11、20。

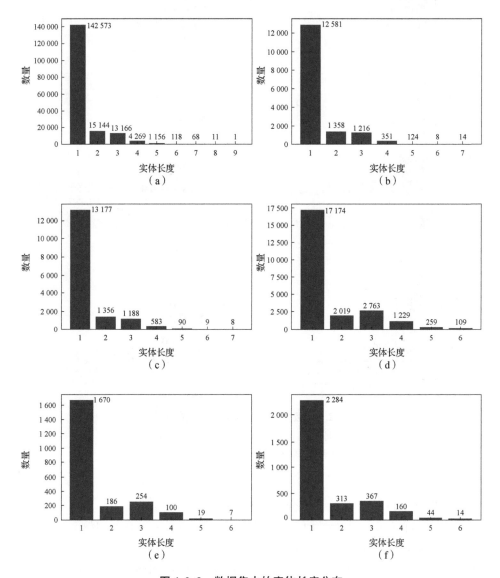

图 4.2.3　数据集中的实体长度分布

(a) NYT* 训练集；(b) NYT* 验证集；(c) NYT* 测试集；
(d) WebNLG* 训练集；(e) WebNLG* 验证集；(f) WebNLG* 测试集

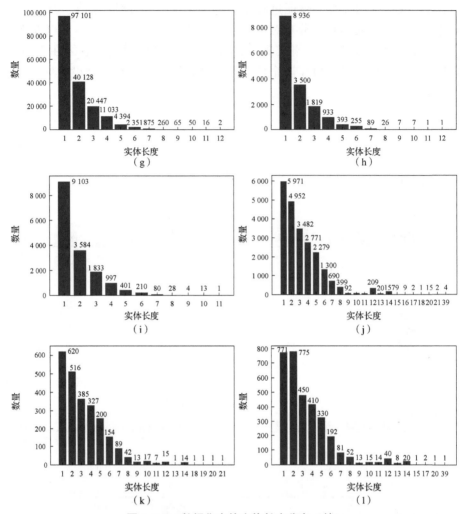

图 4.2.3　数据集中的实体长度分布（续）

（g）NYT 训练集；（h）NYT 验证集；（i）NYT 测试集；
（j）WebNLG 训练集；（k）WebNLG 验证集；（l）WebNLG 测试集

3. 基线模型

本节选择 11 个实体关系联合抽取模型作为基线模型。

● NovelTagging：文献 [1] 将实体和关系信息融入一系列细粒度标签中，从而将实体关系联合抽取转化为一个序列标注任务；然后，使用不同的端到端模型来同时提取实体和关系。该方法是实体关系联合抽取的开山之作，但有一个明显缺陷就是不能识别重叠三元组。

● CopyRE：文献 [3] 将实体关系联合抽取转换为类似于翻译的文本生成任务，并使用指针网络和复制机制，逐步预测三元组元素。该方法是第一个

第4章 单模块同步实体关系联合抽取

基于编解码器架构的实体关系联合抽取模型，但是每次实体识别只能从源语句中复制实体的最后一个单词。

● GraphRel：文献［5］利用图结构建模句子中的实体、关系之间的复杂关联，在此基础上，使用两阶段的图卷积网络，分别学习实体与关系之间以及关系与关系之间的内在联系。该方法在实体和关系抽取过程中构造了单词之间的两两关联，因此也可以认为是表格填充类方法的一种。

● RSAN：文献［6］认为，以往先识别实体后探测关系的做法可能会导致很多冗余操作。因此，RSAN 模型先使用注意力机制为每个关系生成特定的句子特征表示，然后在此基础上进行实体识别，以显著降低实体识别过程中的不确定性和潜在搜索空间。

● MHSA：文献［7］先使用实体识别模型找出句子中的所有实体，然后将实体作为输入，将关系视作实体之间的一种相关性，利用多头自注意机制判断任意两个实体之间的关系。

● CasRel：文献［8］将关系视作从头实体到尾实体的一种映射。因此，该方法先使用两个二分类序列标注模型识别出句子中的所有头实体，然后为每一个头实体预测其在特定关系条件下所对应的尾实体。由于该方法采用"就近原则"组合实体，因此难以应对嵌套头实体等较为复杂的场景。

● TPLinker：文献［9］利用字符对之间的关系构建了一张二维表格，并设计了一种握手机制和一系列特殊标签，来确定头实体开头－尾实体开头、头实体结尾－尾实体结尾、实体范围等几个表格中重要的元素位置。最终，以上述元素位置为基础拼接解码得到预测三元组。

● R-BPtrNet：文献［10］认为当前的实体关系联合抽取方法过分关注于句子中明确表达的显式三元组而忽略了可以通过推理等途径得到的隐式三元组，从而影响了实体关系联合抽取的召回率。因此，文献［10］提出了一种具备推理功能的双指针网络来解决这一问题。

● CasDE：文献［11］首先从句子中抽取出对应的关系，而后以关系信息为先验，从句子中识别可能存在的实体。

● RIFRE：文献［12］聚焦于预测三元组的可信度，首先将单词和关系视作图中的节点，而后设计了一种节点之间的信息流动机制，并利用该机制更新单词和关系的表示。在此基础上，先识别句子中的所有头实体，而后为每一个头实体识别其在特定关系条件下所对应的尾实体。

● PRGC：文献［2］认为实体关系抽取过程中的关系冗余问题会导致基于序列标注的方法通用性和效率较低，因此将实体关系抽取分解为三个子任务，分别是关系判断、实体识别和头尾实体对齐。在此基础上，提出了一个基于潜在关系和全局对应关系的联合抽取框架。

说明：上述对比模型中，NovelTagging、CopyRE、GraphRel、RSAN、MHSA

等 5 个模型均使用预训练词向量和 LSTM 作为句编码器，而 CasRel、TPLinker、R-BPtrNet、CasDE、RIFRE、PRGC 等 6 个模型均使用预训练 BERT 作为句编码器。为了公平起见，本节引用的所有指标类实验结果均来自原始论文。

4.2.3.2 关系三元组抽取

表 4.2.3 展示了本节所提出的 TransRel 模型与上述 11 个对比方法在两个不同版本的 NYT 和 WebNLG 数据集上的关系三元组抽取结果。

表 4.2.3　TransRel 及对比模型的关系三元组抽取结果　　（%）

模型	部分匹配						完全匹配					
	NYT*			WebNLG*			NYT			WebNLG		
	P	R	F1值	P	R	F1值	P	R	F1值	P	R	F1值
NovelTagging	—	—	—	—	—	—	32.8	30.6	31.7	52.5	19.3	28.3
CopyRE	61.0	56.6	58.7	37.7	36.4	37.1	—	—	—	—	—	—
GraphRel	63.9	60.0	61.9	44.7	41.1	42.9	—	—	—	—	—	—
RSAN	—	—	—	—	—	—	85.7	83.6	84.6	80.5	83.8	82.1
MHSA	88.1	78.5	83.0	89.5	86.0	87.7	—	—	—	—	—	—
CasRel	89.7	89.5	89.6	93.4	90.1	91.8	—	—	—	—	—	—
TPLinker	91.3	92.5	91.9	91.8	92.0	91.9	91.4	92.6	92.0	88.9	84.5	86.7
R-BPtrNet	92.7	92.5	92.6	93.7	92.8	93.3	—	—	—	—	—	—
CasDE	90.2	90.9	90.5	90.3	91.5	90.9	89.9	91.4	90.6	88.0	88.9	88.4
RIFRE	**93.6**	90.5	92.0	93.3	92.0	92.6	—	—	—	—	—	—
PRGC	93.3	91.9	92.6	**94.0**	92.1	93.0	**93.5**	91.9	**92.7**	89.9	87.2	88.5
TransRel	92.1	**93.5**	**92.8**	93.5	**94.1**	**93.8**	92.5	**92.7**	92.6	**90.2**	**89.1**	**89.6**

总体而言，本节提出的 TransRel 模型在 NYT*、WebNLG*、WebNLG 数据集上均取得了最好的 F1 值。这一结果不仅证明了解决实体关系联合抽取任务中的错误传播问题的重要性和必要性，也验证了本章所提出的单模块同步实体关系联合抽取思路的合理性。除此之外，从上述实验结果中还能得出以下重要结论：

（1）采用单模块同步实体关系联合抽取方案能达到"事半功倍"的效果。除了 NovelTagging 之外，表 4.2.3 中的 10 个对比模型均采用"先分步，后组合"的方式，使用不同的模块分别处理实体和关系。它们的抽取逻辑复杂，实现相对困难，且部分对比模型存在难以应对重叠三元组、嵌套实体等缺陷。然而，本节所提出的 TransRel 模型的实体关系抽取模块只包含 3 步简单的矩阵乘法，逻辑简洁、实现方便且易于训练。即便如此，TransRel 模型的关系三元组抽取性能还是优于上述对比模型。这一结果说明单模块同步实体关系联合抽取方案能通过更简单的模型架构达到更好的效果，也从侧面印证了错误传播问题对实体关系联合抽取模型性能的影响确实较大。

（2）本节所提出的实体生成、下采样、实体表示等策略能有效应对长实体。如图 4.2.3 所示，在 NYT* 和 WebNLG* 的测试过程中，最大候选实体长度 C 分别设置为 7、6，相对较小，对于模型而言也易于处理。与之相反，在 NYT 和 WebNLG 的测试过程中，最大候选实体长度 C 分别设置为 11 和 20，这意味着候选实体生成过程中会产生更多的负样本，给模型训练、预测均带来巨大的挑战。然而，TransRel 模型依旧在 NYT 数据集上取得了 92.6% 的 F1 值，在 WebNLG 上取得了所有模型中最优的 89.6% 的 F1 值。该结果验证了 TransRel 使用实体开头和结尾字符特征的平均值作为实体表示的有效性，也验证了 TransRel 模型在训练过程中采用下采样策略的有效性，同时证明了 TransRel 模型应对长实体的鲁棒性。

（3）候选实体生成和三元组枚举分类能有效提升关系三元组抽取的召回率。TransRel 模型在 WebNLG 上取得了最好的查准率，而在其他三个数据集上的查准率均低于最优模型。与查准率不同，TransRel 在 NYT*、WebNLG*、NYT、WebNLG 上的召回率均高于次优模型（93.5% vs 92.5%，94.1% vs 92.8%，92.7% vs 92.6%，89.1% vs 88.9%）。这背后的原因是一对矛盾：一方面，枚举结果中一定包含所有正确的三元组，因此，TransRel 模型的召回率较高；另一方面，从大量候选三元组中挑选出正确的三元组较为困难，导致 TransRel 模型的查准率较低。显然，这一矛盾可以通过更优的三元组分类算法解决，同时也是 4.3 节中模型的设计动机之一。

4.2.3.3 重叠三元组抽取

为了验证本节所提出的 TransRel 模型对重叠三元组的识别能力，遵循领域内的标准做法，我们将 NYT* 和 WebNLG* 数据集的测试集按照重叠模式划分为实体对重叠（EPO）、单个实体重叠（SEO）、头尾实体重叠（HTO）等三个子集，分别进行关系三元组抽取。本节选择 CasRel、TPLinker、PRGC 等三个使用预训练 BERT 作为句编码器的代表性方法作为对比模型，实验结果如图 4.2.4 所示。显然，本节所提出的 TransRel 模型在 EPO、SEO、HTO 等重叠三元组场景中均优于三个对比模型。这一结果直接证明了通过枚举产生候选实体能有效识别句子中的各种重叠三元组。

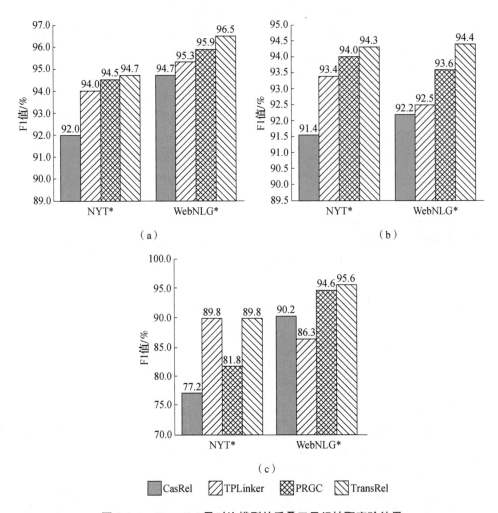

图4.2.4 TransRel及对比模型的重叠三元组抽取实验结果
（a）实体对重叠（EPO）；（b）单个实体重叠（SEO）；（c）头尾实体重叠（HTO）

另外，CasRel在NYT*和WebNLG*的三个子集上的表现整体劣于TPLinker、PRGC和TransRel。这一现象主要归因于CasRel采用四个独立的二分类器分别识别头实体的开头和结尾，以及尾实体的开头和结尾，并采用"就近原则"确定实体范围。尽管使用了四个分类器，但是依旧缺乏实体内部以及实体对和关系之间的密切关联，从而难以识别较为复杂的重叠三元组。与之相反，本节提出的TransRel模型采用连续字符串枚举的方式产生候选实体，从而避免了实体边界判断；设计关系推理将实体识别和关系抽取完美融合在一起，有效建立了头实体、关系、尾实体三者之间的密切关联。因此，TransRel对重叠三元组的识别能力要显著优于CasRel。

4.2.3.4 多三元组抽取

为了验证本节提出的 TransRel 模型针对包含多个三元组的句子的处理能力，我们将 NYT* 和 WebNLG* 测试集中的句子按照其表达的三元组个数划分为 $N=1$、$N=2$、$N=3$、$N=4$ 和 $N \geqslant 5$ 等五个子集分别进行实体关系抽取，其中 N 代表句子中的三元组数量。本节选择 CasRel、TPLinker、PRGC 等三个模型作为对比，实验结果见表 4.2.4。整体而言，本节所提出的 TransRel 模型在 10 个子集中的 8 个上均取得了最好的效果。这一结果证明了基于关系推理的单模块同步实体关系联合抽取方法能有效应对句子中表达多个三元组的情形。

表 4.2.4 TransRel 模型及对比模型的多三元组抽取实验结果 （%）

模型	NYT*					WebNLG*				
	$N=1$	$N=2$	$N=3$	$N=4$	$N \geqslant 5$	$N=1$	$N=2$	$N=3$	$N=4$	$N \geqslant 5$
CasRel	88.2	90.3	91.9	94.2	83.7	89.3	90.8	94.2	92.4	90.9
TPLinker	90.0	92.8	93.1	96.1	90.0	88.0	90.1	94.6	93.3	91.6
PRGC	**91.1**	93.0	93.5	95.5	**93.0**	89.9	91.6	95.0	94.8	92.8
TransRel	89.8	**93.3**	**93.6**	**96.1**	91.1	**90.5**	**92.7**	**95.7**	**95.0**	**94.1**

需要说明的是，相比于 PRGC，TransRel 在 NYT* 数据集中 $N=1$ 时表现相对较差。我们认为这背后的原因主要有两方面：

（1）NYT 数据集中包含大量噪声。如前文所述，NYT 数据集是由远程监督方法构建，其中包含了大量关系标签标注错误的语句。由于 TransRel 模型将实体识别和关系抽取融合为一步关系推理运算，使得错误关系对整体三元组抽取结果的影响较大，尤其是句子中只有一个三元组的情形，这种错误无法通过句子中的其他正确三元组来缓解。与之相反，PRGC 将关系抽取和实体识别分开进行，使得 NYT 数据集中错误标注的关系并不会对实体识别结果产生显著影响。事实上，使用包含噪声的数据集只是实体关系抽取任务在缺乏高质量标注数据时的权宜之计，因此这并不是 TransRel 模型的缺点。

（2）从大量负样本中识别出一个正样本的分类任务本身较为困难。TransRel 模型通过枚举产生候选实体，而后在此基础上进行基于关系推理的三元组分类。因此，一句话所产生的的负样本数量要远多于正样本。如果句子中只包含一个三元组，则将其从大量负样本中识别出来是比较困难的。这也是 TransRel 模型的不足之处。但有意思的是，与在 NYT* 上的结果相反，TransRel 模型在 WebNLG* 的 $N=1$ 子集上取得了四个模型中最优的性能。这一结果进一步说明上述两个原因中，第一个原因占主导，即 NYT 数据集中包含的大量噪声数据是导致 TransRel 模型在 $N=1$ 时效果欠佳的最主要原因。

4.2.3.5 实体对识别与关系抽取

我们进一步探究本节所提出的 TransRel 模型在实体对识别和关系抽取这两个子任务上的效果,实验结果见表 4.2.5,其中,(h,t) 代表实体对识别,r 表示关系抽取,(h,r,t) 表示关系三元组抽取。本节使用 CasRel 与 PRGC 作为对比模型。

表 4.2.5 TransRel 模型及对比模型的实体对识别及关系抽取实验结果(%)

模型	子任务	NYT*			WebNLG*		
		P	R	F1 值	P	R	F1 值
CasRel	(h,t)	89.2	90.1	89.7	95.3	91.7	93.5
	r	96.0	93.8	94.9	96.6	91.5	94.0
	(h,r,t)	89.7	89.5	89.6	93.4	90.1	91.8
PRGC	(h,t)	**94.0**	92.3	**93.1**	**96.0**	93.4	**94.7**
	r	95.3	96.3	95.8	92.8	96.2	94.5
	(h,r,t)	**93.3**	91.9	92.6	**94.0**	92.1	93.0
TransRel	(h,t)	92.2	**93.2**	92.7	92.3	**95.9**	94.1
	r	**96.5**	**97.4**	**96.9**	**96.8**	**97.4**	**97.1**
	(h,r,t)	92.1	**93.5**	**92.8**	93.5	**94.1**	**93.8**

从实验结果中可知,TransRel 取得了三个模型中最优的关系抽取性能。与之相反,在 NYT* 和 WebNLG* 上实体对识别的查准率和 F1 值均较 PRGC 有一定差距。与关系抽取不同,实体对识别的关键是建立两个实体之间的潜在联系。TransRel 的实体对识别结果较差,说明该模型建模实体之间潜在关联的能力还有待提升。这一现象背后的原因是 TransRel 在实体关系抽取中采用极简的关系推理:$r = hR^h - tR^t$。换言之,TransRel 是通过两个实体表示之间的间接运算(或相似性)来学习实体对之间的潜在关联,而非直接建模。上述实验结果同样为 4.3 节中的模型设计提供了宝贵的经验参考。

4.2.3.6 参数分析

对于 TransRel 模型而言,训练时的下采样标准 n_{neg} 对模型性能至关重要。本节将深入分析上述参数对模型训练、推理过程的影响。

图 4.2.5 展示了超参数 n_{neg} 变化对 TransRel 模型的训练时间、显存占用和 F1 值的影响,其中训练时间为运行一个批量处理(batch)所需的时间(ms)。从图中可见,随着 n_{neg} 取值从 50 上升到 110,TransRel 模型在 NYT* 和

WebNLG*上的时间消耗、显存占用均呈现上升趋势。这一现象与我们的直觉是相符的：n_{neg}值越大，用于训练的负样本越多，与之相关的资源消耗也就越大。有趣的是，当n_{neg}从50增加到100，TransRel模型在NYT*和WebNLG*上的F1值均呈现宏观上的上升趋势。这与我们的直觉是不符的。以往的经验告诉我们，负样本过多会误导模型的训练方向，影响模型性能。然而，上述实验证明，在特定条件下，适当增加负样本能有效提升单模块同步实体关系联合抽取方法的性能。与我们的结论类似，文献［13］也发现，在对比学习领域，为每一个正样本提供适当多的负样本能有效提升模型的分类效果。关于更多的细节，我们推荐读者阅读原论文。

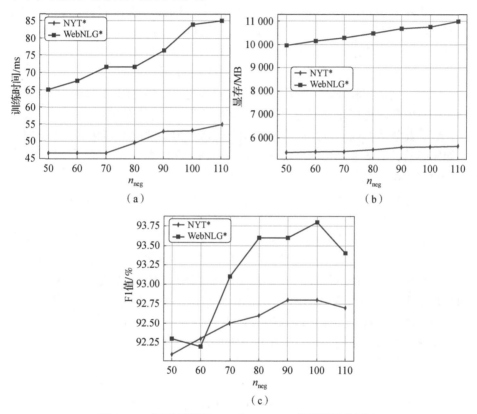

图4.2.5　下采样标准n_{neg}对TransRel模型训练的影响
（a）训练时间；（b）显存；（c）F1值

4.3　基于二部图链接的单模块同步实体关系联合抽取

4.1节对本章提出的单模块同步实体关系联合抽取方法进行了实现方案探索和问题、缺陷分析，发现设计更优的分类算法和直接建模实体之间的关系关联至关重要。事实上,"更优分类算法"和"建模实体关联"两者之间是目标一致且相辅相成的。本节内容在 4.2 节的基础上,重点关注实体对内部的直接依赖,设计基于二部图链接的联合抽取方法。

4.3.1 概述

在 4.1 节中我们发现:实体是句子中的连续字符序列,关系是数据集中的预定义标签。因此,我们可以通过枚举候选实体而后与关系排列组合的方式生成候选三元组,实现只用一个分类器的一步分类操作完成实体关系抽取,从而彻底解决领域内困扰已久的错误传播问题。在上述发现的基础上,4.1 节提出了 TransRel 模型,该模型利用知识推理技术,将关系视作实体之间的某种"相似度",以间接建模实体之间的联系,并且将三元组对应的概率求解转化为只有三步运算的矩阵乘法 $\boldsymbol{P}^k = \sigma((\boldsymbol{E}_{\text{head}}^{\text{T}}\boldsymbol{R}_{\text{head}})^{\text{T}}(\boldsymbol{E}_{\text{tail}}^{\text{T}}\boldsymbol{R}_{\text{tail}}))$,从而有效简化了三元组抽取逻辑,降低了模型计算代价,取得了优异的性能。

然而,大量实验证明,使用关系推理间接建模实体之间的关联,难以学习到实体对内部的直接依赖,这使得 TransRel 模型在实体对识别任务上表现欠佳,导致其整体召回率较高而查准率相对较低。为了解决上述问题,本节将探索如何高效、简洁地直接建模实体之间的关联。在对本节方法进行详细描述之前,我们先换个视角重新审视候选实体之间的匹配机制。

例如,句子"鲁迅,原名周树人,出生于浙江绍兴"中表达了至少三个三元组,即(鲁迅,原名,周树人)、(鲁迅,出生地,浙江)、(浙江,包含,绍兴)。与 4.1 节类似,我们首先通过枚举句子中的连续字符序列生成候选实体,而后将候选头实体、候选尾实体作为节点,实体之间的关系视作节点之间的边。显然,头实体所组成的节点集合与尾实体组成的节点集合是不相交的,而且每条边 $<h_i,t_j>$ 所关联的两个节点 h_i 和 t_j 分别属于上述两个不同的节点集合。换言之,候选头实体、候选尾实体组成了一个以候选实体为节点的二部图,实体之间的关系则是该二部图左、右两部分之间的有效边。因此,我们可以认为,在候选实体之间的关系抽取任务,等价于一个二部图上的链接预测(link prediction on bipartite graph)任务,而关系则是链接头、尾实体的一个客观存在。那么关键问题是,如何建模候选实体之间的链接?

要解决这一问题,我们需要考虑以下三个重要因素:

(1)关系是客观存在,而非头、尾实体之间的某种运算。我们在上一章中发现,如果用实体之间的某种运算来表示关系,如 $r \approx t - h$,则需通过间接计算来判断当前实体对之间的关系类型。因此难以得出确切结论,导致不同关系之间的界限不明确,进而影响实体对识别的效果。

(2)头实体、关系、尾实体之间的关联是同时且直接的。由于三元组中的三个元素是彼此依赖且不可分割的,因此模型必须同时获取头实体、关系、尾实体的信息才能得到可靠的预测结果。除此之外，头、尾实体之间的关联有多种类型，如 $h \rightarrow r \rightarrow t$、$h \rightarrow r_1 \rightarrow r_2 \rightarrow t$ 等。为了链接预测的准确性，本节需要目标关系与头、尾实体直接相连，即必须是 $h \rightarrow r \rightarrow t$。

（3）深度神经网络中的计算逻辑要足够简洁、高效。模型的参数量与其学习能力是正相关的。一般而言，参数量越大，则效果可能会越好。然而，由于链接预测算法需要处理大量候选实体，如果计算逻辑复杂，则会增加时空消耗，影响模型在真实环境中的可用性。反之，如果计算逻辑过于简单，则很有可能无法学习到充分的头、尾实体信息交互，影响模型整体性能。本节工作的目标之一就是要解决上述矛盾——用比 4.2 节更简洁的模型架构，得到更好的抽取效果。

基于上述分析，本节提出一种全新的基于二部图链接的单模块同步实体关系联合抽取模型 BipartRel（bipartite graph linking based entity and relation extraction）。该模型的核心思路是：将候选头实体和候选尾实体之间的关系抽取任务转换为二部图上的链接预测任务。设一句话中共有 $|\mathcal{E}|$ 个候选实体，则它们之间有 $|\mathcal{E}|^2$ 个不同的链接。其中，有效链接代表正确三元组，无效链接代表错误三元组。因此，实体关系联合抽取任务就变成一个针对"链接"的二分类问题。在 NYT 和 WebNLG 数据集上的大量实验证明，本节所提出的 BipartRel 模型性能好于当前的最优基线模型，且能有效应对重叠三元组、多三元组、嵌套实体等复杂情形。除此之外，由于实现了从"间接建模实体关联"到"直接建模实体关联"的跨越，相比于 4.2 节提出的 TransRel 模型，本节提出的 BipartRel 模型的抽取逻辑更简洁、参数量更少、空间占用更小、推理速度更快，且抽取效果更好。

综上所述，本节工作的主要贡献有：首先，介绍了一种全新的视角——将实体关系联合抽取任务转化为二部图上的链接预测任务，有效解决了基于关系推理的方法无法直接建模实体对之间潜在关联的问题；其次，提出了一种基于二部图链接的实体关系联合抽取模型 BipartRel，相比于 TransRel 模型，该模型的抽取逻辑更简洁、参数量更少、效果更好；最后，在两个标准数据集上的大量实验证明，BipartRel 模型的性能优于最优基线模型，且能有效应对重叠三元组、多三元组、嵌套实体等复杂情形。

4.3.2 模型架构

基于上述讨论，接下来将详细介绍所提出的基于二部图链接的单模块同步实体关系联合抽取模型 BipartRel。首先，简要介绍二部图和链接预测的相关概念和理论；其次，介绍 BipartRel 模型的整体处理逻辑；最后，按照模型运算的先后顺序，介绍实体表示、实体关系抽取的详细内容。其中，实体关系抽取是本节内容的重点。由于候选实体生成方法与 4.2 节类似，所以不再赘述。

4.3.2.1 二部图和链接预测

1. 二部图

二部图（bipartite graph）又称为二分图、偶图、双分图，是图论中的一类特殊的图。如图4.3.1所示，二部图的顶点可以拆分为两个互斥的独立集合 U 和 V，使得所有边都连接 U 中的一个顶点和 V 中的一个顶点。顶点集合 U 和顶点集合 V 称为二部图的两部分。其中，U 是二部图的左部，V 为二部图的右部。如果 $|U|=|V|$，则该二部图称为平衡二部图。显然，本节设计的由候选头实体和候选尾实体所组成的二部图就是一个平衡二部图。

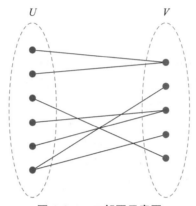

图4.3.1 二部图示意图

二部图经常被用于研究两种不同类型的事物之间的关系。例如，在推荐系统中，可以将用户组成的集合视作二部图的左部，将物品组成的集合视作二部图的右部。这样，向用户推荐物品就转换成了求解二部图中边的概率预测问题。与之类似，二部图还可用于社交网络分析、集合预测、聚类、目标检测、零次学习等领域。

2. 链接预测

链接预测（link prediction）旨在探测图中节点之间尚未观察到的链接（边），或者预测当前不存在但是未来可能会存在的链接（边）。链接预测是对图结构事物进行深入分析的一种极其重要的手段。当前，常用的链接预测方法主要有基于相似性的链接预测、基于矩阵运算的链接预测、基于机器学习的链接预测和基于概率关系模型的链接预测等。

基于相似性的链接预测方法认为，两个节点的邻域拓扑结构越相似，它们之间就越有可能存在一条链接。该类方法一般会为每对节点 (x,y) 分配一个分数 $s(x,y)$ 来表示它们之间的相似性，然后对所有节点对之间的分数进行排序，排名越高的节点对之间存在链接的可能性就越大。显然，相似性度量算子是此类链接预测方法的关键，根据所使用的相似性指标的不同，基于相似性的

第4章 单模块同步实体关系联合抽取

链接预测又可以分为基于路径信息的方法、基于局部信息的方法、基于社会理论的方法和基于随机游走的方法等。

基于矩阵运算的链接预测方法将链接预测问题转换为矩阵运算问题，对描述图拓扑结构的邻接矩阵（adjacency matrix）、拉普拉斯矩阵（Laplacian matrix）等进行变换、分解、填充等运算，以得到反映节点之间潜在链接的隐式特征，从而完成链接预测。根据矩阵运算方法的不同，此类链接预测又可分为基于核函数的方法、基于矩阵分解的方法、基于矩阵填充的方法等。

基于机器学习的链接预测方法一般将链接预测问题转化为基于特征的分类问题，或者将图描述为具有某种内在结构的模型，然后使用极大似然方法找出该网络的预期结构。其中，基于特征分类的核心在于特征提取和分类器选择，常见的特征有节点之间的相似性指标、节点内部信息、节点外部信息等；常见的分类器有支持向量机（support vector machine，SVM）、逻辑回归（logistic regression，LR）、决策树（decision tree）等。基于极大似然估计的核心在于图的内部结构假设，常见的有层次结构模型和概率分块模型等。

基于概率关系模型的链接预测方法通过概率关系模型（probabilistic relational model，PRM）来合并顶点和边的属性，以建模实体、关系的联合分布。PRM 有多种构建方法，如考虑有向关系链接的贝叶斯网络（Bayesian network）、考虑无向关系链接的马尔可夫网络（Markov network）、关系依赖网络模型（relation dependency network）等。由于二部图是一种特殊的单分图，因此大部分单分图上的链接预测方法经过适配之后都可以在二部图上应用。二部图链接预测也经历了从机器学习方法到深度学习方法的发展历程。当前阶段，链接预测的主要思路包括同类节点特征融合、辅助信息增强、损失函数优化等。

4.3.2.2 模型概览

在简要介绍了二部图和链接预测的相关基础之后，接下来对 BipartRel 模型的整体处理逻辑进行概要性说明。图 4.3.2 展示了 BipartRel 模型处理句子"北京是中国首都"的整体流程，其中 BERT 代表基于预训练 BERT 的句编码器，h_i 表示句子中第 i 个字符所对应的特征表示，e_i 表示第 i 个候选实体表示。在数据预处理阶段，BipartRel 模型通过枚举句子中的连续字符序列生成候选实体，如 $\mathcal{E}=\{$北,北京,京,京是,…$\}$ 等。在模型运算阶段，BipartRel 模型首先利用 BERT 句编码器获得输入字符的向量表示和候选实体的特征表示。然后，对候选实体分别进行头、尾角色映射。最后，将特定关系视作由头、尾实体所构成的二部图上的一种链接，通过二部图链接预测完成实体关系抽取，例如，实体对（北京,中国）之间存在关系链接"位于"，实体对（中国,北京）之间存在关系链接"首都"。因此，上述语句的实体关系抽取结果为（北京,位于,中国）和（中国,首都,北京）。

147

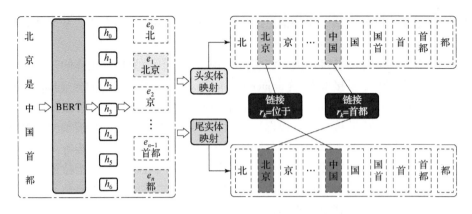

图 4.3.2 BipartRel 模型架构示意图

4.3.2.3 实体表示

BipartRel 首先通过枚举句子中长度小于 C 的连续字符序列生成候选实体。例如，针对句子"北京是中国首都"，设 $C=2$，则候选实体序列 $\mathcal{E}=\{$北,北京,京,京是,是,是中,中,中国,国,国首,首,首都,都$\}$，共有 $|\mathcal{E}|=13$ 个候选实体。因此，候选实体数量与句子长度 L、最大实体长度 C 之间的关系为

$$|\mathcal{E}|=L\times C+\frac{C}{2}-\frac{C^2}{2} \tag{4.3.1}$$

在训练阶段，为了平衡正负样本比例、保证训练效果并提升训练效率，BipartRel 模型使用下采样从候选实体中选择 n_{neg} 个负样本，与句子中的所有正确实体一起组成新的候选实体集合 $\mathcal{E}$，参与模型训练。如果句子中的负样本数量小于 n_{neg}，则使用全部候选实体参与训练。

给定一个句子 $S=\{w_1,w_2,\cdots,w_L\}$，BipartRel 模型使用预训练 BERT 作为句编码器，获取所有输入字符的向量表示：

$$[\boldsymbol{h}_1,\boldsymbol{h}_2,\cdots,\boldsymbol{h}_L]=\text{BERT}([\boldsymbol{x}_1,\boldsymbol{x}_2,\cdots,\boldsymbol{x}_L]) \tag{4.3.2}$$

式中，$\boldsymbol{x}_i$——输入字符的原始特征，由其对应的 Token Embedding、Position Embedding 之和构成。

随后，将每个候选实体的特征表示定义为其开头字符特征和结尾字符特征的平均值，即

$$e=\frac{\boldsymbol{h}_{\text{start}}+\boldsymbol{h}_{\text{end}}}{2} \tag{4.3.3}$$

上述部分与 4.2 节中的特征提取方式一致，其本质就是使用 BERT 获取字符的语义特征，然后将实体的首、尾字符特征平均，求得实体表示。在此之后，BipartRel 模型对候选实体进行头、尾角色映射，区分其在二部图中的左部（候选头实体）还是右部（候选尾实体）。

$$E_{\text{head}} = W_h^T E + b_h$$
$$E_{\text{tail}} = W_t^T E + b_t \tag{4.3.4}$$

式中，E_{head}——所有候选头实体表示；

E_{tail}——所有候选尾实体表示；

W_h, W_t, b_h, b_t——模型中的可训练参数。

至此，我们已经获得了二部图左、右两部中所有实体的特征表示。

4.3.2.4 实体关系抽取

如前文所述，当前主流的链接预测方法有基于相似性的链接预测、基于矩阵运算的链接预测、基于机器学习的链接预测和基于概率关系模式的链接预测等。本节的目的是在深度学习框架下直接、简洁、高效地建模头、尾实体之间的关联。因此，BipartRel 模型使用基于矩阵运算的链接预测方法。

对于一个由候选头实体和候选尾实体组成的二部图，如果两个节点之间存在某种预定义关系，则会有一条连接它们的边。因此，链接预测的结果是 K 个由 0、1 组成的邻接矩阵 $\{P^1, P^2, \cdots, P^K\}$，其中 K 为关系数量。如图 4.3.3 所示，如果候选头实体 h_1 "北京" 和候选尾实体 t_5 "中国" 之间存在关系 "位于"，则其邻接矩阵元素 $P^r_{1,5} = 1$，其余元素为 0。那么，在已知句子中的所有候选头实体表示 E_{head} 和所有候选尾实体表示 E_{tail} 的前提下，如何建模关系，才能求得上述邻接矩阵？

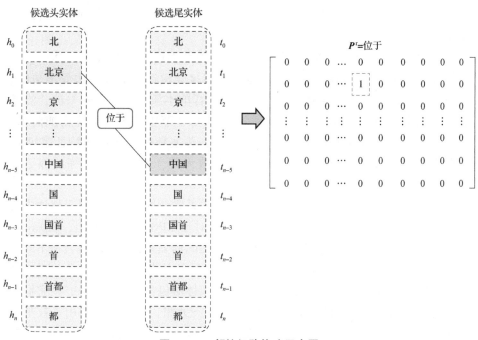

图 4.3.3 邻接矩阵构建示意图

本节通过简化的双仿射注意力机制（biaffine attention mechanism）来解决上述问题。双仿射注意力定义为

$$\text{Biaff}(\boldsymbol{a}_1, \boldsymbol{a}_2) = \boldsymbol{a}_1^{\text{T}} \boldsymbol{U}_1 \boldsymbol{a}_2 + \boldsymbol{U}_2(\boldsymbol{a}_1 \oplus \boldsymbol{a}_2) + \boldsymbol{b} \qquad (4.3.5)$$

式中，$\boldsymbol{a}_1, \boldsymbol{a}_2 \in \mathbb{R}^d$——欲求分数的两个元素的特征表示；

$\boldsymbol{U}_1 \in \mathbb{R}^{d \times d}$，$\boldsymbol{U}_2 \in \mathbb{R}^{2d}$——可训练参数；

$\boldsymbol{b}$——偏置项；

$\oplus$——向量拼接。

具体地，式（4.3.5）中的第一项 $\boldsymbol{a}_1^{\text{T}} \boldsymbol{U}_1 \boldsymbol{a}_2$ 描述元素 $\boldsymbol{a}_1$、$\boldsymbol{a}_2$ 之间的依赖程度，也可理解为元素 $\boldsymbol{a}_1$、$\boldsymbol{a}_2$ 映射到相同空间之后的注意力分数。第二项 $\boldsymbol{U}_2(\boldsymbol{a}_1 \oplus \boldsymbol{a}_2)$ 是两个元素信息之和的单向映射，也可视为向第一项的计算结果引入了特定的先验信息。

由于所构建的二部图中，绝大多数候选实体都是负样本，忽略式（4.3.5）中的第二项和偏置项。最终，BipartRel 模型的链接预测过程定义为

$$\boldsymbol{P}^k = \sigma(\boldsymbol{E}_{\text{head}}^{\text{T}} \boldsymbol{U}_k \boldsymbol{E}_{\text{tail}}) \qquad (4.3.6)$$

式中，$\sigma(\cdot)$——Sigmoid 激活函数，目的是将注意力得分映射到 $[0,1]$ 概率空间；

$\boldsymbol{U}_k$——第 k 个关系所对应的链接矩阵。

我们同样使用阈值 θ 来决定链接是否存在，即如果 $P_{ij}^k > \theta$，则表示 h_i 与 t_j 之间存在链接 r_k，意味着三元组 (h_i, r_k, t_j) 是正确的。反之，则为错误三元组。

使用式（4.3.6）完成二部图上的实体关系抽取有三个优点：其一，通过链接矩阵 $\boldsymbol{U}$ 直接建模关系依赖，避免了间接建模造成的关系边界不清晰、实体对识别效果较差的问题；其二，上述过程的本质为二次矩阵乘法，能够完美融入深度神经网络的运算过程，而且比 4.2 节中的 3 步运算更加简洁；其三，由于链接矩阵 $\boldsymbol{U}$ 的形状为 $d_e \times d_e$（d_e 为实体映射之后的特征维度），因此上述计算过程与句子中的候选实体个数无关，从而使得训练过程更加灵活。

不仅如此，上述基于二部图链接的实体关系联合抽取方法可以天然地应对 EPO、SEO、HTO 等重叠三元组。具体地，对于 EPO 重叠三元组，BipartRel 模型会用不同的关系链接矩阵来建模实体对之间的关系，且结果也会在不同的邻接矩阵之中；对于 SEO 重叠三元组，如果两个实体对包含同一个关系，则在二部图中会有两条不同的链接。如果两个实体对包含不同的关系，则它们会被不同的关系链接矩阵区分；对于 HTO 重叠三元组，由于本节采用了枚举连续字符序列的方式生成候选实体，因此重叠部分一定会出现在二部图的左右两部分，依旧易于识别。

4.3.2.5 目标函数

BipartRel 模型的目标函数定义如下：

$$\mathcal{L} = -\frac{1}{|\bar{\mathcal{E}}| \times K \times |\bar{\mathcal{E}}|} \times \sum_{i=1}^{|\bar{\mathcal{E}}|} \sum_{k=1}^{K} \sum_{j=1}^{|\bar{\mathcal{E}}|} [y_t \log P_{ij}^k + (1 - y_t) \log(1 - P_{ij}^k)]$$

(4.3.7)

式中，y_t——三元组 (e_i, r_k, e_j) 对应的训练标签（错误三元组为 0，正确三元组为 1）。

4.3.3 实验验证

为了验证本节提出的 BipartRel 模型的有效性，我们在 NYT 和 WebNLG 数据集上开展了丰富的实验，如三元组抽取、重叠三元组抽取、多三元组抽取、实体对识别和关系抽取、参数分析、错误分析等。在下文中，首先介绍数据集和评价指标、超参数设置、基线模型等，然后展示实验结果并就实验结果进行深入分析。

1. 实验设置

1）数据集和评价指标

遵循领域内的主流做法，本节所有实验均在 NYT 和 WebNLG 数据集上开展（数据集详情请参考 1.4 节）。NYT 和 WebNLG 数据集均有两个版本：一个版本只标注了实体的最后一个单词，记作 NYT* 和 WebNLG*；另一个版本标注了实体的所有单词，记作 NYT 和 WebNLG。相关数据集的详细统计信息请见表 4.2.1。另外，为了验证本节所提出的 TransRel 模型在重叠三元组、多三元组等复杂场景下的性能，我们将 NYT*、WebNLG*、NYT、WebNLG 的测试集根据三元组重叠类型（Normal、SEO、EPO、HTO）和句子中包含的三元组数量（N）划分为多个子集，相关统计信息请见表 4.2.2。

我们使用查准率 P、召回率 R 和 F1 值作为实验结果的评价指标。其中，查准率为所有预测三元组中正确的三元组比例，召回率为预测正确的三元组占测试集中所有正确三元组的比例，F1 值为二者之间的调和均值。测试过程中，在 NYT* 和 WebNLG* 上，如果头、尾实体的最后一个单词和它们之间的关系均预测正确，则该实体正确，我们称之为部分匹配（partial match）；在 NYT 和 WebNLG 上，如果头、尾实体的所有单词和它们之间的关系全部预测正确，则该实体正确，我们称之为完全匹配（exact match）。除了三元组之外，本节实验还涉及实体对预测和关系预测两个子任务，同样采用查准率、召回率和 F1 值三个评价指标。

2) 超参数设置

本节实验所用的服务器配置为：两块 AMD 7742 CPU，主频均为 2.25 GHz；256 GB 内存；八块英伟达 RTX 3090 GPU 计算卡以及 Ubuntu 20.04 操作系统。BERT 句编码器的参数使用 Huggingface 发布的 "BERT – base – cased" 预训练模型进行初始化，每个字符的编码向量为 768 维。我们在验证集上使用网格搜索确定模型的最优超参数，然后在测试集上评估模型性能。具体地，模型的所有参数均使用 Adam 优化算法进行训练，学习率设置为 1×10^{-5}。在 NYT 和 NYT* 上，批量大小设置为 8；在 WebNLG 和 WebNLG* 上，批量大小设置为 6；决定三元组是否正确的阈值 θ 设置为 0.5；头、尾角色映射之后的实体维度 $d_e = 900$。与 4.2 节一致，训练过程中的下采样标准 n_{neg} 设置为 100。在 NYT* 数据集的训练、验证、测试过程中，最大实体长度 C 分别设置为 9、7、7；在 WebNLG* 数据集的训练、验证、测试过程中，最大实体长度 C 分别设置为 6、6、6；在 NYT 数据集的训练、验证、测试过程中，最大实体长度 C 分别设置为 12、12、11；在 WebNLG 数据集的训练、验证、测试过程中，最大实体长度 C 分别设置为 21、21、20。

3) 对比模型

本节选用 12 个实体关系联合抽取模型作为基线模型：NovelTagging、CopyRE、GraphRel、RSAN、MHSA、CasRel、TPLinker、R – BPtrNet、CasDE、RIFRE、PRGC、TransRel。其中，前 11 个已经在 4.2 节中介绍，此处不再赘述；TransRel 为 4.2 节所提出的基于关系推理的单模块同步实体关系联合抽取模型，也是验证本节所提出方法有效性的重要参照。

2. 关系三元组抽取

表 4.3.1 展示了本节提出的 BipartRel 模型与 12 个基线模型在 NYT 和 WebNLG 数据集上三元组抽取的局部匹配和完全匹配结果。总体而言，BipartRel 模型在所有数据集上均取得了最优的 F1 值。相比于代表性的基于序列标注的模型 CasRel，BipartRel 在 NYT* 和 WebNLG* 上分别取得了 0.036 和 0.023 的 F1 值绝对提升。相比于最近的基于文本生成的模型 R – BPtrNet，BipartRel 在 NYT* 和 WebNLG* 上分别取得了 0.006、0.008 的 F1 值绝对提升。相比于代表性的基于表格填充的模型 TPLinker，BipartRel 在 NYT*、WebNLG*、NYT、WebNLG 上分别取得了 0.013、0.022、0.009、0.033 的 F1 值绝对提升。上述结果充分证明了本节所提出的基于二部图链接的单模块同步实体关系抽取模型的有效性，也再次说明了本章所提出的单模块同步实体关系联合抽取思想能有效解决错误传播问题。

第4章 单模块同步实体关系联合抽取

表4.3.1 BipartRel 模型及对比模型的关系三元组抽取实验结果 （%）

模型	部分匹配 NYT*			部分匹配 WebNLG*			完全匹配 NYT			完全匹配 WebNLG		
	P	R	F1值	P	R	F1值	P	R	F1值	P	R	F1值
NovelTagging	—	—	—	—	—	—	32.8	30.6	31.7	52.5	19.3	28.3
CopyRE	61.0	56.6	58.7	37.7	36.4	37.1	—	—	—	—	—	—
GraphRel	63.9	60.0	61.9	44.7	41.1	42.9	—	—	—	—	—	—
RSAN	—	—	—	—	—	—	85.7	83.6	84.6	80.5	83.8	82.1
MHSA	88.1	78.5	83.0	89.5	86.0	87.7	—	—	—	—	—	—
CasRel	89.7	89.5	89.6	93.4	90.1	91.8	—	—	—	—	—	—
TPLinker	91.3	92.5	91.9	91.8	92.0	91.9	91.4	92.6	92.0	88.9	84.5	86.7
R-BPtrNet	92.7	92.5	92.6	93.7	92.8	93.3	—	—	—	—	—	—
CasDE	90.2	90.9	90.5	90.3	91.5	90.9	89.9	91.4	90.6	88.0	88.9	88.4
RIFRE	93.6	90.5	92.0	93.3	92.0	92.6	—	—	—	—	—	—
PRGC	93.3	91.9	92.6	94.0	92.1	93.0	93.5	91.9	92.7	89.9	87.2	88.5
TransRel	92.1	**93.5**	92.8	93.5	94.1	93.8	92.5	**92.7**	92.6	90.2	**89.1**	89.6
BipartRel	**93.7**	92.8	**93.2**	**94.1**	**94.1**	**94.1**	**93.6**	92.2	**92.9**	**91.0**	89.0	**90.0**

还有一个有意义的现象，在 WebNLG 数据集上，本节所提出的 BipartRel 模型第一次达到了 90.0% 的 F1 值，这是实体关系联合抽取领域的一个重要突破。除此之外，由图 4.2.3 可知，WebNLG 是所有数据集中实体长度分布最复杂、最大实体长度最长的数据集（测试时，最大候选实体长度设置为 $C = 20$）。即便如此，BipartRel 模型依旧在 WebNLG 数据集上取得了最优的效果。这一结果充分说明本章所提出的通过枚举句子中的连续字符序列作为候选实体的方案效果并不会受到实体长度的影响。

接下来，详细对比本节提出的基于二部图链接的 BipartRel 与 4.2 节提出的基于关系推理的 TransRel。从表 4.3.1 中可知，BipartRel 在 NYT*、NYT 和 WebNLG 上的召回率劣于 TransRel，而其他 9 个指标均优于 TransRel。反差最为明显的是 TransRel 表现较差的查准率，BipartRel 在所有数据集上均取得了最优的查准率。该对比结果说明以下两个重要结论：

（1）相比于参数量，模型本身的设计逻辑才是提升性能的关键。BipartRel

比 TransRel 的实体关系抽取过程更简单、参数量更少（TransRel 为每个实体对构建两个关系映射矩阵，而 BipartRel 为每个实体对构建一个关系映射矩阵），却取得了更好的效果，其根本原因是 BipartRel 对实体、关系的建模更合理，目标更明确。但我们也不能因此否定 TransRel 的贡献，正是因为它的探索，我们才能验证本章思路的可行性，才能发现问题和不足以做出改进。

（2）直接关系建模比间接关系建模更有助于分类标准学习。在 TransRel 中，关系是通过头、尾实体之间的间接相似性建模的；与之相反，BipartRel 为每个关系构建了链接矩阵，采用双仿射注意力机制直接学习头、尾实体之间的关联。BipartRel 中的关系是客观存在的，不同关系之间的界限清晰，头、尾实体与关系的相互作用更加紧密，这使得 BipartRel 的三元组抽取查准率高于 TransRel。

在实体关系抽取任务中，除了句子中明确表达的关系之外，还有一些可以通过关系推理得出的结论，例如，已知三元组（A,首都,B），即便句子中没有明确的指征词，我们也可以据此得出三元组（A,城市,B）。从表 4.3.1 可知，TransRel 的召回率要整体优于 BipartRel，这说明 TransRel 的隐含关系预测能力优于 BipartRel。我们猜测其背后的原因是 TransRel 采用的关系推理机制模糊了关系之间的界限，使得模型更容易预测出"逻辑相近"的关系。因此，间接关系建模有可能更有益于对隐含关系的学习。由于尚属猜测，故不作为结论展示。

3. 重叠三元组抽取

为了进一步验证本节提出的 BipartRel 模型对重叠三元组的识别能力，我们将 NYT* 和 WebNLG* 数据集的测试集按照三元组的重叠模式划分为实体对重叠（EPO）、单个实体重叠（SEO）、头尾实体重叠（HTO）等三个子集，分别进行关系三元组抽取。本节选择 CasRel、TPLinker、PRGC、TransRel 等四个模型作为基线模型，实验结果如图 4.3.4 所示。

在 EPO 和 SEO 的三元组抽取中，BipartRel 在 NYT* 和 WebNLG* 上均取得了最好的效果。尤其是图 4.3.4（a）中，BipartRel 在 WebNLG* 上的 F1 值比 TransRel 高 0.006；图 4.3.4（b）中，BipartRel 在 NYT* 上的 F1 值比 TransRel 高 0.003。在 HTO 三元组的抽取上，BipartRel 在 NYT* 上取得了五个模型中最好的效果，但是在 WebNLG* 上低于 TransRel（94.6% vs 95.6%）。整体而言，上述实验结果证明了本节所提出的方法在重叠三元组抽取上的有效性。至于 BipartRel 在 WebNLG* 上的头、尾实体重叠三元组效果略低于 TransRel 的原因，我们认为可能是由于 BipartRel 模型的参数量小于 TransRel 使其对语义相近实体的区分能力没有 TransRel 强。事实上，HTO 包含两种情况：一种是头、尾实体嵌套，例如句子"尹天仇对柳飘飘说，其实，我是一个演员"中表达

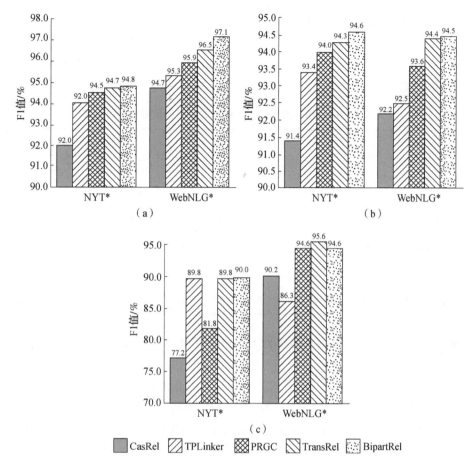

图 4.3.4　BipartRel 模型及对比模型的重叠三元组抽取实验结果

（a）实体对重叠（EPO）；（b）单个实体重叠（SEO）；（c）头尾实体重叠（HTO）

了三元组（尹天仇,名字,天仇）；另一种是头、尾实体完全相同，例如句子"安娜贝尔既是电影名称，也是'招魂'宇宙的灵魂人物"表达了三元组（安娜贝尔,人物,安娜贝尔）。对于第一种，组成头、尾实体的字符是不同的，因此其语义区别较为明显；而对于第二种，由于头、尾实体字符序列完全相同，使得其编码后的语义信息也较为接近。因此，虽然 TransRel 模型在整体三元组抽取的表现上不如 BipartRel 模型，但是充足的参数量使其具备更精细的语义分辨能力。

4. 多三元组抽取

为了验证本节提出的 BipartRel 模型针对包含多个三元组的句子的实体关系抽取能力，我们将 NYT* 和 WebNLG* 测试集中的句子按照其表达的三元组数量划分为 $N=1$、$N=2$、$N=3$、$N=4$ 和 $N\geqslant 5$ 等五个子集分别进行实体关系抽取，其中 N 代表句子中的三元组数量。实验选择 CasRel、TPLinker、PRGC、

TransRel 等四个模型作为对比，结果见表 4.3.2。整体而言，本节所提出的 BipartRel 模型在 10 个子集中的 7 个上取得了最好的效果。这一结果证明了基于二部图链接的单模块同步实体关系联合抽取方法能有效应对句子中表达多个三元组的情形。

表 4.3.2　BipartRel 模型及对比模型的多三元组抽取实验结果　　（%）

模型	NYT*					WebNLG*				
	$N=1$	$N=2$	$N=3$	$N=4$	$N\geqslant 5$	$N=1$	$N=2$	$N=3$	$N=4$	$N\geqslant 5$
CasRel	88.2	90.3	91.9	94.2	83.7	89.3	90.8	94.2	92.4	90.9
TPLinker	90.0	92.8	93.1	96.1	90.0	88.0	90.1	94.6	93.3	91.6
PRGC	91.1	93.0	93.5	95.5	**93.0**	89.9	91.6	95.0	94.8	92.8
TransRel	89.8	93.3	**93.6**	96.1	91.1	90.5	**92.7**	95.7	95.0	94.1
BipartRel	**91.7**	**94.1**	93.5	**96.3**	92.7	**91.6**	92.2	**96.0**	95.0	**94.9**

我们重点对比 BipartRel 模型与 TransRel 模型。由表 4.3.2 可知，TransRel 在 NYT* 数据集中 $N=1$ 时表现相对较差，其原因除了 NYT 数据集本身的噪声之外，还因为 TransRel 基于关系推理的识别过程在大量负样本中分类正样本的能力有待提升。与之相反，BipartRel 在 NYT* 数据集中 $N=1$ 时，取得了所有模型中最好的表现，且明显高于 TransRel（89.8% vs 91.7%）和 PRGC（91.1% vs 91.7%）。除此之外，对于最复杂的 $N\geqslant 5$ 场景，BipartRel 在 NYT* 上的 F1 值比 TransRel 高 0.016，在 WebNLG* 上的 F1 值比 TransRel 高 0.008。值得注意的是，$N\geqslant 5$ 的句子中可能同时包含实体对重叠、单个实体重叠、头尾实体重叠等多种复杂的情形。上述结果再次证明了直接建模关系更有利于增强模型的实体关系抽取能力，也验证了本节提出的基于二部图链接的单模块同步实体关系联合抽取方法的有效性。

随之而来的疑问是，同样是基于候选实体分类的方法，为何 TransRel 容易受到 NYT 数据集中的噪声影响，而 BipartRel 能在同样的噪声数据集中取得最好的表现？其原因正是 BipartRel 中的每个关系都是客观存在的链接矩阵。具体来说，NYT 数据集中的噪声是句子中实体对的关系标注错误造成的。在 BipartRel 中，我们为每个关系维护一个客观存在的链接矩阵，该矩阵参与模型的训练全程。因此，即便遇到噪声产生了语义漂移，也能被数据集中大量的正确三元组修正。与之相反，在 TransRel 中，关系是一种运算，无论遇到正确数据还是噪声数据，关系运算本身是不变的，发生改变的只是能间接影响关系学习的其他参数，因此正确三元组对噪声数据影响的修正作用就没有 BipartRel 明显。

5. 实体对识别与关系抽取

我们进一步探究本节所提出的 BipartRel 模型在实体对识别和关系抽取这两个子任务上的效果，实验结果见表 4.3.3，其中，(h,t) 代表实体对识别，r 表示关系抽取，(h,r,t) 表示关系三元组抽取。本节使用 CasRel、PRGC 和 TransRel 作为对比模型。

表 4.3.3　BipartRel 模型及对比模型的实体对识别及关系抽取实验结果　（%）

模型	子任务	NYT*			WebNLG*		
		P	R	F1 值	P	R	F1 值
CasRel	(h,t)	89.2	90.1	89.7	95.3	91.7	93.5
	r	96.0	93.8	94.9	96.6	91.5	94.0
	(h,r,t)	89.7	89.5	89.6	93.4	90.1	91.8
PRGC	(h,t)	94.0	92.3	93.1	**96.0**	93.4	94.7
	r	95.3	96.3	95.8	92.8	96.2	94.5
	(h,r,t)	93.3	91.9	92.6	94.0	92.1	93.0
TransRel	(h,t)	92.2	93.2	92.7	92.3	95.9	94.1
	r	96.5	**97.4**	96.9	96.8	**97.4**	**97.1**
	(h,r,t)	92.1	**93.5**	92.8	93.5	94.1	93.8
BipartRel	(h,t)	**94.1**	93.2	**93.7**	95.8	**95.9**	**95.8**
	r	**97.3**	96.4	**96.9**	96.8	96.7	96.7
	(h,r,t)	**93.7**	92.8	**93.2**	**94.1**	**94.1**	**94.1**

从实验结果中可知，BipartRel 取得了三个模型中最优的关系抽取性能。另外，如 4.2 节所述，TransRel 在 NYT* 和 WebNLG* 上实体对识别的查准率和 F1 值均较 PRGC 有一定差距。与之相反，BipartRel 在 NYT* 上实体对识别的查准率和 F1 值均高于 PRGC；在 WebNLG* 上的 F1 值高于 PRGC，查准率略低于 PRGC（95.8% vs 96.0%）。整体而言，BipartRel 有效弥补了 TransRel 在实体对识别上的不足。上述实验结果也再次证明了直接关系建模的重要性。

6. 参数分析

在 BipartRel 中，下采样标准 n_{neg} 是重要的超参数。接下来，主要对比不同下采样标准下 TransRel 和 BipartRel 在 WebNLG* 上训练时间和显存占用上的区别。

从图 4.3.5 可见，随着下采样标准 n_{neg} 从 50 增加到 110，BipartRel 训练一批量数据所需的时间从约 50 ms 上升到约 70 ms，而 TransRel 模型训练一批量数据所需的时间从约 65 ms 上升到 85 ms；BipartRel 的显存占用从约 6000 MB 上升到约 7300 MB，而 TransRel 的显存占用从约 10 000 MB 上升到约 11 000 MB。因此，无论是时间效率还是空间需求，BipartRel 都明显优于 TransRel。这背后的原因就是 BipartRel 的抽取逻辑更直接，计算过程更简洁，参数量更少。

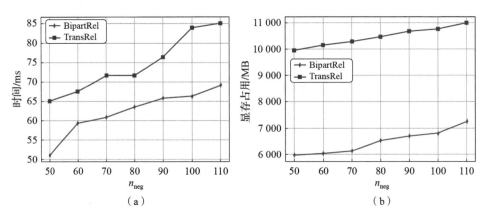

图 4.3.5　下采样标准 n_{neg} 对 BipartRel 训练的影响
（a）训练时间；（b）显存占用

7. 错误分析

4.2 节所提出的基于关系推理的单模块同步实体关系联合抽取模型 TransRel 和 4.3 节所提出的基于二部图链接的单模块同步实体关系联合抽取模型 BipartRel 均采用枚举产生候选实体的方式将实体识别与关系抽取融合为一步分类操作。因此，这两种方法均无显式的实体识别过程。在这一范式之下，造成实体识别错误的主要原因是什么？为了回答这一问题，我们将实体识别错误分为三类：实体范围识别错误（entity splitting error）——实体部分字符正确，但是边界错误，如句子"北京是中国首都"中的实体"北京"被识别为"北京是"；未发现实体（entity not found）——没有识别出句子中的特定实体；实体角色识别错误（entity role error）——正确地识别出实体，但是其头、尾角色错误，例如上述句子的抽取结果为（北京,包含,中国）。

我们选择更简洁、直接的模型 BipartRel 作为研究对象，分析其在 WebNLG 数据集中的实体识别错误分布，结果如表 4.3.4 所示。从中可以发现，"未发现实体"类型占比最小，"实体角色识别错误"类型占比最大。

表 4.3.4　BipartRel 模型实体识别错误分布

错误类型	占比/%
实体范围识别错误	35.5
未发现实体	19.4
实体角色识别错误	45.1

因此，对于本章提出的通过枚举分类的方法而言，最大的挑战在于区分实体的头、尾角色。这一现象背后主要有两个原因：

（1）上下文信息缺失。显然，判断实体角色最重要的根据就是其上下文信息，而 TransRel 模型与 BipartRel 模型均采用枚举之后的实体特征作为分类依据，忽略了上下文信息。值得注意的是，这一缺陷并非本章方法独有，而是实体关系联合抽取领域内的共性问题。事实上，基于序列标注的实体关系联合抽取方法、基于文本生成的实体关系抽取方法和基于表格填充的实体关系抽取方法在实体识别过程中均以局部特征作为分类器的主要输入，均存在上述缺陷。

（2）枚举连续字符序列产生的大量候选实体客观上增加了实体角色识别的难度。枚举候选实体能将实体识别和关系抽取完美融合为一步分类操作，显著提升实体关系抽取的效率。但与此同时也可能产生大量冗余的低质量负样本，增加模型在训练和推理阶段的负担。所谓低质量负样本，是指在分类任务中距离正、负样本分界线较远的负样本。例如，实体识别的核心是判断实体边界——对于正样本实体"北京理工大学"而言，"北京有所大学"就是一个高质量负样本，而"北京理工大学的"就是一个低质量负样本。因为"的"几乎不会作为人物、地点、机构、专有名词等实体的结尾。枚举句子中的连续字符序列会产生大量类似"北京理工大学的"的低质量负样本，从而对模型训练产生影响。显然我们可以通过去停用词等设置规则的方式过滤绝大部分低质量负样本，但这种做法会破坏模型的统一性，且可能由于规则无法涵盖所有特殊场景而再次引入错误传播问题。

4.4　基于细粒度分类的单模块同步实体关系联合抽取

4.2 节和 4.3 节的研究揭示了三个重要内容：第一，枚举所有可能的候选三元组是单模块同步实体关系联合抽取的基础；第二，直接关系建模对实体对关联学习至关重要；第三，避免枚举产生的冗余负样本能有效提升模型性能。然而，第一点和第三点之间是矛盾的——枚举所有可能的三元组就必然产生冗余实体；反之，减少冗余实体则很有可能影响候选三元组的完备性。为了解决该矛盾，本节工作从"三元组分类粒度"入手，重新审视本章提出的枚举分类思路，设计一种全新的基于细粒度分类的单模块同步实体关系联合抽取模型。

4.4.1 概述

本章工作的目的是解决实体关系联合抽取算法中的错误传播问题。根据对已有工作的深入分析，我们发现造成错误传播的原因主要有两个：其一，多模块造成的错误传播；其二，多个抽取步骤造成的错误传播。因此，4.2节通过枚举句子中的连续字符序列产生候选实体，并与关系标签排列组合生成所有可能的三元组，从而将实体关系抽取任务转化为只需要一个三元组分类器的一步分类任务。在此基础上，4.1节提出了基于关系推理的单模块同步实体关系联合抽取模型TransRel，并取得了优异的性能。同时，4.2节的工作也告诉我们，客观、直接的建模关系对学习实体对关联、提升三元组抽取查准率至关重要。在这一结论的启示下，4.3节将基于候选实体的三元组抽取任务转换为由候选头实体、候选尾实体组成的二部图上的链接预测任务，为每一个关系构建特定的链接矩阵，基于双仿射注意力机制设计了三元组抽取模型BipartRel，用更少的参数、更快的速度实现了比TransRel模型更好的效果。进一步，对BipartRel模型的错误分析发现，4.2节和4.3节的工作存在一个共性缺陷——通过枚举连续字符方式产生的候选实体中，有相当数量是低质量负样本，它们不仅对模型的训练过程贡献较低，而且会给模型的推理过程带来干扰。

为了改进4.2节、4.3节工作的不足，本节工作聚焦于解决"枚举所有可能的候选三元组是单模块同步实体关系联合抽取的基础"与"枚举方式必然会产生低质量、冗余负样本"之间的矛盾，探索如何在不增加冗余信息的条件下，完成候选三元组枚举并实现单模块同步实体关系联合抽取。接下来，详细介绍本节工作的问题分析及模型设计思路。

本节通过三个问题来分析解决上述矛盾的思路：

（1）造成上述矛盾的关键因素是什么？

（2）该关键因素的目的或者最大收益是什么？

（3）能否通过其他手段达到同样的目的？

对于第一个问题"造成上述矛盾的关键因素是什么？"，答案是显而易见的，就是"枚举"操作。事实上，4.2节提出的TransRel模型和4.3节提出的BipartRel模型都包含两次枚举：第一次是枚举句子中的所有连续字符序列，以生成候选实体；第二次是枚举所有可能的（头实体,关系,尾实体）组合，以生成候选三元组用于分类。在实际操作中，TransRel模型利用知识图谱表示学习中的关系推理，将针对尾实体的枚举融入关系分类；BipartRel模型利用双仿射注意力机制，将针对尾实体的枚举融入相关性计算。

对于第二个问题"该关键因素的目的或者最大收益是什么？"，我们对两次枚举操作分别讨论。第一次枚举的目的是产生候选实体，其最大收益是避免了三元组抽取过程中对头实体、尾实体的边界判断，为"单模块"抽取奠定基础。具体地，以 CasRel 为例，该模型使用两个独立的二分类器判断实体的开头和结尾，然后通过"就近原则"拼接边界内字符以组成实体。因此，该模型需要 4 个独立的二分类器才能完成实体对识别。与之相反，TransRel 和 BipartRel 通过枚举产生了候选实体，只需使用一个二分类器，即可判断候选实体真假。第二次枚举的目的是产生候选三元组，其最大收益是避免了"先分解，后组合"的识别过程，为实体、关系"同步"抽取奠定基础。具体地，以 TPLinker 为例，该模型使用实体识别模块确定句子中的实体，用关系抽取模块判断实体之间的关系，而后将实体、关系组合成三元组。因此，该模型无法同时获取头实体、关系、尾实体之间的依赖关系。与之相反，枚举候选三元组使得 TransRel 和 BipartRel 的输入中同时包含了头实体、关系、尾实体的全部信息，令充分学习三者之间的交互成为可能。

对于第三个问题"能否通过其他手段达到同样的目的？"，我们依旧对两次枚举分别讨论。第一，候选实体枚举的最大收益是避免了实体识别过程中对头、尾边界的判断，从而将实体识别和关系抽取融合为一步分类运算，避免错误传播。那么，是否存在其他手段能实现上述目的？答案是肯定的。以 NovelTagging 为例，其将头、尾实体信息及其关系融入同一个标注体系，将实体关系抽取任务转化为一个序列标注任务。例如，句子"巴西利亚是巴西首都"表达三元组（巴西，首都，巴西利亚），则单词"巴西利亚"中的每个字符对应的标签为［"巴"：B – Capital – 2，"西"：I – Capital – 2，"利"：I – Capital – 2，"亚"：E – Capital – 2］。其中，"B"表示实体的开头，"I"表示当前词位于实体的中部，"E"表示实体的结尾，"Capital"表示关系类型为"首都"，"2"表示当前实体为三元组的尾实体。因此，利用一个特定关系条件下的多分类器依旧可以将实体识别和关系抽取融合为一步运算。第二，枚举三元组的最大收益是将头实体、关系、尾实体三个元素之间的匹配过程与三元组的真假判定融合在一起，从而避免了"先分解，再组合"的识别过程，也是解决错误传播问题的基础。除此之外，针对三元组的枚举还有益于模型对重叠三元组的识别。具体地，以 HTO 类重叠三元组（奈文摩尔,名字,摩尔）为例，"摩"既是头实体的中间字符，又是尾实体的开头，这个字符对应两个不同的实体角色标签。换言之，模型需要对句子中的每个字符标注多次或者针对每个字符进行一次多分类才能识别上述嵌套实体。因此，要实现单模块同步实体关系联合抽取，针对三元组的枚举是不能省略的。综合考虑上述两点，可以得出以下结论：

（1）要实现单模块同步实体关系联合抽取，针对候选实体的枚举不是必需的。

（2）就候选三元组枚举而言，在保证分类效率的前提下，字符级枚举是必需的，而针对字符序列的枚举不是必需的。

在以上两个结论的指引下，本节提出一种基于细粒度分类的单模块同步实体关系联合抽取模型 FineRel（fine-grained classification based entity and relation extraction）。该模型摒弃了前两节工作中枚举连续字符序列以生成候选实体的过程，而是直接判断句子中的任意两个字符 (w_i, w_j) 与特定关系 r_k 组成的三元组的合理性。在此基础上，采用多分类器确定头、尾实体范围。所以 FineRel 模型的输出是一个三维张量 $\boldsymbol{M} \in \mathbb{R}^{L \times K \times L}$，其中 $M_{i,j}^k$ 表示三元组 (w_i, r_k, w_j) 所对应的标签。由于 FineRel 模型的枚举、分类均在字符级，因此称之为细粒度分类。为了从 $\boldsymbol{M}$ 中高效、便捷地解码出三元组，本节设计了一种全新的特定关系条件下的犄角标注策略（relation-specific horns tagging strategy）。在 NYT 和 WebNLG 两个数据集上的丰富实验表明，本节提出的 FineRel 模型性能好于当前的最优基线模型，且能有效应对重叠三元组、多三元组、嵌套实体等复杂情形。除此之外，由于摒弃了候选实体枚举操作，本节提出的 FineRel 模型有效避免了冗余低质量负样本的产生，而且需要人工干预的超参数更少，识别效果更好。

综上所述，本节工作的主要贡献为：提出了一种全新的基于细粒度分类的单模块同步实体关系联合抽取模型，有效解决了 4.2 节和 4.3 节工作中由于枚举连续字符序列生成候选实体而产生的低质量冗余负样本问题；设计了一种全新的特定关系条件下的犄角标注策略，该策略既保证了高效的实体关系抽取过程，又确保了简洁易行的三元组解码过程；在两个标准数据集上的大量实验证明，本节所提出的 FineRel 模型性能优于最优基线模型，且能有效应对重叠三元组、多三元组、嵌套实体等复杂情形。

4.4.2 模型架构

基于上述讨论，本节以下内容将详细介绍所提出的基于细粒度分类的单模块同步实体关系联合抽取模型 FineRel：首先，详细介绍由字符枚举与犄角标注策略所组成的三元组编码过程；然后，介绍从输出张量 $\boldsymbol{M}$ 中解码三元组的具体算法；最后，介绍 FineRel 模型的分类器设计及目标函数。

4.4.2.1 三元组编码

给定句子 $S = \{w_1, w_2, \cdots, w_L\}$ 和 K 个预定义关系 $R = \{r_1, r_2, \cdots, r_K\}$，我们设计一个多分类器对句子中的任意字符对与特定关系所组成的细粒度三元组 (w_i, r_k, w_j) 进行分类。FineRel 模型维护一个三维张量 $\boldsymbol{M} \in \mathbb{R}^{L \times K \times L}$，以保存所

有三元组的分类结果（三元组编码）。在推理阶段，FineRel 模型的任务就是从该三维张量中解码出对应的三元组（三元组解码）。无论是实体关系抽取还是三元组解码，其核心就是三维张量 M 中细粒度三元组的分类标签设计。

本节采用"BIE"（Begin，Inside，End）来表示一个实体的开头字符、中间字符与结尾字符。例如，实体"北京理工大学"所对应的标签序列为"B，I，I，I，I，E"。在此基础上，为实体位置信息添加角色，用"HB"表示头实体的开始位置，"TB"表示尾实体的开始位置，"HE"表示头实体的结尾位置。因此，对于关系"位于"而言，句子"走到玉林路的尽头，坐在小酒馆门口"中的头、尾实体两两组合成一个二维矩阵（相当于从 M 中取出 $r =$ 位于）。如图 4.4.1 所示，头实体"小酒馆"与尾实体"玉林路"均包含三个字符，它们两两组合之后共形成 9 个有意义的标签，分别是 HB – TB、HB – TI、HB – TE、HI – TB、HI – TI、HI – TE、HE – TB、HE – TI、HE – TE。从图 4.4.1 中可以发现，在基于字符枚举的细粒度分类思路下，实体关系抽取的本质就是从特定关系对应的二维矩阵 M_r 中确定出一个由头、尾实体边界组成的矩形。

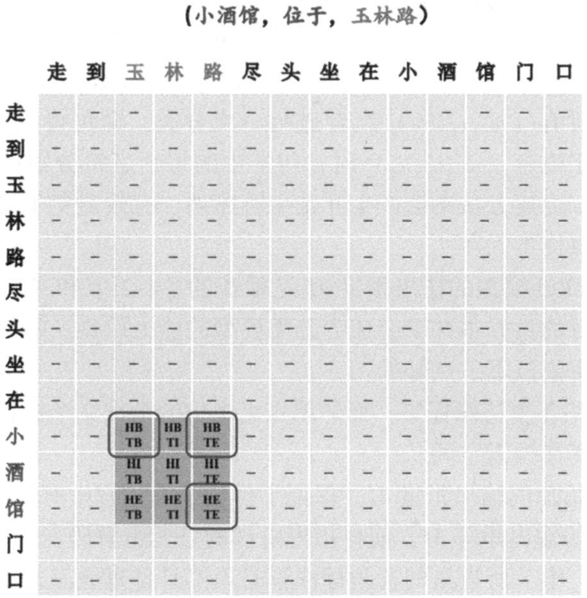

图 4.4.1 字符匹配示意图（附彩图）

事实上，由于实体是句子中的连续字符序列，因此我们只需要确定实体的开头和结尾位置，即可确定实体的全部内容。换言之，FineRel 模型并不需要将上述 9 个标签全部识别出来，只需要确定图 4.4.1 中蓝色矩形的三个顶点即可。因此，本节使用三个特殊标签来确定实体对的范围：HB – TB、HB – TE、

HE – TE。

- HB – TB，矩阵中的元素 $M'_{i,j}$ 被标记为 HB – TB，表示该元素所在行的字符 w_i 为一个实体对中头实体的开始位置，所在列的字符 w_j 为一个实体对中尾实体的开始位置。如图 4.4.1 中，"小"是头实体"小酒馆"的开始，"玉"是尾实体"玉林路"的开始，因此，三元组（小,位于,玉）被标注为 HB – TB。

- HB – TE，矩阵中的元素 $M'_{i,j}$ 被标记为 HB – TE，表示该元素所在行的字符 w_i 为一个实体对中头实体的开始位置，所在列的字符 w_j 为一个实体对中尾实体的结束位置。如图 4.4.1 中，"小"是头实体"小酒馆"的开始，"路"是尾实体"玉林路"的结束，因此，三元组（小,位于,路）被标注为 HB – TE。

- HE – TE，矩阵中的元素 $M'_{i,j}$ 被标记为 HE – TE，表示该元素所在行的字符 w_i 为一个实体对中头实体的结束位置，所在列的字符 w_j 为一个实体对中尾实体的结束位置。如图 4.4.1 中，"馆"是头实体"小酒馆"的结束，"路"是尾实体"玉林路"的结束，因此，三元组（馆,位于,路）被标注为 HE – TE。

除了上述三个标签之外的组合均被视为负样本，用"–"来表示。由于 FineRel 模型只需标注实体对字符所组成矩形的三个顶点，我们称上述标注过程为特定关系条件下的犄角标注策略。

至此，已经完成了基于字符枚举的单模块同步实体关系联合抽取的思路设计。在此基础上，只需利用一个标签为 ［HB – TB, HB – TE, HE – TE, –］的四分类器对所有 (w_i, r_k, w_j) 组合进行一次分类，即可得到上述标注矩阵。不仅如此，由于组合 (w_i, r_k, w_j) 时，句子中的每个字符分别作为头、尾角色只出现了一次，上述方法不会产生冗余字符序列，有效避免了候选实体枚举所引起的低质量负样本问题。

显然，FineRel 模型的输出张量 M 是稀疏的。4.2 节和 4.3 节的工作已经证明了适当充分的负样本并不会成为分类模型的能力瓶颈。除此之外，该稀疏性还会给模型带来以下三点好处：

（1）只使用 3 个特殊标签，而非图 4.4.1 中的全部 9 个标签，能显著降低模型分类时的潜在搜索空间。

（2）足够稀疏的输出张量 M，保证了模型训练过程中有充足的负样本。

（3）稀疏的输出矩阵 M，使得推理阶段的三元组解码变得简单、快捷。

不仅如此，本节所提出的犄角标注策略天然具备重叠三元组、嵌套实体等复杂场景的识别能力。针对实体对重叠的三元组，如（小酒馆,位于,玉林路）和（玉林路,包含,小酒馆），如图 4.4.1 和图 4.4.2（b）所示。由于实体对之间的关系不同，它们会被标注在不同的 M_r 矩阵中；针对单个实体重叠的三元组，如果两个三元组的关系相同，则会被标注于 M_r 的不同位置；如果两个三元组的关系不同，则它们会被标注在不同的 M_r 矩阵中，例如图 4.4.1 和图 4.4.2（a）中实体"玉林路"就是两个三元组之间的重叠实体；针对头尾实体嵌套的重叠三元组，如图 4.4.2（a）所示，头实体和尾实体会被标注在矩阵的对角线附近，其中头实体位于对角线左下部，尾实体位于对角线右上部，依旧可以清晰地分辨出来。

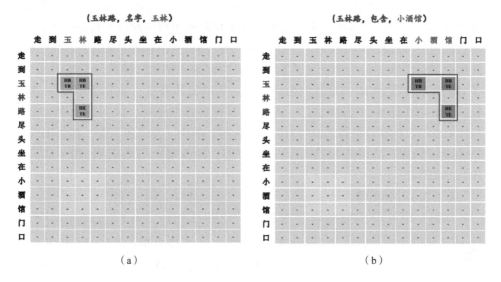

图 4.4.2　FineRel 模型对重叠三元组和嵌套实体的识别

另外，如前文所述，在基于字符枚举的细粒度分类思路下，实体关系抽取的本质就是从特定关系对应的二维矩阵 M_r 中确定出一个由头、尾实体边界组成的矩形。从这个角度而言，本节提出的 FineRel 模型使用矩形的三个顶点作为判断依据；TPLinker 模型使用矩形的左上角、右下角两个顶点，以及矩形的长、宽作为判断依据。因此，除了单模块同步的分类过程和对三元组内部依赖的学习能力优势之外，本节所提出的 FineRel 模型标签体系比 TPLinker 更简洁、高效。与此同时，从一个二维矩阵 M_r 中确定一个小矩形的过程与目标检测任务类似，因此可以充分借鉴目标检测的思想和经验来解决这一问题。

4.4.2.2　三元组解码

推理阶段：FineRel 模型需要从三维张量 M 中解码出三元组。由于本节设计的犄角标注策略仅使用三个特殊标签，该解码过程变得非常简洁：针对一个特定的关系 r，其所对应三元组的头实体范围就是从 M_r 矩阵中 HB – TE 拼接到 HE – TE，例如，图 4.4.2（a）中头实体"玉林路"的开头对应 HB – TE，结尾对应 HE – TE。同理，关系 r 所对应三元组的尾实体范围就是从 M_r 矩阵中 HB – TB 拼接到 HB – TE，例如图 4.4.2（b）中尾实体"小酒馆"的开头对应 HB – TB，结尾对应 HB – TE。成对的头实体和尾实体共享同一个 HB – TE 标签，例如，图 4.4.2（b）中头实体"玉林路"和尾实体

"小酒馆"共享同一个 HB-TE 标签,因此(玉林路,包含,小酒馆)为一个预测三元组。

然而,在真实场景中,有些实体只包含一个字符,例如(秦香莲,姓,秦)的尾实体"秦",或者(Bionico,Country,Mexico)的头实体"Bionico"和尾实体"Mexico"等。本节所提出的犄角标注策略同样可以应对这一特殊情况:由于数据预处理过程中 HB-TB、HB-TE、HE-TE 三个标签是顺序标注的,因此单个字符实体的后一个标签会覆盖之前的标签。例如,针对三元组(秦香莲,姓,秦)的尾实体"秦",因为"秦"是尾实体开头,故先为"秦-秦"标注 HB-TB 标签;与此同时,"秦"又是尾实体的结尾,故再为"秦-秦"标注 HB-TE 标签且覆盖之前的 HB-TB 标签;最后,为"莲-秦"标注 HE-TE 标签。所以,从矩阵 M 中解码(秦香莲,姓,秦)只需识别 HB-TE 和 HE-TE 即可。

4.4.2.3 分类器设计

下面介绍打分函数的计算过程。给定一个句子 $S=\{w_1,w_2,\cdots,w_L\}$,FineRel 模型使用预训练 BERT 作为句编码器,获取所有输入字符的向量表示:

$$[\boldsymbol{h}_1,\boldsymbol{h}_2,\cdots,\boldsymbol{h}_L]=\text{BERT}([\boldsymbol{x}_1,\boldsymbol{x}_2,\cdots,\boldsymbol{x}_L]) \quad (4.4.1)$$

式中,$\boldsymbol{x}_i$——输入字符的原始特征,由其对应的 Token Embedding 及 Position Embedding 之和构成。

接着,我们枚举句子中所有的 (w_i,r_k,w_j) 组合,并对其根据 HB-TB、HB-TE、HE-TE 进行分类。直觉地,可以将 $[\boldsymbol{h}_i,\boldsymbol{r}_k,\boldsymbol{h}_j]$ 作为分类器的输入,直接获取分类结果。然而,这一做法有两个缺陷:第一,如此简单的分类器无法学到三元组内部丰富的依赖信息和结构信息;第二,模型需要进行 $L\times K\times L$ 次字符和关系的枚举,会影响其在推理阶段的效率。

4.2 节工作证明直接关系建模有助于学习分类标准,且能有效提升三元组抽取的查准率。除此之外,TransRel 模型和 BipartRel 模型的经验说明,可以将针对某个元素的枚举与分类过程融合,以提升分类效率。因此,本节以知识图谱表示学习方法 HOLE 的评价函数为基础:

$$f_r=(w_i,w_j)=\boldsymbol{r}^{\text{T}}(\boldsymbol{h}_i\star\boldsymbol{h}_j) \quad (4.4.2)$$

式中,$f_r=(w_i,w_j)$——三元组 (w_i,r_k,w_j) 的正确程度;

$\boldsymbol{r}$——关系向量表示;

$\boldsymbol{h}_i,\boldsymbol{h}_j$——$w_i$ 和 w_j 的向量表示;

$\star$——计算 $\boldsymbol{h}_i$、$\boldsymbol{h}_j$ 之间相关性的算子,本节使用一个混淆矩阵 $\boldsymbol{W}$ 重新定义算子 $\star$:

$$\boldsymbol{h}\star\boldsymbol{t}=\phi(\boldsymbol{W}[\boldsymbol{h};\boldsymbol{t}]+\boldsymbol{b}) \quad (4.4.3)$$

式中,$\boldsymbol{W}\in\mathbb{R}^{d_e\times 2d}$——用于融合 $\boldsymbol{h}_i$ 和 $\boldsymbol{h}_j$ 特征的可训练参数,d_e 为特征融合之

后的向量维度，d 为 BERT 输出的字符向量维度；

　　b——偏置项；

　　[;]——向量拼接；

　　$\phi(\cdot)$——ReLU 激活函数。

式（4.4.3）有以下三个优点：

（1）该特征融合函数可以与 BERT 的输出无缝衔接而不需要复杂的中间处理步骤，从而简化了模型计算逻辑，提升了处理效率。

（2）从头、尾元素特征到字符对特征的映射过程可以被参数 W 自动学习，无须人工干预。

（3）头、尾实体之间的拼接操作是不可逆的，即 $[h;t] \neq [t;h]$，这一特性对于实体对重叠三元组至关重要。例如，如果 $[h;t] = [t;h]$，则三元组（甘肃,包含,兰州）与（兰州,包含,甘肃）皆为正确三元组，显然这是不合理的。

之后，我们使用所有预定义关系表示 $R \in \mathbb{R}^{d_e \times 4k}$ 为字符对 (w_i, w_j) 并行打分，其中 R 维度中的 4 表示该分类器的结果对应 HB-TB、HB-TE、HE-TE 和"-"等 4 个分类标签：

$$v_{(w_i, r_k, w_j)_{k=1}^{K}} = R^{\mathrm{T}} \phi(\mathrm{drop}(W[e_i, e_j]^{\mathrm{T}} + b)) \tag{4.4.4}$$

式中，$v_{(w_i, r_k, w_j)}$——(w_i, r_k, w_j) 对应的得分向量；

　　$\mathrm{drop}(\cdot)$——Dropout 机制，其目的是避免模型过拟合。

由于上述打分函数借鉴了 HOLE 算法的思想，因此本节提出的 FineRel 模型依旧可以学习到三元组内部丰富的依赖和结构化特征。

最后，我们将上述得分向量送入 Softmax 函数来预测其对应的标签：

$$P(y_{(w_i, r_k, w_j)} | S) = \mathrm{Softmax}(v_{(w_i, r_k, w_j)}) \tag{4.4.5}$$

式中，$P(y_{(w_i, r_k, w_j)} | S)$——句子 S 中的三元组 (w_i, r_k, w_j) 对应标签为 y 的概率。

4.4.2.4 目标函数

FineRel 模型的目标函数定义如下：

$$\mathcal{L}_{\mathrm{triple}} = -\frac{1}{L \times K \times L} \times \sum_{i=1}^{L} \sum_{k=1}^{K} \sum_{j=1}^{L} \log P(y_{(w_i, r_k, w_j)} = g_{(w_i, r_k, w_j)} | S) \tag{4.4.6}$$

式中，$g_{(w_i, r_k, w_j)}$——三元组对应的训练标签。

4.4.3　实验验证

为了验证本节提出的 FineRel 模型的有效性，我们在 NYT 和 WebNLG 数据集上开展了丰富的实验，如三元组抽取、重叠三元组抽取、多三元组抽取、实体对识别和关系抽取、效率分析、关系特征可视化等。在下文中，首先介绍数据集和评价指标、超参数设置、基线模型等；然后，展示实验结果并就实验结果进行深入分析。

1. 实验设置

1）数据集和评价指标

遵循领域内的主流做法，本节相关实验均在 NYT 和 WebNLG 数据集上开展。数据集详情请参考 1.4 节，评价指标请参考 4.3.3 节。

2）超参数设置

本节实验所用的服务器配置为：两块 AMD 7742 CPU，主频均为 2.25 GHz；256 GB 内存；八块英伟达 RTX 3090 GPU 计算卡，Ubuntu 20.04 操作系统；使用"BERT – base – cased"模型作为编码器。我们在验证集上使用网格搜索确定模型的最优超参数，然后在测试集上评估模型性能。具体地，模型的所有参数均使用 Adam 优化算法进行训练，学习率设置为 1×10^{-5}。在 NYT 和 NYT* 上，批量大小设置为 8；在 WebNLG 和 WebNLG* 上，批量大小设置为 6；实体对特征维度 d_e 设置为 $3 \times d$，式（4.4.4）中的 Dropout 概率设置为 0.1，输入模型的最大句子长度设置为 100。

3）对比模型

本节选择 13 个实体关系联合抽取模型作为基线模型：NovelTagging、CopyRE、GraphRel、RSAN、MHSA、CasRel、TPLinker、R – BPtrNet、CasDE、RIFRE、PRGC、TransRel、BipartRel。其中，前 11 个已经在 4.2 节中介绍，此处不再赘述；TransRel 为 4.2 节提出的基于关系推理的单模块同步实体关系联合抽取模型；BipartRel 为 4.3 节提出的基于二部图链接的单模块同步实体关系联合抽取模型。

2. 关系三元组抽取

表 4.4.1 展示了 FineRel 与 13 个基线模型在 NYT 和 WebNLG 数据集上关系三元组抽取的部分匹配和完全匹配结果。整体而言，本节提出的 FineRel 在 WebNLG*、NYT 和 WebNLG 上均取得了最优的 F1 值。尤其是在 WebNLG* 和 WebNLG 上，FineRel 的查准率 P、召回率 R 和 F1 值均是所有模型中最优的。我们认为，这一优异表现背后主要有以下两个原因：

（1）FineRel 从细粒度分类的视角实现单模块同步实体关系联合抽取，既解决了领域内困扰已久的错误传播问题，又克服了 TransRel 和 BipartRel 因为枚举连续字符序列构建候选实体而造成的冗余低质量负样本问题。

（2）高效、并行的打分函数和特定关系条件下的犄角标注策略保证了模型抽取逻辑简洁、直接，提升了训练和推理效率。

表 4.4.1　FineRel 模型及对比模型的关系三元组抽取实验结果　　（%）

模型	部分匹配						完全匹配					
	NYT*			WebNLG*			NYT			WebNLG		
	P	R	F1 值	P	R	F1 值	P	R	F1 值	P	R	F1 值
NovelTagging	—	—	—	—	—	—	32.8	30.6	31.7	52.5	19.3	28.3
CopyRE	61.0	56.6	58.7	37.7	36.4	37.1	—	—	—	—	—	—
GraphRel	63.9	60.0	61.9	44.7	41.1	42.9	—	—	—	—	—	—
RSAN	—	—	—	—	—	—	85.7	83.6	84.6	80.5	83.8	82.1
MHSA	88.1	78.5	83.0	89.5	86.0	87.7	—	—	—	—	—	—
CasRel	89.7	89.5	89.6	93.4	90.1	91.8	—	—	—	—	—	—
TPLinker	91.3	92.5	91.9	91.8	92.0	91.9	91.4	92.6	92.0	88.9	84.5	86.7
R-BPtrNet	92.7	92.5	92.6	93.7	92.8	93.3	—	—	—	—	—	—
CasDE	90.2	90.9	90.5	90.3	91.5	90.9	89.9	91.4	90.6	88.0	88.9	88.4
RIFRE	93.6	90.5	92.0	93.3	92.0	92.6	—	—	—	—	—	—
PRGC	93.3	91.9	92.6	94.0	92.1	93.0	93.5	91.9	92.7	89.9	87.2	88.5
TransRel	92.1	**93.5**	92.8	93.5	94.1	93.8	92.5	**92.7**	92.6	90.2	89.1	89.6
BipartRel	**93.7**	92.8	**93.2**	94.1	94.1	94.1	**93.6**	92.2	92.9	91.0	89.0	90.0
FineRel	92.8	92.9	92.8	**94.1**	**94.4**	**94.3**	93.2	92.6	**92.9**	**91.8**	**90.3**	**91.0**

与最新的基线模型 PRGC 相比，FineRel 模型在 WebNLG* 和 WebNLG 上分别取得了 0.013 和 0.025 的 F1 值绝对提升。如前文所述，PRGC 模型先检测句子中的潜在关系，以降低实体识别的不确定性，遵循"先分解，后组合"范式。这一对比结果再次证明了本章思路的有效性，即构建单模块同步实体关系联合抽取方法可以有效解决领域内存在的错误传播问题。此外，相比于 TPLinker，FineRel 在 NYT*、WebNLG*、NYT 和 WebNLG 上分别取得了 0.009、0.024、0.009、0.043 的 F1 值绝对提升。从矩形识别的角度而言，TPLinker 根据实体对矩形的左上角、右下角及长、宽确定三元组，而本章提出的犄角标注策略利用矩形的三个顶点确定三元组，比 TPLinker 要素更精简、更高效。除此之外，TPLinker 利用不同的模块分别识别句子中的实体和关系，而 FineRel 利用一个具备三元组内部特征学习能力的分类器直接识别三元组。上述结果再次证明了本节提出的头尾信息融合分类器和犄角标注策略的有效性。

相比于 4.2 节提出的 TransRel 和 4.3 节提出的 BipartRel，本节提出的 FineRel 模型在 WebNLG*和 WebNLG 上均具有显著的优势，而在 NYT*和 NYT 上与其他两个模型的结果相当。由于 NYT 数据集包含噪声，因此 WebNLG 数据集上的结果更能反映模型在真实场景中的处理性能。由此可见，消除枚举连续字符序列产生候选实体而形成的冗余信息的确能提升模型的三元组抽取效果。

3. 重叠三元组抽取

为了进一步验证本节提出的 FineRel 模型对重叠三元组的识别能力，我们将 NYT*和 WebNLG*数据集的测试集按照三元组的重叠模式划分为实体对重叠（EPO）、单个实体重叠（SEO）、头尾实体重叠（HTO）三个子集，分别进行关系三元组抽取。本实验选择 CasRel、TPLinker、PRGC、TransRel、BipartRel 等 5 个模型作为基线模型，结果如图 4.4.3 所示。

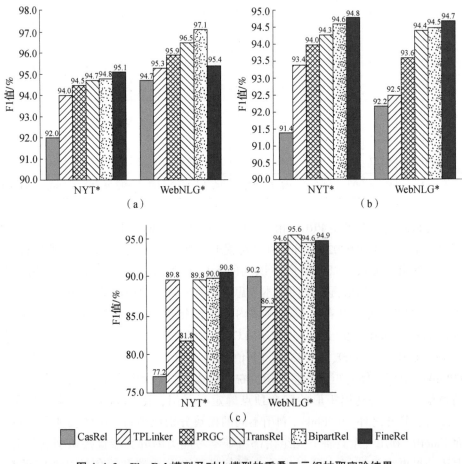

图 4.4.3 FineRel 模型及对比模型的重叠三元组抽取实验结果

(a) 实体对重叠（EPO）；(b) 单个实体重叠（SEO）；(c) 头尾实体重叠（HTO）

在 NYT* 数据集中，FineRel 针对实体对重叠、单个实体重叠和头尾实体重叠三元组均取得了最好的结果。在 WebNLG* 数据集中，FineRel 针对单个实体重叠三元组的抽取取得了最好的结果，针对实体对重叠三元组的抽取效果劣于 TransRel、BipartRel 和 PRGC，针对头尾实体重叠三元组的抽取效果劣于 TransRel。我们认为这背后的主要原因是 TransRel 和 BipartRel 所采用的枚举连续字符序列生成候选实体机制，避免了实体边界的识别过程。

事实上，实体对重叠和头尾实体重叠三元组都需要模型具备较强的实体角色识别能力。以实体对重叠三元组（中国,首都,北京）和（北京,位于,中国）为例，由于 TransRel 和 BipartRel 已经通过枚举构建出两个实体对（中国,北京）和（北京,中国），其分类模块只需判断这两个三元组的正确性即可（即实体角色的合理性），而不需要识别实体边界。与之相反，FineRel 的分类模型除了判断字符对头、尾角色的合理性之外，还需判断字符对具体是 HB – TB、HB – TE、HE – TE 中的哪一种（即实体边界识别）。因此，FineRel 的分类任务比其他两个模型更具挑战。NYT* 数据集只有 24 种关系，FineRel 的分类器可以有效应对实体边界识别、实体角色判断、实体关联学习等多个子任务。然而，面对 WebNLG* 中的 171 种关系，实体角色判断本身的难度也随之上升，此时 FineRel 的分类器需要处理多个子任务的压力就逐渐凸显。因此，就与基线模型的对比而言，FineRel 在 WebNLG* 上针对实体对重叠和头尾实体重叠三元组的识别能力相对弱于在 NYT* 上。

4. 多三元组抽取

为了验证本节提出的 FineRel 模型针对包含多个三元组的句子的实体关系抽取能力，我们将 NYT* 和 WebNLG* 测试集中的句子按照其表达的三元组数量划分为 $N=1$、$N=2$、$N=3$、$N=4$、$N \geqslant 5$ 等 5 个子集分别进行实体关系抽取，其中 N 代表句子中的三元组数量。本实验选择 CasRel、TPLinker、PRGC、TransRel、BipartRel 等 5 个模型作为基线模型，结果见表 4.4.2。整体而言，本节提出的 FineRel 模型与 4.3 节提出的 BipartRel 模型对多三元组的抽取能力相当，均在 10 个子集中的 5 个上取得了最好的表现。

表 4.4.2　FineRel 模型及对比模型的多三元组抽取实验结果　　（%）

模型	NYT*					WebNLG*				
	$N=1$	$N=2$	$N=3$	$N=4$	$N \geqslant 5$	$N=1$	$N=2$	$N=3$	$N=4$	$N \geqslant 5$
CasRel	88.2	90.3	91.9	94.2	83.7	89.3	90.8	94.2	92.4	90.9
TPLinker	90.0	92.8	93.1	96.1	90.0	88.0	90.1	94.6	93.3	91.6
PRGC	91.1	93.0	93.5	95.5	93.0	89.9	91.6	95.0	94.8	92.8

续表

模型	NYT*					WebNLG*				
	$N=1$	$N=2$	$N=3$	$N=4$	$N\geqslant 5$	$N=1$	$N=2$	$N=3$	$N=4$	$N\geqslant 5$
TransRel	89.8	93.3	93.6	96.1	91.1	90.5	92.7	95.7	95.0	94.1
BipartRel	**91.7**	**94.1**	93.5	96.3	92.7	**91.6**	92.2	**96.0**	95.0	**94.9**
FineRel	90.5	93.4	**93.9**	**96.5**	**94.2**	91.4	**93.0**	95.9	**95.7**	94.5

有意思的是，与针对重叠三元组的抽取结果类似，在多三元组抽取任务中，FineRel 在 NYT* 上的整体效果依旧要优于在 WebNLG* 上。我们认为其背后的核心原因依旧是 FineRel 没有采用候选实体生成机制，导致其面对多个关系时对实体对重叠和头尾实体重叠三元组的识别受到挑战。上述结果说明，虽然枚举连续字符序列生成候选实体的做法会带来冗余信息，但是在汇聚分类器焦点、提升复杂场景识别能力方面是有积极作用的。

5. 实体对识别与关系抽取

进一步探究本节所提出的 FineRel 模型在实体对识别和关系抽取两个子任务上的效果，实验结果见表 4.4.3，其中，(h,t) 代表实体对识别，r 表示关系抽取，(h,r,t) 表示关系三元组抽取。本节使用 CasRel、PRGC、TransRel 和 BipartRel 作为对比模型。

表 4.4.3 FineRel 模型及对比模型的实体对识别及关系抽取实验结果 （%）

模型	子任务	NYT*			WebNLG*		
		P	R	F1 值	P	R	F1 值
CasRel	(h,t)	89.2	90.1	89.7	95.3	91.7	93.5
	r	96.0	93.8	94.9	96.6	91.5	94.0
	(h,r,t)	89.7	89.5	89.6	93.4	90.1	91.8
PRGC	(h,t)	94.0	92.3	93.1	96.0	93.4	94.7
	r	95.3	96.3	95.8	92.8	96.2	94.5
	(h,r,t)	93.3	91.9	92.6	94.0	92.1	93.0
TransRel	(h,t)	92.2	93.2	92.7	92.3	95.9	94.1
	r	96.5	**97.4**	96.9	96.8	**97.4**	**97.1**
	(h,r,t)	92.1	**93.5**	92.8	93.5	94.1	93.8

续表

模型	子任务	NYT*			WebNLG*		
		P	R	F1 值	P	R	F1 值
BipartRel	(h,t)	**94.1**	93.2	**93.7**	95.8	95.9	95.8
	r	97.3	96.4	**96.9**	**96.8**	96.7	96.7
	(h,r,t)	**93.7**	92.8	**93.2**	94.1	94.1	94.1
FineRel	(h,t)	93.3	**93.4**	93.3	**96.2**	**96.5**	**96.3**
	r	**96.7**	96.9	96.8	96.7	97.0	96.8
	(h,r,t)	92.8	92.9	92.8	**94.1**	**94.4**	**94.3**

从上述结果中可以观察到以下内容：BipartRel 在 NYT* 和 WebNLG* 上的实体对识别 F1 值分别为 93.7% 和 95.8%，FineRel 在 NYT* 和 WebNLG* 上的实体对识别 F1 值分别为 93.3% 和 96.3%，二者均优于 TransRel 的实体对识别效果（92.7% 和 94.1%），这一现象再次证明了直接关系建模能有效提升模型对实体之间关联的学习能力；TransRel 在 NYT* 和 WebNLG* 上的关系抽取 F1 值分别为 96.9% 和 97.1%，BipartRel 在 NYT* 和 WebNLG* 上的关系抽取 F1 值分别为 96.9% 和 96.7%，FineRel 在 NYT* 和 WebNLG* 上的关系抽取 F1 值分别为 96.8% 和 96.8%，三者相当，说明三个模型的关系分类能力是接近的。然而，由图 4.4.3 和表 4.4.3 可知，FineRel 在 WebNLG* 上的重叠三元组和多三元组抽取能力弱于 TransRel 和 BipartRel，说明头尾实体重叠、实体对重叠等复杂场景对实体角色判断能力的要求更高，这一结果又一次证明了我们在重叠三元组抽取和多三元组抽取中的猜测，即枚举连续字符序列生成候选实体能消除实体边界判断过程，汇聚模型分类焦点，从而提升模型面对复杂场景的三元组抽取性能；FineRel 在 WebNLG* 上的整体表现优于 TransRel 和 BipartRel，再次说明消除候选实体的冗余信息能有效提升模型的整体三元组抽取效果。

6. 关系可视化

本节提出的 FineRel 模型的三元组分类函数是根据知识图谱表示学习算法 HOLE 设计的。理论上，FineRel 模型同样可以学到关系之间的相关性和互斥性。为了验证这一特点，本节利用 t-SNE 算法对 NYT 数据集中的关系进行可视化。需要说明的是，我们忽略掉了 24 个关系中的 6 个在训练集中出现次数低于 50 的长尾关系。FineRel 模型的可视化结果如图 4.4.4 所示。

从图中可见，FineRel 模型学到的关系表示直接反映了关系之间的内在关联。例如，与 People 类相关的关系都位于图 4.4.4 中的左侧，与 Location 类相关的关系都位于图 4.4.4 中的右侧。尤其是一些明显有逻辑相关性的关系，如 place lived、place of birth 和 place of death 的空间位置非常接近。上述结果说明，本节提出的 FineRel 模型不仅学到了特定数据集中的知识，还学到了符合人类认知的常识。因此，FineRel 模型具备较好的泛化能力。

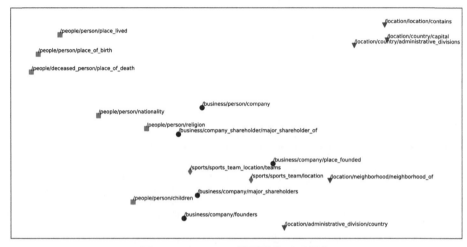

图 4.4.4　FineRel 模型的关系可视化

4.5　本章小结

在人工智能研究取得突破性进展的今天，实体识别和关系抽取技术正在自然语言理解、智能问答、语义检索、自动化知识图谱构建等应用场景中发挥不可估量的作用。然而，面对重叠三元组、嵌套实体等复杂场景，当前的实体关系联合抽取方法只实现了宏观架构层面的"联合"，在微观抽取逻辑上仍然是分步的、分模块的。因此，依旧存在错误传播问题。针对这一问题，本章提出了一种全新的单模块同步实体关系联合抽取框架，并在此基础上设计了三种逐次递进、互为补充的实体关系抽取模型。具体来说，本章主要研究工作和成果总结如下。

1. 基于关系推理的单模块同步实体关系联合抽取模型

针对当前实体关系联合抽取方法"宏观联合、微观分步"的特点及其造成的错误传播问题，本章深入分析该问题的成因和影响，在此基础上提出一种基于关系推理的单模块同步实体关系联合抽取模型 TransRel。该模型采用枚举方式生成候选实体，利用知识图谱表示学习中头实体、关系、尾实体之间的运算逻辑，将实体识别与关系抽取两个子任务融合到一步分类操作中，有效解决了领域内困扰已久的错误传播问题。除此之外，本章研究发现，设计更优的分类算法和直接建模实体之间的关系关联至关重要。该发现为后续研究提供了重要参考。

2. 基于二部图链接的单模块同步实体关系联合抽取模型

针对 TransRel 模型未直接建模实体对关联这一缺陷，本章提出一种基于二部图链接的单模块同步实体关系联合抽取模型 BipartRel。该模型将实体关系抽取问题转化为由候选头、尾实体组成的二部图上的链接预测问题，为每个关系构建特定的链接矩阵，实现直接、简洁、高效的实体关系抽取。相比于 TransRel 模型，BipartRel 模型的参数量更少、速度更快、性能更强。除此之外，本章通过分析实体识别的错误分布情况，发现枚举句子中的连续字符序列产生大量候选实体的操作引入了冗余的低质量负样本，增加了实体角色识别的难度。该发现为后续研究提供了重要参考。

3. 基于细粒度分类的单模块同步实体关系联合抽取模型

针对 TransRel 模型和 BipartRel 模型的候选实体生成过程会产生冗余负样本这一缺陷，本章深入分析了冗余信息的成因和解决思路，并提出一种基于细粒度分类的单模块同步实体关系联合抽取模型 FineRel。该模型将实体关系抽取转化为一个细粒度的三元组分类问题，为句子中的每个字符对和关系赋予特定的分类标签，在此基础上设计了特定关系条件下的犄角标注策略和具备三元组内部依赖学习能力的多分类器。相比于 TransRel 模型和 BipartRel 模型，FineRel 模型的超参数更少，对关系三元组抽取的效果更好。

4.6 本章参考文献

[1] ZHENG S C, WANG F, BAO H Y, et al. Joint extraction of entities and relations based on a novel tagging scheme [C/OL]//Proceedings of the 55th Annual Meeting of the Association for Computational Linguistics, 2017: 1227 - 1236. DOI: 10.18653/v1/P17 - 1113.

[2] ZHENG H Y, WEN R, CHEN X, et al. PRGC: potential relation and global correspondence based joint relational triple extraction [C]//Proceedings of the 59th Annual Meeting of the Association for Computational Linguistics, 2021: 6225 - 6235.

[3] ZENG X R, ZENG D J, HE S Z, et al. Extracting relational facts by an end - to - end neural model with copy mechanism [C/OL]//Proceedings of the 56th Annual Meeting of the Association for Computational Linguistics, 2018: 506 - 514. DOI: 10.18653/v1/p18 - 1047.

[4] ZENG D J, ZHANG H R, LIU Q Y. CopyMTL: copy mechanism for joint extraction of entities and relations with multi - task learning[C]//Proceedings of the AAAI Conference on Artificial Intelligence,2020,34(5):9507-9514.

[5] FU T J,LI P H,MA W Y. GraphRel:modeling text as relational graphs for joint entity and relation extraction[C]//Proceedings of the 57th Annual Meeting of the Association for Computational Linguistics,2019:1409-1418. https://www.aclweb.org/anthology/P19-1136.

[6] YUAN Y,ZHOU X F,PAN S R,et al. A relation - specific attention network for joint entity and relation extraction[C/OL]//Proceedings of the 29th International Joint Conference on Artificial Intelligence,2020:4054-4060. DOI:10.24963/ijcai.2020/561.

[7] LIU J,CHEN S W,WANG B Q,et al. Attention as relation:learning supervised multi - head self - attention for relation extraction[C/OL]//Proceedings of the 29th International Conference on International Joint Conferences on Artificial Intelligence,2021:3787-3793. https://dl.acm.org/doi/epdf/10.5555/3491440.3491964.

[8] WEI Z P,SU J L,WANG Y,et al. A novel cascade binary tagging framework for relational triple extraction[C/OL]//Proceedings of the 58th Annual Meeting of the Association for Computational Linguistics,2020:1476-1488. DOI:10.18653/v1/2020.acl-main.136.

[9] WANG Y C,YU B W,ZHANG Y Y,et al. TPLinker:single - stage joint extraction of entities and relations through token pair linking[C]//Proceedings of the 28th International Conference on Computational Linguistics,2020:1572-1582. DOI:10.18653/v1/2020.coling-main.138.

[10] CHEN Y B,ZHANG Y Q,HU C R,et al. Jointly extracting explicit and implicit relational triples with reasoning pattern enhanced binary pointer network [C/OL]//Proceedings of the 2021 Conference of the North American Chapter of the Association for Computational Linguistics:Human Language Technologies,2021:5694-5703. DOI:10.18653/v1/2021.naacl-main.453.

[11] MA L B,REN H M,ZHANG X L. Effective cascade dual - decoder model for joint entity and relation extraction[Z/OL]. DOI:10.48550/arXiv.2106.14163.

[12] ZHAO K,XU H,CHENG Y,et al. Representation iterative fusion based on heterogeneous graph neural network for joint entity and relation extraction[J/OL]. Knowledge - based systems,2021,219:106888. DOI:10.1016/j.knosys.2021.106888.

[13] VAN DEN OORD A,LI Y Z,VINYALS O. Representation learning with contrastive predictive coding[Z/OL]. DOI:10.48550/arXiv.1807.03748.

第 5 章

篇章级别的关系抽取

5.1 篇章级别关系抽取概述

近年来，随着计算机和互联网技术的蓬勃发展，人类的生活习惯和方式都发生了翻天覆地的变化，各个国家和地区都吹响了人工智能大发展的号角。2017 年 7 月，我国发布《新一代人工智能发展规划》，明确指出抢抓人工智能发展的战略新机遇，促进人工智能技术的创新与智能生活、智能经济和智能服务等相结合的目标，建立全方位的新时代人工智能新平台。2023 年 7 月 24 日，中共中央政治局会议强调"促进人工智能安全发展"，坚持安全与发展并重，释放了以人工智能技术激发数实融合新动能、打造高质量发展新引擎的积极信号。2019 年 2 月 11 日，美国总统特朗普签署行政令 *Executive Order on Maintaining American Leadership in Artificial Intelligence*（《维护美国人工智能领导地位的行政命令》），启动了美国人工智能计划，以促进和保护美国的人工智能技术和创新。同年，美国政府为了加强在人工智能研发上的投入，发布了《国家人工智能研发战略计划：2019 年更新版》。2020 年 2 月，欧盟委员会发布《人工智能白皮书——通过卓越和信任的欧洲路径》，确立了人工智能是一项战略技术，人工智能生产力的变化不仅能够促进欧洲产业的升级和竞争力，而且能够有效地响应人们对生活需求、民主权益、社会稳定和环境变化等一系列亟待解决的问题。鉴于此，人工智能不亚于一场新的产业革命，是最能促使经济绿色发展、最能改善人们生活品质、最能提升产业升级的新发动机。

自然语言处理是人工智能领域中推进人类与机器有效沟通和交互的重要手段。随着互联网的发展和从业人数的增加，人类社会开始向数字化社会和智能化社会转变，进而带来了互联网数据的爆炸式增长。一方面，数据的创造者每天在创造大量的非结构化的蕴含高价值的数据；另一方面，数据的提取者对海量的数据望洋兴叹，难以有效、快速地对其进行分析。这两方面的矛盾随着时间的推移日益尖锐，如何从海量的信息中快速高效地提取有用的知识，成为亟待解决的问题。篇章级别的关系抽取作为自然语言处理中缓解这一矛盾的重要技术手段之一，能够利用计算机从海量的非结构化文本（新闻、微博、维基百科等）中检测出实体对的语义关系。篇章级别的关系抽取方法旨在从篇章信息中抽取出实体对之间的语义关系，相比较于句子级别的关系抽取，篇章级别的关系抽取更加复杂，更加贴近实际应用。它自诞生以来受到学术界和工业界的广泛关注，并且在各个领域都具有极其广泛的应用。计算机可以从新闻报道中抽取人和人的上位关系、下位关系、整体关系和部分关系等；从博客中抽取人和事件的蕴含关系、因果关系和整体关系等；从维基百科中抽取事件和事件的同义关系、反义关系和部分关系等。这些关系存在于互联网的非结构化文本中，对于准确把握事物关系的变化具有重要意义。尽管现实生活中关系抽取的应用领域和领域之间实体对的关系各不相同，但它们都具有以下两个共同的特点。

1）领域性强，通用性差

目前，关系抽取技术受限于数据内容的领域性和关系类型的独特性，关系抽取模型的通用性和泛化能力较差。数据内容的独特性是指不同领域的数据内容在专业词汇和描述方面差别很大。例如，医药领域和军事领域都会出现相同的关系类型（上下位关系或因果关系），但其上下文是完全不同的，使用医药领域的数据集对军事领域的信息进行关系识别，识别效果势必会大打折扣。另外，不同的领域又会出现不同的关系类型。例如，医药领域会出现"诊断"这种关系，但是军事领域完全不会出现。当需要对目标数据进行关系识别，并且目标数据是新的领域或者新的关系时，常用的方法有迁移学习和数据标注。但是迁移学习更多是应用在相似领域中，领域跨度大时，迁移学习的效果并不能令人满意。因此，最常用的方法是对该目标数据进行关系标注，然后用来训练模型。

2）应用范围广，但效果差

现有的篇章关系抽取技术是使用深度学习的方法对训练集样本进行学习，使模型能够自动学习非结构化文本中的知识，并抽取出实体之间的语义关系。然而，训练集样本的构造严重依赖领域专家对数据集进行标注，若没有训练集样本，那么大部分的关系抽取技术将无从谈起，而且由于文本的多样性强、上下文理解困难、语义消歧、领域适应性等问题，其效果一直较差。

总的来说，篇章级别关系抽取是自然语言处理和人工智能领域的研究热点。传统的关系提取任务通常侧重于句子级别关系提取，其中实体对和关系的语义信息分布在单个句子中。然而，篇章级别关系抽取涉及多个实体对，并且实体被分配给各种句子，现有方法很难完成这种关系提取任务，而且实体之间的关系更多分布在篇章之中。因此，篇章级别关系提取数据集（DocRED）被提出[1]，且被研究者重视。

5.2 基于多层聚合和逻辑推理的篇章级别关系抽取

5.2.1 概述

篇章级别的关系抽取（document-level relation extraction）旨在识别篇章中实体对之间的关系。相较于句子级别的关系抽取，篇章级别的关系抽取更加符合实际情况——实体对/提及对可能出现在篇章的不同句子中。另外，篇章级别的关系抽取任务在现实生活中也有很多应用，如问答系统和大规模知识图构建。

虽然句子级别的关系抽取已经取得很大成功，但是篇章级别的关系抽取还面临一些句子级别关系抽取从未面临过的挑战。现有的篇章级别关系抽取的主要工作有两方面：构建图结构，以捕获复杂的上下文信息；使用关系之间的推理，以弥补自身信息的不足。近年来，研究人员重点关注的是使用图神经网络构建提及图，并从篇章中捕获跨实体内部提及之间的复杂信息。Ru 等[2]提出了一种概率模型来学习逻辑规则，并捕获实体和输出关系之间的依赖关系。Huang 等[3]采用启发式的方法选择证明句，并使用局部路径增强关系抽取。Xu 等[4]对实体之间的关系进行建模，提高了关系抽取性能。Zeng 等[5]提出了将句子内部和句子之间的关系进行区分。Li 等[6]利用局部和全局基于提及的推理来预测关系。此外，针对多标签分类的问题，Zhou 等[7]提出了自适应阈值技术。然而，在此基础上，本节进一步强调两个挑战：多提及多标签、关系交互支持。

（1）多提及多标签。由于相同实体对的不同提及所在的上下文不同，因此实体对可能表示多种关系。这意味着实体对的关系事实和提及对的关系事实存在差距。因为在数据标注的过程中，假如提及对存在着某种关系，则实体对中的其他提及对也会被认为存在这种关系。实际上，并不是所有的提及对都能够表示这种关系，而且有的提及对是没有关系信息的。如图 5.2.1 所示，不同实体对可能表示相同的关系，相同的证明句也可能支持不同的关系。句子 0 支持 8 个实体对的三个关系。实体对（West Virginia, United States）有三种关系：country、located in the administrative territorial entity 和 country of citizenship。West Virginia 有两个提及，分别在第 0 个句子和第 2 个句子中，但只有第 0 个句子的提及信息组成的提及对包含关系事实。是否有什么方法可以有效地弥合实体对和提及对之间的差距？

（2）关系交互支持。探索和推断证明句对于识别正确的关系类别至关重要。由于相同关系的证明句之间存在着重叠和相互作用的现象，证明句可以被用来对实体对进行关系的识别和推理。如图 5.2.1 所示，实体对（Washington

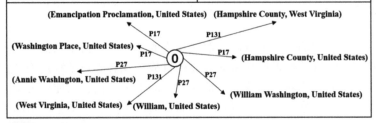

图 5.2.1 DocRED 中的篇章级别关系标注示例图

Place，United States）和（Hampshire County，United States）具有相同的关系（Country）和证明句，它们之间可以相互推理关系信息。每个实体对都可以从证明句中抽取出唯一的关系信息，不同的实体对抽取出来的关系信息可能不同，但它们之间更有可能存在着某种联系并且可能表示相同的关系。然而，直接使用证明句进行实体对关系的推断会存在问题，例如，第 0 个句子可以证明 8 个实体对的三个关系，直接将 8 个实体对抽取出来的信息进行交互，必然会引入不必要的噪声信息。因此，能否从证明句中提取有用信息并减少不必要的交互来提高关系抽取器的性能？

为了解决这些问题，本节提出了一种新颖的多层聚合和逻辑推理（hierarchical aggregation and logical reasoning，HALR）方法，用于篇章级别的关系抽取任务。其基本思想是将关系的识别从实体层次下沉到提及层次，捕获更丰富的关系信息，并使用证明句对关系事实进行推理，提高模型的关系识别能力。为了解决多提及多关系的问题，我们设计了多层聚合的方法捕获提及级别和实体级别的关系信息。为了解决关系交互支持的问题，我们进一步研究了证明句的识别，并根据证明句推断关系信息。为了防止关系信息之间不必要的交互问题，我们设计了两个约束条件，分别是不同实体对存在着相同的实体和不同实体对的实体类型一致，以减少不必要的交互。

本节的贡献可以总结如下：强调了篇章级别关系抽取中多提及多标签和关

系复杂交互的问题;提出了一种具有多层聚合和逻辑推理的新模型,以捕获多层次信息,并根据证明句推断关系;在两个公开可用的数据集进行了广泛的实验。结果表明,与基线模型相比,本节提出的方法具有优越的性能,进一步的消融研究证明了关键组件的有效性。

5.2.2 相关工作

虽然篇章级别和句子级别的远程监督数据集都存在着噪声标签和噪声句子的问题,但是篇章级别的远程监督数据集更加亟待解决的问题是:实体的信息表示和实体之间的关系推理。因此,本节主要围绕两方面介绍:实体的信息表示;实体对的关系推理。

5.2.2.1 实体的信息表示

实体的信息表示是为了从篇章中抽取出能够表示实体的重要特征。由于篇章的长度过长,以及其包含大量的实体和噪声,传统句子级别的关系抽取方法很难被直接应用到篇章级别的关系抽取上。因此,如何从复杂且冗长的篇章中捕获实体对的关系信息变得极为重要。

如图5.2.2所示,篇章中包含众多实体,每个实体又有可能包含若干个提及信息,它们拥有不同的上下文信息。另外,一个实体对可能包含多个提及对,导致一个实体对可能拥有多个关系标签。这一系列现象更加符合实际的情况,更加贴切任务本身的情况,所以相比较于句子级别的关系抽取,篇章关系抽取任务有其复杂性和独特性。Yao等[1]提出了一个大规模的篇章级别的关系抽取数据集(DocRED),该数据集的构造方法是使用远程监督的方法自动从Wikipedia数据中抽取文档,然后人工对其进行筛选,过滤掉不正确的关系标签。因此,该数据集包含两部分:未经过人工处理的篇章级别关系抽取数据

图5.2.2 篇章级别数据集(DocRED)示例

集、经过人工处理的篇章级别关系抽取数据集。在进行实体对的信息表示时，Yao 等[1]将经过编码器处理的所有实体的提及信息进行加权平均，用这种方法表示实体的信息。

Zhou 等[7]提出了一种新颖的上下文池化方法，以捕获实体对的上下文信息。该方法首先使用经过 BERT 编码器的实体对的注意力机制层信息对全篇的单词进行注意力机制计算，抽取出能够表示实体对的关系信息。具体计算方法如下：

$$A_i^{(s,o)} = A_{si} \cdot A_{oi} \quad (5.2.1)$$

$$q^{(s,o)} = \sum_{i=1}^{N} A_i^{(s,o)} \quad (5.2.2)$$

$$\alpha^{(s,o)} = q^{(s,o)} / (\mathbf{1}^T q^{(s,o)}) \quad (5.2.3)$$

$$c^{(s,o)} = H^T \alpha^{(s,o)} \quad (5.2.4)$$

式中，A_{si}, A_{oi}——经过 BERT 编码器以后第 i 个实体对的注意力矩阵；

H——篇章中单词的隐含层信息；

$c^{(s,o)}$——实体对的关系信息；

N——BERT 编码器多头注意力机制的头的个数。

然后，与实体信息拼接，进行实体信息的表示。计算方法如下：

$$\begin{cases} z_s^{(s,o)} = \tanh(W_s h_s + W_{c1} c^{(s,o)}) \\ z_o^{(s,o)} = \tanh(W_o h_o + W_{c2} c^{(s,o)}) \end{cases} \quad (5.2.5)$$

式中，h_s, h_o——实体对的隐含层信息；

$z_s^{(s,o)}, z_o^{(s,o)}$——实体的信息表示；

W_s, W_o, W_{c1}, W_{c2}——可训练的权重参数。

5.2.2.2　实体对的关系推理

实体对的关系推理就是利用其他实体的关系信息对目标实体对的关系信息进行推理，进而增强关系分类器的分类效果。如图 5.2.2 所示，实体对（West Virginia，United States）的关系（located，contain）可以使用实体对（West Virginia，Hampshire County）的信息进行推断，因为它们之间存在相同的关系和实体信息。Zeng 等[8]提出使用了实体层次的图推理模型对关系信息进行推理。该方法的目的是构建一个头实体到尾实体的连接路径，路径上的点为中介节点（实体）。Zhang 等[9]提出使用语义分割的方法对实体对的关系进行推理。该方法将实体对的三元组信息映射到一个 $N \times N$ 的矩阵中，N 代表篇章中实体的数量，然后使用 U-Net 对其进行语义分割，捕获全局和局部的上下文信息。Ru 等[2]提出基于逻辑规则的概率模型，该方法分为规则生成器和关系分类器两个部分。规则生成器生成潜在的有助于最后实体对分类的逻辑规则，关系分类器将规则生成器的规则输出进行预测。Huang 等[3]提出基于局部路径增强的关系抽取模型，该方法将实体对分为句子内部的实体对和句子之间的实体对，针对实体对选择合适的证明句，并不需要考虑整个文档的信息，从而提升关系抽取器的性能。

为了解决篇章级别的远程监督关系抽取数据集中广泛存在的多实体对和多标签问题，研究者通常通过增强实体的表示能力和关系的推理能力来提高关系抽取模型的效果。之所以通过这两方面来提高模型的抽取能力，其原因有以下两点：

（1）篇章中存在着大量的实体，每个实体可能存在若干个提及。这一现象造成了实体信息可能位于篇章的不同位置，拥有复杂的上下文信息，直接使用实体的特征会导致模型学习到大量的噪声信息，进而导致模型的抽取能力下降。

（2）同一篇章中拥有共同的主题，关系之间具有相近性。因此，不同实体对的关系信息有可能相同或者相近，使用实体对之间的逻辑推理可以增强目标实体对的关系表示能力。

总的来说，篇章级别和句子级别的远程监督数据集都需要解决两个相似的问题：样本内部的噪声问题、实体对的噪声标签问题。针对样本内部的噪声问题，篇章级别数据集需要面对的是如何从复杂的篇章信息抽取出有效的实体信息，句子级别需要面对的是如何从复杂的句子中抽取重要的关系信息。针对实体对的噪声标签，由于一个实体存在多个提及，一个实体对有可能有多个提及对，并不是说所有的提及对都能够表示关系信息，篇章级别需要解决的是如何降低这些无效提及对对模型的影响。句子级别是实例包中包含多个相同实体对，它们之间的标签有可能不一样，同样需要解决的是如何降低这些噪声实体对的标签对模型的影响。因此，篇章级别和句子级别的远程监督关系抽取任务需要解决的问题是相同的，但是由于它们所处的环境不同，处理方法很难被跨级别使用。

鉴于此，针对篇章级别的远程监督数据集存在的问题，本节从这两方面入手，研究如何从提及对中抽取重要的实体对的关系信息，研究如何利用篇章内部的实体对进行推理，增强实体对的关系表示能力。

5.2.3 模型架构

本节提出多层聚合和逻辑推理（HALR）方法的目的是通过分层聚合捕获关系的多层级信息并利用证明句推理关系信息，提高模型的抽取能力。如图 5.2.3 所示，在证明句的推理图 G 中，图中的绿色方块是目标关系，浅绿色方块是可以推断目标关系的候选关系，虚线框表示基于实体类型的候选关系的搜索范围。

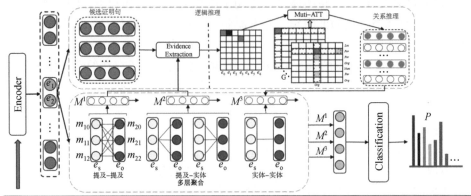

[0] Washington Place ⋯ Emancipation Proclamation of 1863 in *Hampshire County*, *West Virginia*, *United States*. ⋯ [2]William Washington later acquired other properties on the hills north ⋯ land developer in the state of *West Virginia*. ⋯

图 5.2.3　HALR 模型框架（附彩图）

1. 多层聚合

多层聚合（HA）旨在聚合多层次的关系信息，主要包含三部分：

（1）提及-提及模块：旨在捕获各种提及对的组合来表示关系事实，并获得更准确的关系信息。

（2）提及-实体模块：旨在捕获一个实体内部的所有提及和另一个实体内部每一个提及之间的关系信息。

（3）实体-实体模块：旨在捕获一个实体内部的所有提及和另一个实体内部的所有提及之间的关系信息。

2. 逻辑推理

逻辑推理（LR）旨在有效地利用复杂的证明句和实体对来推断关系。LR 分为证据提取模块（EE）和推断关系模块（IR）。其中，证据提取模块可以识别候选证明句并从句子中捕获支持关系信息；推断关系模块利用实体和实体类型构建推理图矩阵，然后选择候选关系来推断目标关系。

3. 任务定义

篇章级别的关系抽取任务旨在识别实体对（e_s, e_o）之间的关系。我们对篇章级别的关系抽取任务定义如下：给定一个篇章序列 $D = \{w_1, w_2, \cdots, w_n\}$ 和 i 个实体，其中 n 是篇章的长度，w_i 是第 i 个单词。篇章中任意两个实体都可以构成实体对，实体（e）有可能包含多个提及，即 $e = \{m_1, m_2, \cdots, m_k\}$，$k$ 是实体中的提及个数。对于提及对（m_i^s, m_j^o），其中 m_i^s 来自 e_s，m_j^o 来自 e_o，e_s 的任意一个提及都可以和 e_o 中的一个提及组成提及对。所谓证明句，就是能够表示和支持实体对关系的句子。

本节常用的符号及其描述见表 5.2.1。

表 5.2.1　HALR 模型的常用符号

符号	描述	符号	描述
n	篇章长度	M^1	提及 – 提及的关系表示
w_i	第 i 个单词	M^2	实体 – 提及的关系表示
H	隐含层信息	M^3	实体 – 实体的关系表示
h_i	第 i 个单词的隐含层信息	S	候选证明句信息
A	注意力矩阵	c	关系矩阵
m_i	实体的第 i 个提及	c_e	推理的关系矩阵
m'	多个提及向量		

5.2.4　基于多层聚合和逻辑推理的关系抽取模型

本节介绍多图聚合和逻辑推理的关系抽取模型（hierarchical aggregation and logical reasoning，HALR）。HALR 模型主要包含 4 部分：编码器模块、聚合模块、逻辑推理模块、分类模块。

5.2.4.1　BERT 编码器

为了充分利用字词（sub – word）的信息，我们使用字节对编码（byte pair encoding，BPE）对篇章中的每个单词进行编码，得到篇章信息 $D = \{w_1, w_2, \cdots, w_n\}$，其中 w_i 表示第 i 个标记。然后，使用 BERT 编码器[10]对篇章中的信息进行编码，使其能够表示篇章中的语义信息。具体定义如下：

$$[H, A] = \mathrm{BERT}(\{w_1, w_2, \cdots, w_n\}) \quad (5.2.6)$$

式中，H——篇章中标记的隐含层信息，$H = [h_1, h_2, \cdots, h_n]$；

A——最后 Transformer 层的多头注意力的平均。

对于提及和实体的信息，我们参照 Yao 等[1]提出的方法。m_j 是目标实体的第 j 提及的信息，它在篇章中的位置是从第 c 个标记到第 d 个标记。提及向量的计算方法如下：

$$m_j = \frac{1}{d - c + 1} \sum_{j=c}^{d} h_j \quad (5.2.7)$$

而句子的信息可以通过最大池化来捕获，计算方法如下：

$$s_i = \mathrm{Max}([h_a, \cdots, h_b]) \quad (5.2.8)$$

式中，s_i——篇章中第 i 个句子的向量信息，第 i 个句子在篇章中的位置是从

第 a 个标记到第 b 个标记。

5.2.4.2 多层聚合

层次聚合模块的目的是探索实体对丰富且有效的关系表示。传统的句子级别关系抽取任务中，关系事实的表示方法很难适用于篇章级别的关系抽取任务中，其原因有以下两方面：

（1）传统的句子级别关系抽取中，实体对和提及对通常是相同的，实体对可以很好地表示关系。然而，篇章级别关系抽取中，实体可能有多个提及，一个实体对可能存在多个提及对，很难确定是哪一个提及对表示关系信息。

（2）人们根据篇章中提及对的关系事实下意识地标记实体对的关系事实。这种潜意识的标注行为导致实体对的关系事实其实是间接关系事实，提及对的关系事实才是直接的关系事实，导致实体对和提及对之间存在间隙。这是因为，如果提及对表示了某些关系事实，则实体对也被标注为表示这些关系事实。实体对的关系事实由提及对的关系事实表示。因此，使用实体对来表示关系事实过于粗糙和间接。

为了弥合实体对和提及对之间的差距，层次聚合模块提出了基于提及对的关系事实表示，即提及–提及（mention–to–mention）、提及–实体（mention–to–entity）和实体–实体（entity–to–entity）。提及是指一个提及的信息。实体是指多个提及的信息。因此，这三种形式可以捕获实体对 (e_s, e_o) 的关系事实，定义如下：

- 提及–提及。从两个实体的提及集合中随机各抽取一个提及组成的提及对的全部组合来表示关系事实。假设关系事实存在于提及–提及中，并且其表示是一对一的。例如，在图5.2.3中，提及–提及有9个关于 (e_s, e_o) 的关系表示。

- 提及–实体。从其中一个实体的提及集合中抽取一个提及与另一个实体的所有提及进行组合，表示关系事实。假设关系事实存在于提及–实体中，并且其表示是一对多的。例如，在图5.2.3中，提及和实体有6个关于 (e_s, e_o) 的关系表示。

- 实体–实体。将两个实体的提及集合进行组合表示关系事实。假设关系事实存在于实体–实体中，并且其表示是多对多的。例如，在图5.2.3中，实体和实体有1个关于 (e_s, e_o) 的关系表示。

1. 提及–提及

给定一个实体对 (e_s, e_o)，它的关系信息是 M^1，可以通过下面的公式计算得到：

$$\begin{cases} M^1 = \alpha^1 \hat{M}^1 \\ \alpha_{ij}^1 = \exp(W\hat{M}^1) / \sum_{j=1}^{t} \exp(W\hat{M}^1) \end{cases} \quad (5.2.9)$$

式中，M^1——提及 - 提及的关系信息的集合；

　　　α^1——关于 $\hat{M}^1$ 的权重；

　　　W——可训练的参数矩阵；

　　　t——实体对中提及对的个数。

提及对的关系信息可以通过下面公式计算得到：

$$\begin{cases} \hat{M}_i^1 = \tanh(z_m^s W_b z_m^o) \\ z_m^s = \tanh(W_1 m^s + W_c c) \\ z_m^o = \tanh(W_2 m^o + W_c c) \end{cases} \quad (5.2.10)$$

式中，W_b, W_1, W_2, W_c——可训练的参数；

　　　(m^o, m^s)——实体对 (e_s, e_o) 中的提及信息，并且代表了提及对集合中的某个提及对；

　　　c——通过上下文池化得到的关系矩阵，它能够增强信息的表示能力，计算方法如下：

$$\begin{cases} c = W_{cp} H \beta \\ \beta = \mathrm{Softmax}\left(\sum_{l=1}^{L} A_l^s \cdot A_l^o \right) \end{cases} \quad (5.2.11)$$

式中，A——最后 Transformer 层的多头注意力的平均；

　　　β——权重；

　　　W_{cp}——可训练的参数；

　　　L——多头注意力机制的头的个数。

2. 提及 - 实体

提及 - 实体是指一个实体的单个提及和另一个实体的多个提及，表示关系事实。首先，计算该实体中多个提及信息的表示 m'。对于实体对 (e_s, e_o)，假设 e_s 包含多提及的信息，e_o 包含单个提及的信息。我们首先使用图注意力网络（GAT）来捕获 e_s 中提及的交互，然后使用 e_o 中的每个提及信息作为查询来计算 e_s 中的多提及信息。计算如下：

$$\begin{cases} m_s' = \lambda \hat{e}_s \\ \lambda_i = \exp(m_i q) / \sum_{i=1}^{k} \exp(m_i q) \\ \hat{e}_s = \mathrm{GAT}(e_s) = [m_1, m_2, \cdots] \end{cases} \quad (5.2.12)$$

式中，k——e_s 中的提及个数；

m_i——e_s 中的第 i 个提及；

q——查询向量（来自 e_o）。

关系事实 M^2 的计算方法如下：

$$\begin{cases} M^2 = \alpha^2 \hat{M}^2 \\ \alpha_{ij}^2 = \exp(W^2 \hat{M}_i^2) / \sum_{j=1}^{t} \exp(W^2 \hat{M}_j^2) \end{cases} \quad (5.2.13)$$

式中，W^2——可训练的参数；

t——在实体对中提及 – 实体的个数。

提及 – 实体的关系信息计算方法如下：

$$\begin{cases} \hat{M}_i^2 = \tanh(z_s^2 W_b z_o^2) \\ z_s^2 = \tanh(W_2 m_s' + W_c c^2) \\ z_o^2 = \tanh(W_2 m_o + W_c c^2) \end{cases} \quad (5.2.14)$$

式（5.2.10）和式（5.2.14）共享相同的参数。同样，我们使用式（5.2.11）计算上下文信息，但是对于实体的注意力矩阵，我们使用平均了 e_s 中所有提及的注意力值，得到多提及的注意力矩阵 A^s。

3. 实体 – 实体

实体 – 实体是指一个实体的多个提及和另一个实体的多个提及表示关系事实。对于多个提及的信息表示，我们使用图注意网络（GAT）[11] 和 logsumexp 池化[12] 来获得实体向量，$\hat{e} = \log \sum \exp(\text{GAT}(e))$。然后，预测实体层次的关系，计算方法如下：

$$\begin{cases} M^3 = \tanh(z_e^s W_b z_e^o) \\ z_e^s = \tanh(W_1 \hat{e}_s + W_c c) \\ z_e^o = \tanh(W_2 \hat{e}_o + W_c c) \end{cases} \quad (5.2.15)$$

式中，c——关系矩阵，可以通过式（5.2.11）得到，该式和式（5.2.10）共享参数。

5.2.4.3 逻辑推理

逻辑推理（LR）模块旨在捕获关键证明句的信息，并利用其推断实体对的关系信息。它包含两部分：证明句抽取、关系推理。

1. 证明句抽取

证明句抽取部分存在两个任务：候选证明句的筛选、候选证明句信息的抽取。候选证明句的筛选存在一个假设条件，即绝大多数证明句存在于实体对的提及所在的句子中。据统计，候选证明句能够完全包含 90% 以上的真实证明句。但是使用提及定位证明句又需要面临候选证明句的数量要明显多于真实证明句的问题。如图 5.2.1 所示,实体对(West Virginia, United States)的候选证明句是句子 0 和 2,但是真实证明句是句子 0,句子 2 是噪声证明句。因此,引出第二个任务,即候选证明句信息的抽取。

给定候选证明句的集合 $s = \{s_i\}_{i=1}^{C}$,s_i 是句子的信息。我们将提及-提及和提及-实体的关系信息作为查询向量,以减少候选证明句的噪声特征,计算如下:

$$\begin{cases} \hat{S} = \gamma S \\ \gamma_i = \dfrac{\exp(s_i M^r)}{\sum_{j=1}^{C} \exp(s_j M^r)} \\ M^r = W^r [M^1, M^2] \end{cases} \quad (5.2.16)$$

式中,$W^r \in \mathbb{R}^{2d \times d}$——可训练的参数。

因此,我们可以得到证明句表示 $\hat{s}$。

2. 关系推理

由于许多实体对具有相同的关系和证明句,因此可以通过证明句推断出关系信息。受 Huang 等[13]的启发,我们将实体到实体的矩阵(图 5.2.4)视为一个像素,并使用多头注意力来收集相关的推理关系。然而,将所有实体对的证明句都作为候选关系是不现实的,会引入噪声信息。因此,我们为每个实体对构建一个推理图 G,它可以选择重要的候选证明句的关系信息,推断目标关系信息。如图 5.2.4 所示,推理图 G 中的绿色方块是目标关系,浅绿色方块是可以推断目标关系的候选关系,绿色虚线框表示基于实体类型的候选关系的搜索范围。

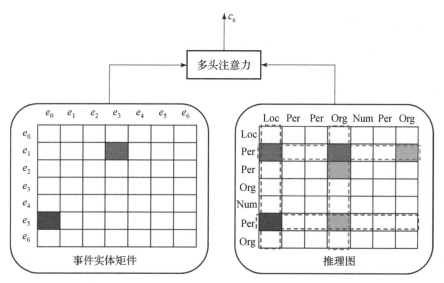

图 5.2.4　基于实体和实体类型的关系推理图(附彩图)

我们观察数据集并做出两个假设：目标实体对的候选关系信息包含相同的头实体或尾实体；候选实体对具有相同的实体类型。如图 5.2.1 所示，有三个具有相同关系（country of citizenship）的实体对，分别是（Annie Washington，United States）、（William，United States）和（William Washington，United States）。它们具有相同的实体（United States）和实体类型（Person 和 Location）。同时我们可以从图 5.2.1 中观察到，虽然这 8 个实体对具有相同的实体（United States），但实体类型进一步过滤噪声信息，得到相对准确的候选证明句，如（Emancipation Proclamation，United States）和（Hampshire County，United States）。然后，我们使用多头注意力[14]来推断关系矩阵 c_e，其计算如下：

$$\begin{cases} c_e = AX \\ X = \hat{S} + c \\ Q = XW_q, K = XW_k, V = XW_v \\ A = \text{Softmax}\left(\dfrac{QK^\mathrm{T}}{\sqrt{d_k}} G\right) \end{cases} \quad (5.2.17)$$

式中，W_q, W_k, W_v——可训练的参数；

d_k——X 的维度；

c——上下文关系矩阵（参见式（5.2.11））。

为了弥补实体对自身信息的不足，我们在此提出了逻辑推理的方法，并在式（5.2.15）中使用，将原始的矩阵 c 修改成新矩阵 c_e。由于候选证明句是根据提及所在的句子抽取出来的，是在实体层面的信息，因此证明句推理只被应用到实体–实体。

5.2.4.4 分类

对于实体对（e_i, e_j），我们将 M^1、M^2 和 M^3 拼接，并预测实体之间的关系。可以表示如下：

$$I_{ij} = [M^1; M^2; M^3] \quad (5.2.18)$$

$$P(r \mid e_i, e_j) = \sigma(W_b \tanh(W_a I_{ij} + b_a) + b_b) \quad (5.2.19)$$

式中，W_a, b_a, W_b, b_b——可训练的参数。

模型参数由自适应阈值损失函数（adaptive thresholding）进行估计，它为每个实体对学习一个自适应阈值。在本章中，使用 Dropout 来防止过拟合。

5.2.5 实验验证

在本节中，我们对多层聚合和逻辑推理（HALR）方法的有效性进行了验证。首先，详细介绍实验使用的两个数据集，并介绍评测指标和对比方法。其次，我们将 HALR 与其他方法在两个数据集的整体性能进行评测。再次，我们对 HALR 各个模块进行详细分析。最后，为了深入说明 HALR 模型的有效性，进行了实例分析。

5.2.5.1 数据集和评测标准

为了验证 HALR 模型的性能，我们在 DocRED[1] 和 CDR[15] 数据集上进行了实验。数据集的详细情况见表 5.2.2。

表 5.2.2 DocRED 和 CDR 数据集统计信息表

统计信息	DocRED	CDR
训练集	3053	500
验证集	1000	500
测试集	1000	500
关系类型	97	2
每篇文档的平均实体个数	19.5	7.6
每篇文档的平均句子个数	8.0	9.7

1. DocRED

篇章关系抽取数据集（DocRED）是使用远程监督方法从 Wikipedia 和 Wikidata 中抽取出来的，其中包括实体和关系信息。该数据集的训练集分为经过人工筛选的数据集、未经过人工筛选的数据集。句子级别和篇章级别具有相似性，篇章级别实体对的关系信息对应句子级别实例包的关系信息，篇章级别提及对的关系信息对应句子级别实例包中实体对的关系信息。对于经过人工筛选的 DocRED，包含 132 375 个实体、56 354 个关系和 5 053 篇文档。其中，超过 40.7% 的关系事实需要多个句子的信息共同识别实体对的关系。另外，该数据集包含 97 种关系。

2. CDR

CDR 是一个篇章级别的医疗领域数据集。该数据集并不属于远程监督数据集，使用该数据集是为了证明本节提出的方法在通用的篇章级别数据集依然可以取得良好的效果。CDR 模拟了化学品和疾病之间的关系。CDR 源自比较毒物基因组学数据库（CTD），该数据库管理基因、化学物质和疾病之间的相互作用。CDR 包含 1 500 篇文档，其中包含标注了 4409 个化学品、5818 个疾病信息和 3116 个化学–疾病相互作用。

参考之前的工作[1]，我们在此使用 F1 值和 Ign F1 作为评估指标来评估 HALR 方法的性能。Ign F1 是指计算验证集和测试集时过滤掉和训练集共享的关系事实。我们还使用 Intra F1 和 Inter F1 指标来评估模型在识别句内关系和句间关系的性能。

5.2.5.2 超参数设置

本节提出的模型是基于Pytorch和Huggingface的Transformers实现的。我们在DocRED上使用uncased BERT-base作为编码器，在CDR上使用SciBERT-base[16]作为编码器。我们使用AdamW[17]优化所提出的模型，使用学习率3×10^{-5}进行预训练，使用学习率1×10^{-5}进行微调，并在前6%的步骤中进行学习率预热[18]（linear warmup）。我们使用网格搜索来调整超参数：模型中向量的维度大小为768，从$\{64,128,256,512,768\}$中选择；预训练的批量大小设置为2，以进行微调；Dropout设置为0.2。我们使用TITAN XP训练所提出的模型，并根据验证集上的F1值执行提前停止，最多30个epoch。所有特殊标记都使用BERT词表中未使用的标记来实现。

5.2.5.3 对比方法

我们将HALR方法和序列模型、图模型、预训练语言模型进行对比。

1. 序列模型

Yao等[1]提出了4种基线方法，前三种分别基于CNN、LSTM和Bi-LSTM的方法，第四种是Context-Aware模型将注意力机制和LSTM相结合。此外，我们还将其他基于序列的模型应用于DocRED，它们是HIN-GloVe[19]和LSR-GloVe[20]。

2. 图模型

这些模型构建提及/实体图，提升篇章级别的关系抽取效果，包括GAT[11]、BRAN[21]、GCNN[22]、EoG[23]和AGGCN[24]。

3. 预训练语言模型

这些模型利用预先训练的语言模型来预测关系。BERT-Two-Step模型由Wang等[25]在DocRED上提出。虽然类似于BERT-RE[25]，但它首先预测两个实体是否存在关系，然后预测具体的目标关系。HIN-BERTb模型由Tang等[19]提出。层次推理网络（HIN）充分利用了实体级、句子级和文档级的丰富信息。LSR-BERT由Nan等[20]提出。LSR（潜在结构细化）[20]以端到端的方式构建文档级图以进行推理，而不依赖于共同引用或规则。其他预训练模型，如CorefBERT[26]、ATLOP、GAIN和RoBERTa[27]等，也被用来进行篇章级别的关系抽取任务。

5.2.5.4 各模块分析

为了验证HALR各模块的有效性，我们进行了消融分析。消融实验的结果如表5.2.3所示。在表5.2.3中，HALR在DocRED上表现出最好的效果。这是因为，所提出的模型可以捕获多层次的关系信息并推断出有用的证明句信息。

表 5.2.3　HALR 模型的消融实验结果　　　　　　　　　　（%）

模型	验证集				测试集	
	Ign F1	F1	Intra F1	Inter F1	Ign F1	F1
HALA	**59.87**	**61.64**	**67.55**	**54.56**	**59.66**	**61.42**
w/o 多层聚合	54.02	55.92	61.28	48.71	54.35	56.30
w/o 提及－提及	59.31	61.17	67.39	53.44	59.31	61.17
w/o 提及－实体	58.92	60.87	67.01	52.80	59.10	61.20
w/o 实体－实体	58.50	60.47	66.53	52.90	59.11	60.96
w/o 逻辑推理	59.12	61.12	66.24	52.31	59.20	61.06
w/o 证明句抽取	59.51	61.79	67.01	53.80	59.11	61.14
w/o 关系推理	59.40	61.22	67.27	53.39	59.40	61.22

1. 多层聚合模块

在表 5.2.3 中，我们可以观察到多层聚合模块的性能，得到以下结论。

（1）移除多层聚合模块，关系抽取的性能明显变差。具体来说，在 HALR 中的验证集和测试集上，F1 值和 Ign F1 实验结果分别减少了 0.0572、0.0585 和 0.0531、0.0512 有以下两个原因：实体和提及包含丰富的用于识别实体对关系的信息；相同的证明句可以支持不同实体对的标签。因此，如果忽略层次聚合信息，将很难仅依靠逻辑推理来准确预测关系。

（2）移除提及－提及、提及－实体和实体－实体模块，实验结果都有不同程度的下降。这一结果证明了篇章中关系事实的表示很复杂，使用单一的表示（实体对）会导致有用的关系信息被忽略，从而导致实验结果不佳。因此，实体对和提及对之间存在差距，应该弥合这个差距，以提高篇章级别关系抽取模型的性能。

2. 逻辑推理模块

为了评估在逻辑推理方面的有效性，我们评估了不同组件的性能。在表 5.2.3 中，我们可以观察到：

（1）当移除逻辑推理时，HALR 在验证集和测试集上的 F1 值、Ign F1 实验结果分别减少了 0.0052、0.0075 和 0.0036、0.0046。主要原因是候选证明句中包含有用的关系信息，逻辑推理可以利用实体对内部的证明句和实体对之间的证明句信息进行推理，提高关系抽取能力。

（2）在移除证明句抽取的情况下，验证集和测试集上的 F1 值、Ign F1 实验结果分别降低了 0.0045、0.0036 和 0.0028、0.0055。其原因是证明句包含丰富的不同于实体信息的上下文信息和关系信息。

（3）当我们进一步删除关系推理部分后，验证集和测试集上的 F1 值、Ign F1 实验结果降低了 0.0042、0.0047 和 0.0020、0.0026。因为一些实体对包含相同的关系和上下文信息，甚至包含证明句。利用这些实体对的关系信息来推断目标实体对，可以大大提高关系抽取器的有效性。

3. 证明句效果

为了进一步分析证明句对关系抽取效果的影响，我们根据三个规则将证明句分为三类：Over、Equal 和 Under。Over 表示候选证明句的数量超过真实证明句，候选证明句包含所有真实证明句。Equal 表示候选证明句与真实证明句的数量相等，候选证明句与真实证明句完全相同。Under 表示候选证明句的数量少于真实证明句，并且候选证明句不包含所有真实证明句。表 5.2.4 中列出了它们的数量和所占百分比。我们可以清楚地看到，候选证明句覆盖了训练集和验证集中超过 90% 的关系事实。实验结果如图 5.2.5 所示，其中 HALR – ES 是 HALR 方法移除证明句模块。

表 5.2.4　训练集和验证集中证明句与候选证明句的覆盖情况

数据集		Over	Equal	Under	合计
训练集	数量	15 366	19 341	1 946	38 180
	占比/%	40.2	50.7	5.1	100
验证集	数量	4 864	6 354	606	12 323
	占比/%	39.5	51.6	4.9	100

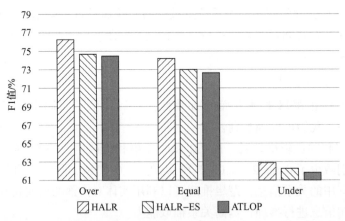

图 5.2.5　HALR、HALR – ES 和 ATLOP 在验证集上的实验结果图

我们可以观察到：

（1）HALR 方法取得了最好的结果。结果表明，证明句对于识别关系非常重要，所提出的方法可以从嘈杂的候选证明句中提取关键信息。

（2）HALR 和 ATLOP 内部的情况是 Over > Equal > Under，Under 的结果比 Over 和 Equal 差。原因是 Under 证明句不完整并且包含更多噪声句子。

（3）在移除证明句抽取后，ATLOP 和 HALR – SE 具有相似的结果。这表明证明句在推断实体对方面发挥了积极作用。此外，所有实验结果看起来都很高，其原因是我们删除了所有关于"NA"类的实体对，因为它们没有证明句。

5.2.5.5 整体性能评测

我们在表 5.2.5 和表 5.2.6 中展示了 HALR 模型在 DocRED 和 CDR 上的性能，并与其他方法进行了比较。

表 5.2.5　HALR 模型与其他方法在 DocRED 上的整体性能对比　（%）

模型	验证集				测试集	
	Ign F1	Intra F1	F1 值	Inter F1	Ign F1	F1 值
CNN	41.58	51.87	43.45	37.58	40.33	42.26
LSTM	48.44	—	50.68	—	47.74	50.07
Bi – LSTM	48.87	57.05	50.94	50.94	48.78	51.06
Context – Aware	48.94	—	51.09	—	48.40	50.70
HIN_GloVe	51.06	60.83	52.95	48.35	51.15	53.30
GAT	45.17	58.14	51.44	43.94	47.36	49.51
GCNN	46.22	57.78	51.52	44.11	49.59	51.62
EoG	45.94	58.90	52.15	44.60	49.48	51.82
AGGCN	46.29	58.76	52.47	45.45	48.89	51.45
LSR_GloVe	48.82	60.83	55.17	48.35	52.15	54.18
GAIN_GloVe	53.05	61.67	55.29	48.77	52.66	55.08
HALR_GloVe	53.54	61.92	55.73	49.24	53.36	55.75
BERT – RE	—	61.61	54.16	47.15	—	53.00
RoBERTa	53.85	—	56.05	—	53.52	55.77

续表

模型	验证集				测试集	
	Ign F1	Intra F1	F1 值	Inter F1	Ign F1	F1 值
BERT-Two-Step	—	61.80	54.42	47.28	—	53.92
HIN-BERT	54.29	—	56.31	—	53.70	55.60
CorefBERT	55.32	—	57.51	—	54.54	56.96
LSR-BERT	52.43	65.26	59.00	52.05	56.97	59.05
ATLOP-BERT	59.11	67.26	61.01	53.20	59.31	61.30
GAIN-BERT	59.14	67.10	61.22	53.90	59.00	61.24
HALR-BERT	**59.87**	**67.55**	**61.64**	**54.56**	**59.66**	**61.42**

表 5.2.6　HALR 模型与其他方法在 CDR 上的整体性能对比

模型	F1 值/%	模型	F1 值/%
CNN	52.60	LSR	64.80
BRAN	62.10	ATLOP-BERT	69.40
EoG	63.60	HALR	**70.70**

我们可以观察到：

（1）HALR 在两个数据集上始终优于所有基线模型。这主要是因为我们的方法可以解决多提及多标签的问题，并赋予其推理能力。

（2）在表 5.2.5 中，未使用 BERT 的模型中，HALR-GloVe 在测试集中始终以 0.0067~0.0245 F1 值优于所有基于序列和基于图的基线模型。在使用 BERT 或 BERT 变体的模型中，与强大的 GAIN-BERT 相比，HALR-BERT 在验证集和测试集上的 F1 值、Ign F1 分别有 0.0042、0.0073 和 0.0018、0.0066 的巨大改进。它表明 HALR 在篇章级别的关系抽取任务中更有效。我们还可以看到，GAIN-BERT 在验证集上将 Intra F1、Inter F1 分别提高了 0.0045 和 0.0066。这些结果证明，多层聚合（提及级和实体级）和逻辑推理可以有效地捕获有用的关系特征并利用推理来推断目标关系。

（3）在表 5.2.6 中，HALR 已经优于所有基线模型。与 CNN、BRAN、EoG、LSR 和 ATLOP 相比，HALR 在测试中将 F1 值提高了 0.1810、0.0860、0.0710、0.0590 和 0.0130。结果表明，我们的方法可以从篇章中学习重要的关系表示，抽取更多的详细信息，以增强 HALR 的性能。

5.3 基于实体选择注意力的篇章级别关系抽取

5.3.1 概述

篇章级别的关系抽取是为了识别文档中提到的实体之间的关系事实并表现出复杂的交互。以前的篇章级别关系抽取方法使用由平均词嵌入表示的实体来预测实体对的关系，但忽略了句子和文档的特征。当遇到文档中的实体对时，人们通常依赖文档或一些句子来预测关系。同样，模型也应该更多地依赖句子级别特征和篇章级别特征。句子级别特征是能够表达关系事实的句子的信息，篇章级别特征是文档的信息。它们可以从不同的角度捕捉相关事实。如果没有足够的句子级别特征和篇章级别特征，模型就无法获得更好的性能。当前的模型依赖于实体的有限特征来学习关系的不完整特征。因此，篇章级别关系抽取面临两个挑战。

第一个挑战：如何捕获支持实体对关系的关键句子级别特征和篇章级别特征？原因有二：其一，包含实体对的语义特征有时存在于特定句子或整个文档中，很难直接根据实体对判断；其二，由于每个文档包含许多实体对和句子，因此很难从文档中提取一些支持这种关系的句子。例如，在图 5.3.1 中，"Zest Airways, Inc."和"AirAsia Zest"可以表达整个文档中"Headquarters

---

[0] **Zest Airways, Inc.** operated **as AirAsia Zest**（formerly **Asian Spirit and Zest Air**），was a low‐cost airline based at the **Ninoy Aquino International Airport** in **Pasay City**，**Metro Manila** in the **Philippines**．
[1] It operated scheduled domestic and internat…..
[2] **In 2013**, the airline became an affiliate of **Philippines AirAsia** operating their brand separately．
[3] Its main base was **Ninoy Aquino International Airport**，Manila．
[4] The airline was founded as **Asian Spirit**，the first airline in the **Philippines** to be run as a cooperative．
[5] On **August 16, 2013**，the **Civil Avia** ….
[6] Less than **a year** after **AirAsia** …
[7] The airline was merged into **AirAsia Philippines** in **January 2016**．

Example Relation 1
Subj: **Zest Airways, Inc. [0]**　　Obj: **AirAsia Zest [0]**
Relation: **Headquarters Location**
Sentence: [0]

Example Relation 2
Subj: **Zest Airways, Inc. [0]**　　Obj: **Ninoy Aquino International Airport [3]**
Relation: **Country**
Sentence: [2, 4, 7]

图 5.3.1　篇章级别关系抽取数据集的文档

Location",其中第0个句子能够表示这种关系,其他句子几乎不支持这种关系。此外,我们可以意识到句子的数量比实体对少得多。更详细地说,每个文档中平均约有387个实体对和12个句子。因此,我们应该设计一个模型,根据实体对自动选择重要的句子级别特征并捕获关键的篇章级别特征。

图5.3.1所示的文档有8个句子、17个实体、13个关系(非-NA)和136个(NA)关系。有两个关系实例,一个表示句内关系,关系可以用单个句子([0])来表达;另一个表示句子间的关系,可以用三个句子([2,4,7])来表达。"NA"表示实体对没有关系事实。"非-NA"意味着实体对具有关系事实。

第二个挑战:模型如何自动将句子级别特征与篇章级别特征相结合,以获得不同实体之间的关系?原因是:虽然句子级别特征与篇章级别特征包含实体对的关系信息,但是句子级别特征与篇章级别特征对于不同实体对的关系存在差异。例如,在一些没有关系的实体对中,我们需要根据整个文档来判断实体对的关系;在一些具有关系的实体对中,由于它们具有相同的文档,因此句子级别特征比篇章级别特征更有用,并且可以增加关系区分度。因此,我们应该设计一种策略来动态组合篇章和句子中的关系特征。

本节提出了一种新颖的篇章级别关系提取框架来解决这两个问题。为了解决提取重要句子级别特征的问题,我们根据实体对和句子的特征为文档中的句子分配权重,然后过滤实体对关系的本质特征的句子。对于篇章级别的特征,我们使用BERT-base对文档进行编码并获取。为了解决如何将篇章级别特征与句子级别特征相结合的问题,我们采用文档门控将重要的句子级别特征与篇章级别特征动态结合。实验结果表明,与基线模型相比,本节所提方法在篇章级别关系抽取方面取得了一定的改进。

本节的贡献可概括如下:为了在篇章级别关系抽取中选择重要的句子级别特征,提出了句子间注意力来解决这个问题;为了正确地将句子级别特征与篇章级别特征结合,提出了门控函数来自动学习结合重要特征。

5.3.2 模型架构

本节提出一种新的篇章级别关系抽取模型,称为实体选择注意力(ESA),旨在基于不同实体对捕捉文档的显著特征。ESA模型的整体架构如图5.3.2所示,分为4个模块:

(1) BERT模块,用于编码文档信息。

(2) 跨句子注意力模块,用于选择与实体对相关的有效句子。

(3) 门控模块,根据不同的实体对将句子级别特征和篇章级别特征相结合。

(4) 分类模块,用于预测实体对之间的关系。

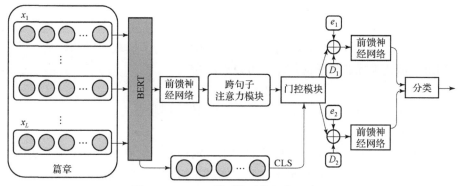

图 5.3.2　ESA 模型的总体架构示意图

1. BERT 编码器

本节使用和 5.2.4 节相同的 BERT 编码器[10]捕获提及特征 m_j。对于实体，我们遵循 Yao 等[1]使用的方法，使用平均值计算拥有 k 个提及的实体 e_i 的表示，如下：

$$e_i = \frac{1}{k} \sum_k m_k \tag{5.3.1}$$

2. 跨句子注意力模块

跨句子注意力模块由两部分组成，即句子表示和句子注意力。该方法如图 5.3.3 所示。

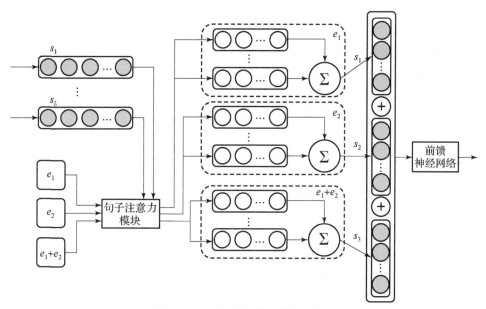

图 5.3.3　跨句子注意力模块示意图

1) 句子表示

为了计算跨句子注意力，我们需要获取句子的信息。假设 s_i 是文档中的第 i 个句子，其由第 a 个标记到第 b 个标记组成。为了提取句子的特征，我们使用最大池化来捕获句子的信息，可以表示为

$$s_i = \text{Max}([h_a, \cdots, h_b]) \tag{5.3.2}$$

式中，h_a, h_b——第 a 个标记和第 b 个标记的隐含层状态。

2) 句子注意力

句子注意力的目标是获取显著的句子级别特征，能够表达关于某些实体对的关系。由于一个文档通常包含许多实体对和相同的篇章级别特征，模型应该定位并捕捉篇章级别特征忽略的关系特征。因此，我们通过为句子分配权重来捕捉显著的句子级别特征。

给定一个实体对 (e_1, e_2) 和文档中的句子 s_i，我们从三部分计算句子的权重，分别为 $[s_i, e_1]$、$[s_i, e_2]$ 和 $[s_i, e_1 + e_2]$。然后，得到关于实体的这三部分的句子级别特征，可以表示为

$$\begin{cases} S_1 = \sum_{i=1}^{L} \alpha_{1i} s_i \\ S_2 = \sum_{i=1}^{L} \alpha_{2i} s_i \\ S_3 = \sum_{i=1}^{L} \alpha_{3i} s_i \end{cases} \tag{5.3.3}$$

式中，$\alpha_{1i}, \alpha_{2i}, \alpha_{3i}$——关于实体的句子的权重。如果它们的权重很高，则表明 s_i 与实体对和关系具有很高的相关性。α_{1i}、α_{2i} 和 α_{3i} 可以通过 s_i、e_1 和 e_2 进行计算，表示为

$$\begin{cases} \alpha_{1i} = \dfrac{\exp(W_s([s_i, e_1] + b_s))}{\sum_{j=1}^{L} \exp(W_s([s_j, e_1] + b_s))} \\ \alpha_{2i} = \dfrac{\exp(W_s([s_i, e_2] + b_s))}{\sum_{j=1}^{L} \exp(W_s([s_j, e_2] + b_s))} \\ \alpha_{3i} = \dfrac{\exp(W_s([s_i, e_1 + e_2] + b_s))}{\sum_{j=1}^{L} \exp(W_s([s_j, e_1 + e_2] + b_s))} \end{cases} \tag{5.3.4}$$

式中，W_s, b_s——权重和偏差的参数；

e_1, e_2——关于实体对的嵌入矩阵。对于显著的句子级别特征，我们通过连接 $[S_1, S_2, S_3]$ 并通过前馈神经网络（FFNN）[14]将它们馈送进去，得到

最终的表示：

$$S = \text{FFNN}([S_1, S_2, S_3]) \quad (5.3.5)$$

式中，S——从基于实体对的句子中捕获的句子级别特征。

3. 门控模块

我们使用门控模块来整合句子的特征 S 和文档的特征 CLS，这受到了 Tu 等[28]的启发。一些句子可能支持关于某些实体对的关系，但篇章级别特征能更好地表示其他实体对的关系。因此，模型应该能自动调整并组合句子级别特征 S 和篇章级别特征 CLS：

$$g = \sigma(W_g([\text{CLS}, S]) + b_g) \quad (5.3.6)$$

式中，g——门控；

W_g, b_g——权重和偏差的参数。

关于特定实体对的特征 $\tilde{H}$ 表示为

$$\tilde{H} = g \otimes \text{CLS} + (1 - g) \otimes S \quad (5.3.7)$$

4. 分类

对于每个实体对 (e_1, e_2)，首先将实体表示和相对距离嵌入与 H 连接，然后将它们馈送到前馈神经网络（FFNN）中，最后使用双线性函数来计算每种关系类型的概率[29]：

$$\begin{cases} H_1 = \text{FFNN}([H, e_1, D(d_{1,2})]) \\ H_2 = \text{FFNN}([H, e_2, D(d_{2,1})]) \end{cases} \quad (5.3.8)$$

$$P(r \mid e_1, e_2) = \sigma(H_1^T W_r H_2 + b_r) \quad (5.3.9)$$

式中，r——一个关系类型；

W_r, b_r——关系类型相关的可训练参数；

$d_{1,2}, d_{2,1}$——文档中两个实体首次出现的相对距离；

D——一个嵌入矩阵。

这个任务被视为一个多标签分类问题。模型参数通过 BCEWithLogitsLoss 进行估计。在本节中，我们采用了 Dropout 来防止过拟合。

5.3.3 实验验证

本次实验旨在展示本节所提的模型能够捕捉有关实体对的显著句子级别特征和篇章级别特征，并动态地将这些特征组合用于篇章级别关系抽取。在实验中，首先引入篇章级别关系抽取数据集；然后，确定了模型的一些参数；最后评估模型，并将本节所提出的方法与一些经典方法进行比较。

1. 数据集和评测标准

在本节中，使用和 5.2 节相同的 DocRED 和 CDR 作为评测数据集，用 Ign

F1 和 F1 值作为评价指标。

2. 超参数设置

我们使用 BERT – base 对文档进行编码。由于预训练的计算成本较高，而我们的主要目标是通过在篇章级别关系抽取任务上进行微调来展示其有效性，因此以发布的语言模型作为编码器。BERT 的学习率设置为 10^{-5}。BERT 模型的词向量维度大小为 768。隐藏层和注意力头的数量为 12。使用一个变换层将 BERT 词向量维度投影到大小为 256 的低维空间。另外，我们在验证集上对超参进行调整。我们使用 BertAdamW 优化模型，并使用网格搜索确定本节所提出的模型和所有基线模型的最佳参数。我们从 $\{10^{-5}, 5\times10^{-4}, 10^{-4}, 5\times10^{-3}\}$ 中选择优化器的学习率，从 $\{4,8,16,32\}$ 中选择批量大小。对于训练，将迭代次数设置为 30，覆盖所有训练数据。

3. 整体性能评测

1）在 DocRED 数据集上的结果

在这一部分，我们将所提出的模型与 Yao 等[1]中提出的几个基线模型进行比较，包括基于 CNN、LSTM、Bi – LSTM 和 Context – Aware 的模型。另外，还采用了基于 GRU、Bi – GRU 和 BERT 的模型，以及基于 BERT + DEMMT[30] 的模型。表 5.3.1 展示了每种方法的实验结果。

表 5.3.1 不同方法的性能比较　　　　　　　　（%）

模型	验证集		测试集	
	Ign F1	F1 值	Ign F1	F1 值
CNN	41.58	43.45	40.33	42.26
GRU	48.09	49.97	47.87	50.10
Bi – GRU	48.72	50.84	48.72	50.64
LSTM	48.44	50.68	47.71	50.07
Bi – LSTM	48.99	50.99	48.70	50.75
Context – Aware	48.94	51.09	48.40	50.70
BERT	53.40	55.64	52.64	55.00
BERT + DEMMT	55.50	57.38	54.93	57.13
BERT + ESA	**56.20**	**58.28**	**55.71**	**58.04**

我们可以观察到：

（1）我们发现在处理文档级信息时，相对于 BERT 和 BERT + DEMMT，CNN、GRU、Bi‑GRU、Bi‑LSTM 和 Context‑Aware 的结果较差。因为序列模型捕捉局部信息，不擅长学习长距离信息，而 BERT 模型可以捕捉长距离信息中更关键的特征。

（2）BERT + ESA 在测试集上比 BERT + DEMMT 获得了 0.0078 Ign F1 和 0.0091 F1 值的提升，在验证集上比 BERT + DEMMT 获得了 0.0070 Ign F1 和 0.0090 F1 值的提升。BERT + ESA 在测试集上比 Bi‑LSTM 获得了 0.0731 Ign F1 和 0.0796 F1 值的提升，在验证集上比 Bi‑LSTM 获得了 0.0726 Ign F1 和 0.0719 F1 值的提升。这一结果表明，BERT + ESA 能够捕捉关于实体对更为显著的特征，特别是在 DocRED 任务中，有两个优势。首先，篇章级别特征和句子级别特征可以从文档中提取，增加了实体对和标签的分化表示；其次，我们所提出的模型可以自动学习门控来选择特征。

2）在 CDR 数据集上的结果

为了研究本节所提出模型的泛化能力，我们还在 CDR 测试集上对其进行了训练和评估（表 5.3.2），并将所提出的模型与 Maximum Entropy[31]、Hybrid System[32]、Post‑processing[33]、NAM、GRU、Bi‑GRU、LSTM、Bi‑LSTM、BRAN[21] 和 BERT 进行了比较。

表 5.3.2 不同模型的性能比较（CDR）

模型	F1 值/%	模型	F1 值/%
Maximum Entropy	58.30	LSTM	53.10
Hybrid System	61.31	Bi‑LSTM	54.40
Post‑processing	61.30	BRAN	68.40
NAM	67.94	BERT	70.00
GRU	52.60	BERT + ESA	71.70
Bi‑GRU	54.20		

从表 5.3.2 中，我们可以观察到：

（1）BERT + ESA 在这个数据集上优于所有基线模型。值得注意的是，通过学习篇章级别特征和句子级别特征，我们所提出的模型优于 BERT。BERT + ESA 能够捕捉比 BERT 更为关键的信息，并从文档中增加关系的特征。

（2）我们还注意到，在篇章级别关系抽取下，BERT 优于所有传统神经网络。这是因为数据集中每个文档都非常长，传统网络几乎无法捕捉整个文档的信息。

4. 各模块分析

为了评估模型的三个主要部分的效果——句子级别特征（MSF）的模型、篇章级别特征（MDF）的模型和实体选择注意力（ESA），我们在两个关系抽取数据集上进行实验。

1）在 DocRED 上的作用

我们采用 BERT–base 和 Bi–LSTM 作为基线模型。之所以选择 BERT–base，是因为在篇章级别关系抽取中，BERT–base 相较于其他方法具有更好的性能；而选择 Bi–LSTM 是因为它在 Yao 等[1]的实验中取得了较好的性能。实验结果详见表 5.3.3。

表 5.3.3 基线模型与本节所提模型在 **DocRED** 上的比较结果 （%）

模型	Dev		Test	
	Ign F1	F1 值	Ign F1	F1 值
Bi–LSTM	48.99	50.99	48.70	50.75
Bi–LSTM + MSF	49.54	51.85	49.46	51.39
Bi–LSTM + MDF	49.18	51.26	49.90	51.04
Bi–LSTM + ESA	50.34	52.10	50.73	51.97
BERT	53.40	55.64	52.64	55.00
BERT + MSF	53.95	56.17	52.73	55.03
BERT + MDF	53.83	56.23	53.12	55.51
BERT + ESA	**56.20**	**58.28**	**55.71**	**58.04**

首先，我们关注 BiLSTM 编码器在篇章级别关系抽取上的表现。Bi–LSTM + ESA 在验证集上的 F1 值和 Ign F1 分别达到了 52.10% 和 50.34%，测试集上分别达到了 51.97% 和 50.73%，这优于所有的 Bi–LSTM 模型。具体来说，Bi–LSTM + ESA 在测试集上比 Bi–LSTM 获得了 0.0203 Ing F1 和 0.0122 F1 值的提升，在验证集上比 Bi–LSTM 获得了 0.0135 Ing F1 和 0.0111 F1 值的提升。结果表明：

（1）与 Bi–LSTM 相比，Bi–LSTM + MSF 在验证集/测试集上的 Ign F1 和 F1 值均优于 Bi–LSTM。因为 Bi–LSTM + MSF 可以从文档中提取更重要的句子级别特征，并学习更具表达力的表示。

（2）Bi–LSTM + MDF 的性能并没有超过 Bi–LSTM。通过 Bi–LSTM 提取篇章级别特征并不容易。

第 5 章 篇章级别的关系抽取

（3）Bi – LSTM + ESA 可以结合句子级别特征和篇章级别特征，并取得良好的性能。因为我们的模型可以从文档中捕获显著特征，并提高对不同实体对的表示。

接下来，展示在 BERT 编码器上的实验结果。BERT + ESA 在验证集上分别取得了 58.28% F1 值和 56.20% Ign F1，在测试集上分别取得了 58.04% F1 值和 55.71% Ign F1，这优于所有的 BERT 模型。结果表明：

（1）与 Bi – LSTM 编码器相比，BERT 在性能上优于 Bi – LSTM 编码器。因为 BERT 编码器可能捕捉到有用的信息，如常识知识和句法信息。因此，我们使用 BERT 来对 DocRED 进行编码。

（2）BERT + MDF 的性能优于 BERT 和 BERT + MSF。这说明文档信息非常重要。因为 DocRED 具有许多"NA"关系标签，模型应该考虑篇章级别特征来预测实体对的标签。因此，提取显著的篇章级别特征可以有效提高模型的性能。

（3）BERT + ESA 在篇章级别关系抽取中取得了最佳性能。因为该模型可以定位显著的句子，为它们分配高权重，并捕捉关键的句子级别特征。而 BERT + ESA 通过门控模块动态地将句子级别特征和篇章级别特征结合，学习关于实体对的关系特征。这证明了句子级别特征和篇章级别特征对于 DocRED 同样至关重要。

2）在 CDR 上的作用

本节采用 BERT – base 作为基线模型。实验结果如表 5.3.4 所示。

表 5.3.4　基线模型与本节所提方法在 CDR 上的比较结果

模型	F1 值/%	模型	F1 值/%
BERT	70.00	BERT + MDF	71.20
BERT + MSF	71.00	BERT + ESA	**71.70**

从表 5.3.4 中可以观察到：

（1）BERT + ESA 在所有测试设置中均取得了最佳性能。BERT + ESA 在测试集上比 BERT 获得了 0.0170 F1 值的提升。这表明，通过门控模型结合句子级别特征和篇章级别特征，可以在篇章级别关系抽取中取得出色的性能。

（2）对于 BERT + MSF 和 BERT + MDF，这些方法的结果都优于 BERT。这些结果证明了显著的句子级别特征和篇章级别特征可以提高特征的表达力，并增强关系抽取的效果。

总体而言，实验结果与我们的研究一致，证明了文档级别特征和篇章级别特征可以增强关系的置信度，并弥补特定关系的不足。

5.4　本章小结

本章提出了一种新颖的篇章级别的关系抽取模型 HALR。为了解决提及对和实体对标签之间的差距，本章设计了多层聚合方法，从多个层次抽取关系的重要特征。另外，本章引入具有限制性条件的关系推理方法，筛选出能够对目标关系进行推理的候选实体对关系信息，并用候选关系信息弥补自身实体对关系的不足，提高关系抽取性能。之后，本章利用实体选择注意力（ESA）框架进行篇章级别关系抽取，所提的模型通过句间注意力从文档中选择关键的句子级别特征和篇章级别特征，并通过门控模块将它们组合，证明了句子级别特征和篇章级别特征具有互补性。最后，本章在一个广泛使用的基准数据集上进行了实验，结果表明，所提的模型明显优于对比模型。

5.5　本章参考文献

[1] YAO Y,YE D M,LI P,et al. DocRED:a large-scale document-level relation extraction dataset[C/OL]//Proceedings of the 57th Annual Meeting of the Association for Computational Linguistics,2019:764-777. DOI:10.48550/arXiv.1906.06127.

[2] RU D Y,SUN C Z,FENG J T,et al. Learning logic rules for document-level relation extraction[C/OL]//Proceedings of the 2021 Conference on Empirical Methods in Natural Language Processing,2021:1239-1250. DOI:10.48550/arXiv.2111.05407.

[3] HUANG Q Z,ZHU S Q,FENG Y S,et al. Three sentences are all you need:local path enhanced document relation extraction[C/OL]//Proceedings of the 59th Annual Meeting of the Association for Computational Linguistics and the 11th International Joint Conference on Natural Language Processing,2021:998-1004. DOI:10.18653/v1/2021.acl-short.126.

[4] XU W,CHEN K H,ZHAO T J. Discriminative reasoning for document-level relation extraction[C/OL]//Findings of ACL/IJCNLP,2021:1653-1663. DOI:10.18653/v1/2021.findings-acl.144.

[5] ZENG S,WU Y T,CHANG B B. SIRE:separate intra- and inter-sentential reasoning for document-level relation extraction[C]//Findings of the Association for Computational Linguistics:ACL/IJCNLP 2021,2021:524-534.

[6] LI J Y,XU K,LI F,et al. MRN:a locally and globally mention-based reasoning network for document-level relation extraction[C]//Findings of the Association

for Computational Linguistics:ACL/IJCNLP 2021,2021:1359-1370.

[7] ZHOU W X,HUANG K,MA T Y,et al. Document-level relation extraction with adaptive thresholding and localized context pooling[C]//Proceedings of the AAAI Conference on Artificial Intelligence,2021:14612-14620.

[8] ZENG S, XU R, CHANG B, et al. Double graph based reasoning for document-level relation extraction[C]// Proceedings of the 2020 Conference on Empirical Methods in Natural Language Processing, 2020: 1630-1640.

[9] ZHANG N Y, CHEN X, XIE X, et al. Document-level relation extraction as semantic segmentation[C/OL]//Proceedings of the 30th International Joint Conference on Artificial Intelligence, 2021: 3999-4006. DOI: 10.24963/ijcai. 2021/551.

[10] DEVLIN J, CHANG M W, LEE K, et al. BERT: pre-training of deep bidirectional transformers for language understanding[C/OL]//Proceedings of the 2019 Conference of the North American Chapter of the Association for Computational Linguistics,2019:4171-4186. DOI:10.18653/v1/N19-1423.

[11] VELIČKOVIĆ P, CUCURULL G, CASANOVA A, et al. Graph attention networks [C/OL]//International Conference on Learning Representations, 2018. https://arxiv.org/pdf/1710.10903.

[12] JIA R,WONG C,POON H. Document-level n-ary relation extraction with multiscale representation learning[C/OL]// NAACL 2019. DOI: 10.48550/arXiv.1904.02347.

[13] HUANG Z L,WANG X G,HUANG L C,et al. CCNet:criss-cross attention for semantic segmentation[C/OL]//2019 IEEE/CVF International Conference on Computer Vision,2019:603-612. DOI:10.1109/iccv.2019.00069.

[14] VASWANI A, SHAZEER N, PARMAR N, et al. Attention is all you need [C/OL]//Advances in Neural Information Processing Systems,2017:5998-6008. DOI:10.48550/ arXiv.1706.03762.

[15] LI J,SUN Y P,JOHNSON R J,et al. BioCreative V CDR task corpus:a resource for chemical disease relation extraction [J/OL]. Database (Oxford), 2016: baw068. DOI:10.1093/database/baw068.

[16] BELTAGY I, LO K, COHAN A. SCIBERT: a pretrained language model for scientific text [C/OL]//Proceedings of the 2019 Conference on Empirical Methods in Natural Language Processing and the 9th International Joint Conference on Natural Language Processing, 2019: 3613-3618. DOI: 10.48550/arXiv.1903.10676.

[17] LOSHCHILOV I, HUTTER F. Decoupled weight decay regularization[Z/OL]. DOI:10.48550/arXiv.1711.05101.

[18] GOYAL P, DOLLÁR P, GIRSHICK R, et al. Accurate, large minibatch SGD: training ImageNet in 1 hour[Z/OL]. DOI:10.48550/arXiv.1706.02677.

[19] TANG H Z, CAO Y N, ZHANG Z Y, et al. HIN: hierarchical inference network for document-level relation extraction[C/OL]//COVID-19 Collection, 2020:197-209. DOI:10.1007/978-3-030-47426-3_16.

[20] NAN G S, GUO Z J, SEKULIC I, et al. Reasoning with latent structure refinement for document-level relation extraction[C/OL]//Proceedings of ACL, 2020:1546-1557. DOI:10.18653/v1/2020.acl-main.141.

[21] VERGA P, STRUBELL E, MCCALLUM A. Simultaneously self-attending to all mentions for full-abstract biological relation extraction[C/OL]//North American Chapter of the Association for Computational Linguistics, 2018. DOI: 10.18653/v1/N18-1080.

[22] SAHU S K, CHRISTOPOULOU F, MIWA M, et al. Inter-sentence relation extraction with document-level graph convolutional neural network[C/OL]//Proceedings of the 23rd Annual Meeting of the Association for Computational Linguistics, 2019:4309-4316. DOI:10.18653/v1/p19-1423.

[23] CHRISTOPOULOU F, MIWA M, ANANIADOU S. Connecting the dots: document-level neural relation extraction with edge-oriented graphs[C/OL]//Proceedings of the 2019 Conference on Empirical Methods in Natural Language Processing and the 9th International Joint Conference on Natural Language Processing (EMNLP-IJCNLP), 2019:4924-4935. DOI:10.18653/v1/D19-1498.

[24] GUO Z J, ZHANG Y, LU W. Attention guided graph convolutional networks for relation extraction[C/OL]//ACL, 2019:241-251. DOI:10.18653/v1/p19-1024.

[25] WANG H, FOCKE C, SYLVESTER R, et al. Fine-tune BERT for DocRED with two-step process[Z/OL]. DOI:10.48550/arXiv.1909.11898.

[26] YE D M, LIN Y K, DU J J, et al. Coreferential reasoning learning for language representation[C/OL]//EMNLP 2020. DOI:10.18653/v1/2020.emnlp-main.582.

[27] LIU Y H, OTT M, GOYAL N, et al. RoBERTa: a robustly optimized BERT pretraining approach[Z/OL]. DOI:10.48550/arXiv.1907.11692.

[28] TU Z P, LIU Y, SHI S M, et al. Learning to remember translation history with a continuous cache[J]. Transactions of the association for computational linguistics, 2018,6:407-420.

[29] GENG Z Q, MENG Q C, BAI J, et al. A model – free Bayesian classifier[J]. Information sciences, 2019, 482:171 – 188.

[30] HAN X Y, WANG L. A novel document – level relation extraction method based on BERT and entity information[J/OL]. IEEE access, 2020, 8:96912 – 96919. DOI:10.1109/ACCESS.2020.2996642.

[31] GU J H, QIAN L H, ZHOU G D. Chemical – induced disease relation extraction with various linguistic features[J/OL]. The journal of biological databases and curation, 2016:baw042. DOI:10.1093/database/baw042.

[32] ZHOU H W, DENG H J, CHEN, L, et al. Exploiting syntactic and semantics information for chemical – disease relation extraction[J]. The journal of biological databases and curation, 2016.

[33] GU J H, SUN F Q, QIAN L H, et al. Chemical – induced disease relation extraction via convolutional neural network[J/OL]. The journal of biological databases and curation, 2017:bax024. DOI:10.1093/database/bax024.

第 6 章

实体关系抽取的应用

6.1 概述

在互联网兴起的大背景下，包括新闻、微博、研究文献、评论等形式的大量文本数据不断产生，这些自然文本中隐藏着很多重要且有用的信息值得去挖掘。如何从这些形式自由的非结构化文本中自动抽取结构化的有用信息，是分析、挖掘、利用这些互联网信息的关键步骤。实体关系抽取技术因其可以从无结构的自然文本中抽取结构化三元组，被广泛应用于知识图谱构建、知识表示推理等知识驱动的下游任务中，为下游任务的开展提供三元组知识，补充知识库，从先验知识的角度推动人工智能向认知智能的发展。因此，实体关系抽取的应用主要体现在知识图谱自动化构建、知识表示学习、知识推理及基于知识的推荐算法等方面。本章将对实体关系抽取的应用进行详细介绍。

6.2 知识图谱构建

知识图谱是一种反映目标实体间语义关系的网络，可以利用图结构的形式将现实世界转换为计算机能够处理的数据，从而对现实世界进行建模。大规模的知识库也可以认为是一种知识图谱。

知识图谱的基本数据和实体关系抽取中得到的实体关系三元组相同，因此实体关系抽取方法常被用于为知识图谱的构建提供三元组数据支撑。知识图谱可以分为数据层次和模式层次，其中数据层次所包含的就是包括实体库及三元组知识库的数据。由于知识图谱的结构特点，在构建知识图谱时，数据通常利用图数据库进行三元组知识的存储。数据层次中各本体数据相对独立，如果想根据需要对其进行链接推理，就需要引出模式层次，从而将各独立的本体进行链接，真正实现对现实世界的建模。

从上述的知识图谱构建层级就可以看到，在构建过程中需要构建相应的本体库、关联关系，这就需要用到实体关系抽取技术。其中，本体库本质上就是领域涉及的实体，而关联关系也就是各实体间的关系。因此，构建知识图谱的关键技术就是实体关系联合抽取技术，即知识抽取。在通用知识图谱的构建方面，已有相对成熟的技术和知识图谱产品。例如，百度"知心"、谷歌知识图谱、搜狗"知立方"等商用知识图谱。除了通用知识图谱外，知识图谱也更多地应用于特定领域。在特定领域知识图谱的构建方面，现有的领域知识图谱常采用手工构建方式，缺乏一套统一的特定领域知识图谱构建方法。基于此，对于面向垂直领域知识图谱，研究人员也提出了数据驱动的增量式知识图谱构建方法，构建跨模态个性化领域知识图谱。

如图 6.2.1 所示，知识图谱 G 由模式图 G_s、数据图 G_d 及二者之间的关系 R 组成。知识图谱构建的方法可以分为自底向上、自上而下的构建过程，其中自底向上的构建方法是从数据源出发，逐层构建领域知识图谱。

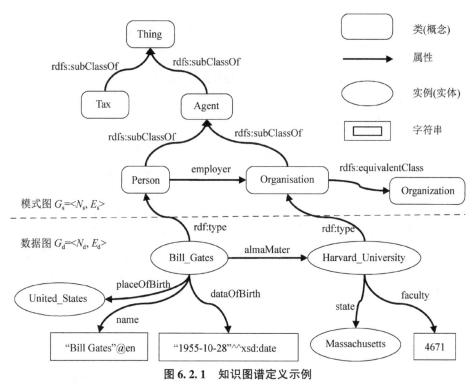

图 6.2.1 知识图谱定义示例

如图 6.2.2 所示，知识来源主要分为结构化知识、半结构化知识和非结构化知识。对于结构化知识，有大量的链接开放数据和存放在关系数据库中的领域知识。对于半结构化知识，维基百科、互动百科、百度百科等百科网站提供的信息框是一种半结构化知识。此外，不同领域下的垂直站点包含了大量的表格、列表数据，这也是半结构化知识。非结构化知识是指网络数据中大量的纯文本内容，其知识覆盖度最广，但抽取难度也最大。

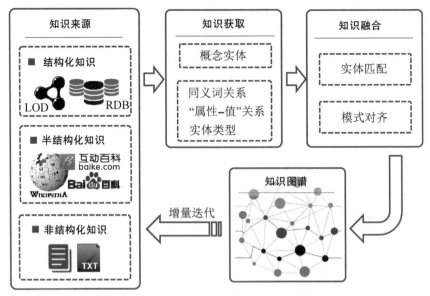

图 6.2.2 数据驱动的增量式知识图谱构建

在知识获取方面，知识获取阶段需要从知识源中获取实体、同义词关系、"属性–值"关系以构建数据图 G_d，同时需要获取实体类型以构建关系 R。由于知识来源众多且不同知识源之间存在数据重合，因此如何针对不同的知识源类型采用合适的抽取方法，并充分利用知识源之间的数据冗余性，是知识获取阶段的难点。

采用多策略学习的方法是知识获取的常用方法之一。多策略学习是指利用不同知识源之间的冗余信息，使用较易抽取的信息来辅助抽取那些不易抽取的信息。结构化知识和半结构化知识由于具有显式的结构和固定的格式，属于易抽取的信息，而无结构的文本知识属于较难抽取的信息。如图 6.2.3 所示，对于结构化知识中的关系数据库数据，可以通过 D2R（relational database to

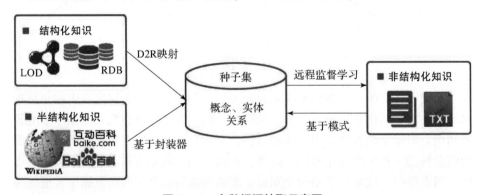

图 6.2.3 多数据源抽取示意图

RDF）映射的方法将其转化成知识图谱中的链接数据。对于百科数据中的信息框、表格等半结构化知识，使用基于封装器（wrapper）的抽取方法。封装器是面向某一具有特殊结构的数据源的信息抽取方法。对以上两类知识进行抽取，并将抽取结果加入种子集。

对于无结构的纯文本知识，更多的采用远程监督（distant supervision）和基于模式的方法相结合的增量迭代抽取方式。远程监督是一种基于假设"如果两个实体存在某种关系，那么任何包含这对实体的句子都很有可能表达相同的关系"，利用已知的实体关系对自动标注文本的方法。这里就可以利用种子集自动标注文本数据，然后根据标注结果自动生成高质量的模式。利用这些模式到文本中学习新的知识，并加入种子集。这一过程不断迭代，直至没有新的知识被学习出来。

知识获取阶段仅仅是从不同类型的知识源抽取构建知识图谱所需的实体、属性和关系，形成一个个孤立的抽取图谱。为了形成一个完整的知识图谱，需要将这些抽取结果集成到知识图谱中，以进行知识融合。在进行知识融合时，需要解决多种类型的数据冲突问题，包括一个短语对应多个实体、实体属性名不一致、实体属性缺失、实体属性值不一致、实体属性值一对多映射等情况。知识融合阶段主要对数据进行实体匹配和模式对齐。其中，实体匹配旨在发现具有不同标识但代表真实世界中同一对象的那些实体，并将这些实体合并为一个具有全局唯一标识的实体对象添加到知识图谱中。在进行实体匹配时可以用聚类的方法，其关键在于定义合适的相似度度量。这些相似度度量常参考实体的以下特征：

（1）字符相似：具有相同描述的实体可能代表同一实体。
（2）属性相似：具有相同属性–值关系的实体可能代表同一对象。
（3）结构相似：具有相同的相邻实体可能指向同一个对象。

模式对齐主要包括实体属性和属性值的整合。对于实体属性的整合，可以考虑的特征有属性的同义词、属性两端的实体类型，以及属性在抽取过程中对应的模式等。当融合来自不同知识源的数据出现数据冲突时，还可以考虑知识源的可靠性以及不同信息在各知识源中出现的频度等因素。

知识图谱在垂直行业有广泛应用，尤其是金融、医疗等专业领域，这些专业领域需要知识作为基础进行驱动。具体的下游任务包括以下两方面：

1）智能搜索

知识图谱的一大应用就是进行智能搜索，其中包括谷歌搜索、微软搜索等。这些大型的搜索引擎融入了维基百科等大型知识库，为长尾搜索提供了数据支撑。在国内的相关公司同样引入了知识图谱相关技术，其中"知立方"是国内搜索领域的第一个知识图谱类产品，其将互联网上的非结构化现实信息进行融合，通过知识图谱将用户关心的核心内容进行反馈；百度的"知心"

则致力于构建庞大的通用型知识网络，从而向用户提供更全面的知识。

2）深度问答

目前很多问答系统引入了知识图谱，其实问答本质上也可以看作一种信息检索系统：首先，将问题逐步分解为多个小问题；之后，通过知识图谱的检索，可以利用问题模板对知识推理得到问答的答案，并逐一抽取匹配的答案；最后，将多个答案合并，得到最终的问题答案。

6.3　知识表示及推理方法

知识表示学习是面向文本中实体和关系间的表示学习，通过机器学习的方法将高维度的、计算机无法很好处理的语义信息表示为稠密的低维实值向量，即利用关系抽取技术将文本转换为结构化的知识三元组，并且将三元组进行向量化表示，这样就可以在向量空间中得到各知识表示之间的相似程度。因此，知识表示学习也较多地应用于下游的信息检索等领域中，是人工智能发展的基础。通过知识表示方法可以更加高效地计算实体关系语义关联，对实体关系抽取得到的三元组知识进行成立判断，对于构建高质量数据库应用于知识图谱等任务具有重要意义。

具体来说，通过知识表示学习得到的三元组分布表示可以应用于以下任务：

（1）知识链接预测。对于知识图谱，其反映的是现实场景中存在的关注实体间的关联关系，事实上，面临的场景是多样的，同时是需要更新迭代的，这也就需要模型能够自动补充三元组知识到知识库中，支撑大规模知识图谱的构建。针对这种需求，知识表示学习就可以进行实体间关联的学习，从而形成新的实体关系三元组进行知识库的补充。这个过程称为知识图谱补全，又称为知识链接预测[1]。

（2）相似度计算。通过知识表示学习可以更好地进行实体间相似度的计算，这就意味着可以通过相似度得到实体间的联系，从而具备一定的推理能力，这常应用于信息检索等相关任务[2-3]。

目前知识表示方法可以分为距离模型、矩阵分解模型、翻译模型、神经网络模型几类，具体介绍如下。

1. 距离模型

在知识表示的发展初期，基于距离的结构化表示是最早的表示方法之一[4]。这类方法将三元组中的实体表示投影到同一个向量空间中，并且针对关系维度定义了两个矩阵，分别用于投影三元组中的头实体和尾实体。其损失函数表示为

$$f_r(h,t) = |M_{r,1}l_h - M_{r,2}l_t|_{L_1} \tag{6.3.1}$$

式中，$M_{r,1}, M_{r,2}$——对应于关系的转换矩阵；

l_h, l_t——头实体和尾实体的表示。

经过矩阵投影后，通过计算两个矩阵上的投影距离判断头实体和尾实体在特定关系下的语义相关性，用 $f_r(h,t)$ 表示，其距离越近，则表示实体关系三元组的成立概率越大。这类方法可以利用学习到的知识进行链接预测（即确定实体间的关系），能够使两个实体的距离最为接近的即可看作两个实体间的关系，其计算公式为

$$\arg_r\min |M_{r,1}l_h - M_{r,2}l_t|_{L_1} \tag{6.3.2}$$

然而，这类方法将头尾实体映射到不同的矩阵中，因此训练学习的协同性较差，无法精确地刻画三元组中实体和关系的语义联系。

2. 矩阵分解模型

在进行低维向量转化的方法中，除了向量映射，矩阵分解是另一重要的途径。这类方法的主要思路是将知识三元组表示为整体张量，如果实体关系成立则矩阵向量为 **1**，否则为 **0**[5-6]。对于每个整体张量，均可以将其分解，而模型训练的目的是希望将其分解为更趋近于头、尾实体与关系矩阵相乘的形式，如下所示：

$$X = l_h M_r l_t \tag{6.3.3}$$

通过以上方法，就可以将高维的三元组表示进行分解，从而得到实体和关系的相对应表示。

3. 翻译模型

翻译模型是知识表示学习中的常用方法之一。之所以称之为翻译模型，是因为这类模型是将三元组的某一个元素看作另两个元素在向量空间中的平移，又称翻译。最早提出的基于翻译模型的方法是 TransE[7]，该方法将关系看作头实体到尾实体的翻译，其计算表示公式如下：

$$\boldsymbol{h} + \boldsymbol{r} \approx \boldsymbol{t} \tag{6.3.4}$$

式中，h——头实体的表示向量；

t——尾实体的表示向量；

r——链接两者的关系表示。

头实体表示经过关系的平移后和实际的尾实体表示越接近，则表示该三元组的质量越高。具体的损失函数可以用向量之间的 L_2 距离进行表示，即

$$|\boldsymbol{h} + \boldsymbol{r} - \boldsymbol{l}|_{L_2} \tag{6.3.5}$$

通过以上计算方式，就可以进行知识表示并对三元组进行质量衡量。

TransE 开启了翻译模型的先河，以此为基础产生了基于翻译模型的一系列知识表示模型。针对 TransE 只在二维空间进行距离判断的问题，后续研究

人员提出了将其转换为三维空间及复数空间上进行表示[8]，从而学习到更加丰富的语义信息，除了扩充表示空间维度之外，针对原有模型共用一个关系映射空间导致无法体现头尾实体属性差异的问题，研究人员提出构建动态映射矩阵的TransD[2]方法，将头尾实体的映射空间加以区分，从而提高模型的学习效果。

4. 神经网络模型

随着深度学习的发展，神经网络模型已应用于图像处理、自然语言处理等多个领域。神经网络模型具备通过多层神经网络学习到深层语义信息的特点，因此同样被应用于知识表示学习领域。与之前的模型不同之处在于，基于神经网络的模型不只是学习向量关系间浅层次的信息，而是进行更深层次的学习，这类方法的主要思路是将三元组中的实体和关系用向量进行表示，通过神经网络的学习对元素特征进行提取融合并分类，最终对三元组进行打分。ConvE[3]是首次提出的利用神经网络进行学习的方法，该方法利用头实体信息和关系对三元组进行判断；在此基础上，ConvKB[9]利用三元组全局信息对其进行可靠性判断，其特征信息利用两层的CNN进行提取，该方法可以自动对知识表示特征进行学习，并且能够得到更深层的语义相关性，达到了较好的效果。

知识表示学习可以很好地学习到实体和关系的分布表示，该方法的引入具有以下优势：

（1）提高计算效率。在知识库中，原始的三元组表示是利用one-hot编码的方式进行拼接的，这就意味着表示数据是稀疏且高维的，这显然不利于后续的训练计算，而知识表示学习可以将三元组各元素信息进行分布表示，从而实现语义相似度等操作，提高计算的效率。

（2）缓解数据稀疏问题。将实体进行分布式表示可以将语义融合到特征向量中，对于大规模的知识图谱而言，降低了计算的数据空间，将实体利用稠密有值向量进行表示。除此之外，将多组实体映射到同一空间中，可以利用高频词汇的特征提高低频词汇的表示特征。

（3）实现多源信息融合。对于知识图谱领域，其信息同样是更加多元化的，这就需要对其进行多源信息的融合，而知识表示学习就可以对该类需求进行处理，利用相似度计算及投影操作，实现多源信息在同一向量空间的结合。

知识表示学习及推理对知识库的发展意义重大，是值得学习的研究方向。

知识推理是另一相关应用，是在已有的知识库基础上进行的隐藏知识挖掘方法，以此发现更多知识，进一步丰富知识库数据。知识推理可以分为两种类型：基于逻辑的推理、基于图的推理。

（1）基于逻辑的推理。基于逻辑的推理主要包括一阶谓词逻辑、描述逻辑及规则等。其中，一阶谓词逻辑是以命题为基础进行的，其中逻辑中的个体对应的是知识图谱中的实体，命题中的逻辑谓词对应的是关系。描述逻辑是将推理的问题转换为一致性检验的问题，其规则是根据定义的树状结构，按照设定的规则进行处理，即首先进行首条规则成立性的判断。

（2）基于图的推理。基于图的推理模式更加贴近于图结构，其主要利用链接路径的蕴含信息，通过多步链接预测实体间蕴含的关联关系，这种方法更贴近于人们在利用图结构数据时的思路。如何对关系路径建模并进行可靠性计算、路径组合，仍在进一步探索中。

6.4 基于知识的推荐算法

推荐算法根据用户与项目的交互行为数据，在候选项目中推荐满足用户兴趣偏好的内容。推荐算法的核心问题是：努力推荐符合用户偏好、个性化、匹配度高的产品。

推荐系统按照方法不同，主要可以分为四类：基于内容的推荐、基于协同过滤的推荐、基于知识的推荐、基于组合的推荐。

1. 基于内容的推荐

基于内容的推荐（content – based recommendation）是信息过滤技术的延续与发展，它基于项目的内容信息做出推荐，不需要依据用户对项目的评价意见，而是更多地需要用机器学习的方法从关于内容的特征描述的事例中得到用户的兴趣资料。在基于内容的推荐系统中，项目或对象是通过相关特征的属性来定义的，系统基于用户评价对象的特征，学习用户的兴趣，考察用户资料与待预测项目的匹配程度。用户的资料模型取决于所用的学习方法。基于内容的推荐系统评估的中心在物品本身，使用物品本身的相似度而不是用户的相似度来进行推荐。基于内容的推荐算法的优点：可以很好地对用户兴趣建模，并通过对物品属性维度的增加来获得更好的推荐精度。缺点包括：物品的属性有限，很难有效得到更多数据；物品相似度的衡量标准只考虑到了物品本身，有一定的片面性；需要用户的物品的历史数据，存在冷启动的问题。

2. 基于协同过滤的推荐

基于协同过滤的推荐（collaborative filtering recommendation）技术是推荐系统中应用最早、最成功的技术之一。它一般采用最近邻技术，利用用户的历史喜好信息计算用户之间的距离，然后利用目标用户的最近邻居用户对商品评价的加权评价值来预测目标用户对特定商品的喜好程度，从而根据这一喜好程度来对目标用户进行推荐。基于协同过滤的推荐算法的最大优点是对推荐对象没有特殊要求，能处理非结构化的复杂对象，如音乐、电影。基于协同过滤的推荐算法是基于这样的假设：为某用户找到其真正感兴趣的内容的好方法是首先找到与此用户有相似兴趣的其他用户，然后将他们感兴趣的内容推荐给此用户。基于协同过滤的推荐系统可以说是从用户的角度来进行相应推荐的，而且是自动的，即用户获得的推荐是系统从购买模式或浏览行为等隐式获得的，不需要用户努力地找到适合自己兴趣的推荐信息。基于协同过滤的推荐算法的优点包括：能够过滤难以进行机器自动内容分析的信息，如艺术品、音乐等；共享其他人的经验，避免了内容分析的不完全和不精确，并且能够基于一些复杂的、难以表述的概念；有推荐新信息的能力，可以发现内容上完全不相似的信息，用户对推荐信息的内容事先是预料不到的，基于协同过滤的推荐可以发现用户潜在的但自己尚未发现的兴趣偏好；能够有效地使用其他相似用户的反馈信息，减少用户的反馈量，加快个性化学习的速度。

3. 基于知识的推荐

基于知识的推荐（knowledge-based recommendation）在某种程度上可以看成一种推理技术，它不是建立在用户需要和偏好基础上推荐的。基于知识的推荐方法因它们所用的功能知识不同而有明显区别。效用知识是一种关于一个项目如何满足某一特定用户的知识，因此能解释需要和推荐的关系，所以用户资料可以是任何能支持推理的知识结构，它既可以是用户已经规范化的查询，也可以是一个更详细的用户需要的表示。

4. 基于组合的推荐

由于各种推荐方法都有优缺点，所以在实际应用中，组合推荐（hybrid recommendation）经常被采用。研究和应用最多的是基于内容推荐和基于协同过滤推荐的组合。最简单的做法就是分别用基于内容的方法和基于协同过滤推荐方法去产生一个推荐预测结果，然后用某方法组合其结果。尽管从理论上有很多种推荐组合方法，但在某一具体问题中并不都有效，组合推荐的一个最重要原则就是通过组合来避免或弥补各自推荐技术的弱点。在组合方式上，研究人员主要提出以下组合思路：

（1）加权（weight）：加权多种推荐技术结果。

（2）变换（switch）：根据问题背景和实际情况或要求决定变换采用不同的推荐技术。

（3）混合（mixed）：同时采用多种推荐技术给出多种推荐结果，为用户提供参考。

（4）特征组合（feature combination）：组合来自不同推荐数据源的特征被另一种推荐算法所采用。

（5）层叠（cascade）：先用一种推荐技术产生一种粗糙的推荐结果，第二种推荐技术在此推荐结果的基础上进一步做出更精确的推荐。

（6）特征扩充（feature augmentation）：将一种技术产生附加的特征信息嵌入另一种推荐技术的特征输入中。

（7）元级别（meta-ievel）：用一种推荐方法产生的模型作为另一种推荐方法的输入。

实体关系抽取能够解决知识图谱中的属性值填充、知识补全等问题，是自动构建和扩展更新知识图谱的关键步骤。知识图谱通过建立事物之间的关联链接，将零散的数据有机地组织起来，形成结构化的易于被人和计算机理解和处理的信息，为人工智能的实现提供基础。知识图谱在自然语言处理如推荐系统、智能问答等诸多领域取得了广泛且成功的应用。

知识图谱是包含了丰富的关联关系的三元组集合，可以为推荐系统提供用户、项目的特征信息，也可以通过推理来完善和挖掘有用的特征信息，在新闻、购物、电影、音乐等推荐场景有广阔的应用。在推荐系统引入知识图谱，可以解决经典推荐算法存在的稀疏问题和冷启动问题，从而得到良好的推荐效果。

推荐算法利用知识三元组的方式可以分为三种：

（1）知识嵌入（knowledge embedding，KE）：知识嵌入的思想是首先对知识进行预处理，将学习得到的实体向量应用于推荐算法，从而得到可能满足用户的项目。例如，TransE 中的"头实体＋关系＝尾实体"。

（2）知识推理（knowledge reasoning，KR）：知识推理是根据已知知识图谱中的连接，为推荐系统提供辅助信息。这种方式更加直观地利用知识图谱中的路径，需要比较完备的知识库。

（3）知识嵌入和知识推理相结合的方式（KE and KR）：将上述第一种和第二种方法相结合，在学习用户或项目嵌入向量的同时，也在知识图谱中挖掘连接路径用于推荐任务。

将知识图谱引入推荐系统有以下三方面好处：

（1）知识图谱中存在大量实体和实体间的语义关系，为学习用户和项目特征提供了丰富的信息，可以促进挖掘项目特征和用户兴趣，利于缓解交互数据稀疏的问题，能够提高推荐项目的准确性。

（2）知识图谱包含着广泛的关联关系，存在用户与用户之间的关系、用户与项目之间的关系，以及项目与项目之间的关系。这些关联关系对扩展用户兴趣非常有帮助，也能够增加项目的多样性，从而有助于提升用户喜好与推荐结果间的匹配程度。

（3）知识图谱为用户历史交互项目与候选项目之间建立了联系，增加了推荐过程的可解释性。

6.5 基于知识的问答方法

为了检测计算机是否具有智能，20世纪末提出了著名的图灵测试，引出了问答系统的概念。自动问答系统（question answering，QA）是能够对由自然语言组织成的问题进行理解并给出答案的计算机程序，泛指对于由人类的自然语言描述的问题，依据已有的资源对其进行理解并给出答案的智能体。自动问答系统被广泛应用于现实场景中，如搜索引擎、聊天机器人、私人语音助手、客服机器人等。

随着大规模知识图谱的成功构建，基于结构化知识图谱的问答（knowledge graph-based question answering，KG-QA）系统开始依靠结构化知识图谱（knowledge graph，KG）对问题进行深度语义解析而获得答案。知识图谱是对事实的一种结构化表示方法，由实体、关系和语义描述组成。知识图谱的数据结构以图形式存在，由实体（节点）和实体之间的关系（边）组成。本质上，它是一种表示实体间关系的语义网络，以诸如"实体-关系-实体"的三元组来表达，可以作为事实解释和推断的知识库，通常使用 RDF（resource description framework）模式来表达数据中的语义。知识图谱中的三元组数据能够为问答系统提供大量的事实数据，以及实体间的复杂关系，因此基于知识图谱的问答系统逐渐成为人们关注的重点。

知识库问答有两个主流的研究方向：一个是基于语义解析的方法，另一个是基于信息检索的方法[10]。基于语义解析的方法通常侧重于构造一个结构化表达，将用户的自然语言问句转换为逻辑表达式，利用表达式查询检索，以获取答案；基于信息检索的方法一般在知识库中搜索问句含有的信息，根据问题和候选答案的语义相似度，决定答案的排序和选取。

1. 基于语义解析的方法

基于知识图谱的自动问答研究的关键技术在于如何对问题进行准确的语义解析（semantic parsing）。自动问答程序对自然语言进行处理，旨在正确理解人类的自然语言，语义解析是基于知识图谱的自动问答研究的关键技术，关系到基于知识图谱自动问答技术的发展，也关系着 NLP 与 AI 领域的发展。随着 NLP 技术的不断发展，语义解析是基于知识图谱的自动问答系统的关键问题。

语义解析是将自然语言描述的文本转换成一种计算机可读且可执行的意义表示的过程。常见的意义表示有逻辑表达式和向量表示等，向量表示具有不可解释性，不同的逻辑表达式具有不同的意义表示语言。意义表示语言定义了逻辑表达式的语法。传统的语义解析器大都是基于有监督的机器学习方法来进行训练的，基于有监督的语义解析器一般需要基于专家标注的"自然语言句子-意义表示"对来进行训练。由于意义表示往往需要专家才能进行标注，因此相应的训练数据的获取代价较大。为此，一些基于弱监督的方法被提出用于训练语义解析器。基于弱监督的语义解析方法使得标注成本大大降低，这种方法仍然需要人工标注大量的问答对，可以进一步被优化。基于无监督学习的语义解析器往往基于聚类的方法将具有相同语义的自然语言描述聚集在一起形成一个语义类别。基于无监督方法所得到的逻辑表达式的语义单元就是由这些聚集出来的类别所构成的，通过聚类而得到的语义单元的准确性是不能够保证的，同时这些类别往往不能表示一个完整的语义。近年来，基于神经网络的语义解析方法利用神经语言模型直接生成序列化的逻辑表达式，这种方法可以端到端地直接进行问题到逻辑表达式的解析，而不需要特殊设计语义特征。

2. 基于信息检索的方法

基于信息检索的方法一般在知识图谱中检索问句所包含的关键实体及其语义关系，进而形成子图匹配任务，提升答案的选择和排序。基于信息检索的方法中又分为传统问答模型和深度问答模型，前者主要是通过采用流水线（Pipeline）框架，构造语义丰富的特征等方式完成自动问答，答案选择的准确度依赖于特征工程的好坏，有时甚至依赖外部知识；而后者主要是基于深度神经网络的端到端模型，不再过分依赖人工特征，效率和性能都较前者有了提升。基于信息检索的方法主要流程包括：

（1）实体检测：获取问题的关键词。

（2）目的获取：理解问题并获取问题的真正目的。

（3）关系预测：获取实体和目的后，需要在知识图谱中找到实体和目的之间的关系，从而将双方联系起来。

（4）构建查询：将找到的实体和目的之间的关系三元组与知识图谱中的链接进行匹配，找到问题的答案。

随着深度学习的发展（尤其是借助深度神经网络），基于知识的问答系统性能取得显著提高。基于知识的问答系统的关键问题为学习得到问题和答案的语义向量表示，并通过两者之间的相似度匹配答案的过程。在同一语义空间中，相似度分数最高的候选答案将被选为最终答案。

神经网络可用来获取问题和答案的语义，并将语义信息转换为向量表示，通过计算语义的相似度来选择答案。这种基于空间向量表示的深度学习方法通常归类于基于信息检索的方法中，此方法利用问题-答案对作为语料进行模型训练，使得空间向量可以描述问句与知识库的实体和关系，计算候选答案和问句之间在向量空间的距离，以此得到正确答案，可以达到更高的准确性。

6.6 基于知识的检索方法

信息检索（information retrieval）是指信息按一定的方式进行加工、整理、组织并存储，再根据信息用户特定的需要将相关信息准确地查找出来的过程，它是用户进行信息查询和获取的主要方式，是查找信息的方法和手段。

传统的检索技术基于关键词匹配进行检索，往往存在查不全、查不准、检索质量不高的现象，利用关键词匹配很难满足人们检索的要求。

基于知识的检索系统可以解决这种查不全、查不准、检索质量不高的问题。基于知识的检索系统利用分词词典、同义词典、同音词典改善检索效果，例如用户查询"计算机"，与"电脑"相关的信息也能检索出来；进一步，还可以在知识层面或者说概念层面上辅助查询，通过主题词典、上下位词典、相关同级词典，形成一个知识体系或概念网络，给予用户智能知识提示，最终帮助用户获得最佳的检索效果。基于知识的检索系统通过歧义知识描述库、全文索引、用户检索上下文分析及用户相关性反馈等技术结合处理，高效、准确地反馈给用户最需要的信息。

基于知识图谱的语义搜索与传统互联网中的文档检索不同，语义搜索能够处理粒度更细的结构化语义数据。面向文档的信息检索主要通过轻量级的语法模型表示用户的检索需求和资源等内容，即目前占主导地位的关键词模式——词袋模型，这种方法对主题搜索的效果很好，即给定一个主题检索相关的文档，但这种方法不能应对更加复杂的信息检索需求。相对来说，基于数据库和基于知识库的检索系统能够通过使用表达能力更强的模型来表示用户的需求，并且利用数据内在的结构和语义关联，允许更为复杂的查询，进而提供更加精确和具体的答案。

基于知识图谱的智能检索系统的总体框架主要分为四层：

（1）原始数据层：包含各种用户数据、日志数据和访问信息等，数据类别有结构化数据、半结构化数据和非结构化数据。

（2）知识存储层：包含关系三元组知识库数据存储和搜索数据存储。

（3）智能搜索层：包含搜索分析、搜索配置和搜索核心模型等。其中，搜索分析主要提供针对搜索内容、搜索结果的基础分析功能；搜索配置主要包括分词策略配置、同义词设置、黑白名单配置等基础搜索配置项；搜索核心模型包括NLP模型、基于知识图谱的意图识别模型等。

（4）人机接口层：提供用户搜索相关的接口，主要有相关搜索接口、智能提示接口和主搜索接口等。

6.7 基于知识的检测方法

检测系统一般是学习数量较多的类别，或者数量较少的类别，数据样例中存在不平衡的问题。引入了知识图谱的检测系统具备了推理能力，能够提高检测的准确性。知识图谱将检测器中类别之间的关系进行训练，能够提高检测算法的准确度。随着信息化的发展，行业知识得到重视，并产生了主要面向金融、法律、医疗、风控等领域的知识图谱。这些专业性较强的知识有利于提升行业应用的智能水平。在检测系统中引入行业知识图谱有很多应用场景，接下来以基于知识图谱的视频语义理解、基于知识图谱的反欺诈应用、基于知识图谱的视觉检测等场景举例说明。

1. 基于知识图谱的视频语义理解

知识图谱可以辅助视频语义理解，传统的基于感知的视频内容分析往往缺乏背景知识，难以做到对视频的深度语义理解。基于知识图谱的视频语义理解技术，可以充分利用知识图谱丰富且全面的事实来提升视频语义理解的效果。基于知识图谱的视频语义理解技术对视觉、语音、文本的多模态内容进行解析融合，利用知识子图关联技术建立与视频理解知识图谱的连接，通过背景知识以及基于多模态知识的计算与推理来实现对视频的深度语义理解。

2. 基于知识图谱的反欺诈应用

知识图谱通过内置丰富图算法（包括深度图算法、分布式图计算算法等），用于知识推理并应用于反欺诈场景。用户运用图计算功能定位欺诈人员所属社区，分析相关人/物、关系、事件和群体的异常指标，进行深度交互式分析、一键式固化和泛化，可有效降低图计算分析业务的应用难度，并提高欺诈识别的覆盖率与准确性。知识图谱可以支持所见即所得的交互式图谱查询与分析，而且支持基于自然语言的检索与推荐、智能问答、情感分析，还支持基于图算法的模式发现功能，上述功能可辅助用户从多维度理解大数据，并为达到业务目标提供决策支持。

3. 基于知识图谱的视觉检测

随着工业化和人工智能的进一步发展，大量的生产环节已经被人工智能的自动化系统所取代。然而，生产检测自动化的实现仍然是一个难点问题，生产过程中的检测过程是通过人工观察来判断产品是否存在缺陷。在定制产品行业整个生产过程中，产品种类较多、迭代速度较快，且在生产线上每个品种的数量数千、数万件，而上线生产周期较短，当前的技术是通过人工进行检测，这种方式难以提高生产效率和保证检测质量。应用基于知识图谱的工业视觉检测方法可以解决上述问题。基于知识图谱的工业视觉检测过程分为以下步骤：

第1步,对合格产品的各个方位进行拍摄,作为正样例。

第2步,建立方位和产品之间的关系,建立产品知识图谱。

第3步,将正样例存入计算机,并进行标注。

第4步,使用正样例和知识三元组训练检测器。

第5步,训练好的检测器即可用于自动检测。

这种基于知识图谱的检测方法方便快捷,可以提高检测效率,并且保证检测的准确性。

6.8 本章小结

本章分析了实体关系抽取的应用方法,包括知识融合方法、知识表示方法、知识补全方法、知识推理方法,并对实体关系抽取的应用领域做了简单介绍,包括基于知识的推荐算法、基于知识的问答方法、基于知识的检索方法、基于知识的检测方法等内容。具体研究了以下几方面:

(1) 推荐算法利用知识三元组的三种方式:知识嵌入、知识推理,以及两者结合的方式。

(2) 知识库问答有两个主流的研究方向:基于语义解析的方法、基于信息检索的方法。

(3) 基于知识图谱的智能检索系统的总体框架主要分为四层:原始数据层、知识存储层、智能搜索层和人机接口层。

(4) 基于知识图谱的检测系统有基于知识图谱的视频语义理解、基于知识图谱的反欺诈应用、基于知识图谱的视觉检测等应用场景。

6.9 本章参考文献

[1] 刘知远,孙茂松,林衍凯,等. 知识表示学习研究进展[J]. 计算机研究与发展,2016,53(2):1-16.

[2] JI G L, HE S Z, XU L H, et al. Knowledge graph embedding via dynamic mapping matrix[C/OL]//IJCNLP 2015. DOI:10.3115/v1/p15-1067.

[3] DETTMERS T, MINERVINI P, STENETORP P, et al. Convolutional 2D knowledge graph embeddings[J/OL]. DOI:10.48550/arXiv.1707.01476.

[4] BORDES A, WESTON J, COLLOBERT R, et al. Learning structured embeddings of knowledge bases[C/OL]//Proceedings of the 25th AAAI Conference on Artificial Intelligence,2011:301-306. DOI:10.5555/2900423.2900470.

[5] TAKANOBU R, ZHANG T Y, LIU J X, et al. A hierarchical framework for relation extraction with reinforcement learning[C/OL]//Proceedings of the

AAAI Conference on Artificial Intelligence,2019,33:7072-7079. DOI:10. 1609/aaai.v33i01.33017072.

[6] COLLOBERT R, WESTON J. A unified architecture for natural language processing:deep neural networks with multitask learning[C]//Proceedings of the 25th International Conference on Machine Learning,2008:160-167.

[7] BORDES A, USUNIER N, GARCIA-DURÁN A, et al. Translating embeddings for modeling multi-relational data[C]//Proceedings of the 26th International Conference on Neural Information Processing Systems,2013(2):2787-2795.

[8] WANG Z, ZHANG J W, FENG J L, et al. Knowledge graph embedding by translating on hyperplanes[C]//Proceedings of the 28th AAAI Conference on Artificial Intelligence,2014:1112-1119.

[9] NGUYEN D Q, NGUYEN T D, NGUYEN D Q,et al. A novel embedding model for knowledge base completion based on convolutional neural network[C/OL]// NAACL-HLT 2018. DOI:10.18653/v1/n18-2053.

[10]魏泽林,张帅,王建超.基于知识图谱问答系统的技术实现[J].软件工程, 2021,24(2):7.

第 7 章

总结与展望

7.1 本书总结

随着互联网技术的普及和从业人数的激增，网络上的信息呈爆炸式增长，而人工提取信息的速度难以与信息增长速度匹配，这种矛盾给信息抽取任务带来了极大的机遇与挑战。信息抽取技术的重要性在于，随着信息资源的不断积累，这些信息已经成为当今社会的一项重要的战略资源。在经济、政治、军事、科学研究等多个领域，信息抽取技术都有着极大的应用空间。它不仅能够帮助我们更有效地管理和利用信息资源，还能为各个领域提供关键的支持和洞察力。

本书关注于信息抽取中最重要的实体识别和关系抽取任务，介绍了其研究背景和研究意义，以及与之相关的基础模型、理论和算法。本书着重研究了嵌套实体识别、多关系抽取、关系模式识别与抽取、单模块同步实体关系联合抽取。

1. 嵌套实体识别

本书提出了一种通过标注超图上超边的嵌套实体识别方法，并构建实现这种方法的超图网络模型（HGN）。这种方法能够捕捉实体的全局特征，且能避免多标签问题。本书提出并证明了一个转换定理，根据该定理，一个实体超图可以被转化成一个唯一的具有规则边的超图。这使得所有的超边易于在程序中被枚举和表示。HGN 模型可以学习超图的节点表示和超边表示，是一个能够处理普通、交叉和嵌套实体识别的通用模型。这个模型提高了实体识别查准率，解决了关系抽取的性能受到嵌套命名实体识别影响的问题。

2. 多关系抽取

针对关系之间的相关性和互斥性，本书提出了基于力引导图的远程监督关系抽取模型。该模型用引力刻画关系之间的相关性，用斥力刻画关系之间的互斥性。通过训练，关系节点的空间位置与它们之间的关联密切相关。本书还研究了多关系抽取技术，提出一个基于图推理的多关系抽取模型。该模型构建一个语料子图，用于从易于获取的无标签语料中挖掘语言知识；构建以实体块为节点、以泛化关系为边的句子子图，根据已知信息推断出未知实体和关系类型；应用 Chunk Graph LSTM 对句子子图建模，在学习自然语言序列结构表示的同时学习实体块图结构的表示。Chunk Graph LSTM 以块为图节点，克服了以单词为节点计算复杂度过高的缺点，有效地解决了多关系抽取的问题。

3. 关系模式识别与抽取

针对句子中的关系模式识别问题，本书提出一种基于无监督句法结构分析的关系模式识别方法，该方法在无模式信息标注的前提下，通过分析句子中的任意两个连续单词能够组成关系模式的概率，构建关系模式分布矩阵，为后续关系抽取模型提供重要先验；研究了一个用于实体和关系联合抽取的多粒度语义表示 MGSR 模型。该模型使用一种新的基于分割集的关系抽取方法，将包含多个实体对的句子表示为一个分割集，将分割集中的每个分割元素当作待分类的样例，这样就将多关系抽取任务转化为简单的句子分类任务。MGSR 模型应用词间、块内、块间三个自注意层分别学习单词级、短语级和句子级语义表示，从单词级语义抽象短语级语义，再从短语级语义抽象句子级语义，而不是从单词级语义直接抽象句子级语义。这种方法解决了语义鸿沟问题，实现了更精确语义的捕捉，提高了关系抽取的性能。

4. 单模块同步实体关系联合抽取

针对当前实体关系联合抽取模型"宏观联合，微观异步"的特点及其造成的错误传播问题，本书研究了单模块同步实体关系联合抽取。首先，深入分析错误传播问题的成因，提出了"枚举 – 分类"的单模块同步处理方法。在此基础上，为了解决候选样本过多导致的训练困难和推理效率低等问题，本书提出基于关系推理的单模块同步实体关系联合抽取模型 TransRel。之后，为了解决 TransRel 未直接建模实体对关联的问题，提出基于二部图链接的单模块同步实体关系联合抽取模型 BipartRel。最后，为了解决前两个模型在候选实体枚举过程中产生低质量冗余负样本的问题，提出基于细粒度分类的单模块同步实体关系联合抽取模型 FineRel，达到了当前最优的抽取性能。

除此之外，本书还介绍了实体关系联合抽取的应用，包括知识图谱构建、知识表示与推理、基于知识的推荐算法、基于知识的问答方法、基于知识的检索方法和基于知识的检测方法等内容。

7.2　未来研究展望

在本书的最后，对实体识别、关系抽取、实体关系联合抽取等领域的研究趋势进行展望。

7.2.1　实体识别技术展望

1. 无监督实体识别

当前的命名实体识别模型严重依赖于大规模高质量标注数据，是一个典型的监督学习任务，导致其不适合处理复杂任务，对不同领域、业务、场景需求的泛化能力较差。与之相反，无监督实体识别就是在未标注的大规模训练数据上完成实体识别模型的构建，可以解决有监督方法所面临的瓶颈，显著提升模型的鲁棒性和泛化能力。

2. 超长实体识别

实体识别模型的解码方式主要包括基于分类网络的解码、基于条件随机场的解码、基于循环神经网络的解码和基于指针网络的解码。其中，基于分类网络的解码无法学习到实体标签之间的内部关联，整体性能较弱；其他三种解码方式在面临超长实体时，会存在推理路径过长、信息衰减等问题。例如，在句子"故宫博物院珍藏的清代乾隆年间宫廷御用瓷器——珐琅彩缠枝莲纹双耳瓶，以其精湛的工艺和独特的艺术风格，成为中国陶瓷艺术的代表之作。"中存在超长实体"清代乾隆年间宫廷御用瓷器——珐琅彩缠枝莲纹双耳瓶"。随着实体识别的应用领域越发广泛，需要识别的实体类型越来越灵活，已经不限于常见的人名、地名、机构名、时间、金钱等，甚至开始包含各种抽象概念和专有名词。因此，针对超长实体的识别是领域内一个亟待解决的问题。

7.2.2　关系抽取技术展望

1. 多元关系抽取

当前的关系抽取模型主要集中在两个实体之间的二元关系抽取，但是并非所有关系都是二元的，如有些动态演化的关系就需要考虑时间等第三元信息。因此，需要进一步实现多元要素之间的关系抽取。

2. 远程监督方法进一步改进

当前的远程监督假设：如果知识图谱中存在某个三元组 (h,r,t)，那么所有包含实体对 (h,t) 的句子都表达了关系 r。然而，这一假设是存在问题的，导致远程监督方法构建的关系抽取数据集中包含大量的噪声数据。现有的远程监督关系抽取方法主要在句包层面研究多实例多标签预测，关注点聚焦于噪声语句的处理和句包特征的学习。然而，该研究终究"治标不治本"。未来的远程监督关系抽取技术可能从以下两方面进一步改进：

（1）改进远程监督假设，构建句子和关系标签之间的一一对应关系，极大地减少错误标注的概率。

（2）进一步提升噪声处理水平，将错误标注的噪声数据纠正为正确标签的有用训练数据。

7.2.3 实体关系联合抽取技术展望

1. 融合上下文信息的实体关系联合抽取

为了提升模型计算效率，当前的实体关系联合抽取方法大多采用针对单词的序列标注方式来判断实体范围及实体角色。然而，序列标注方法每次只关注输入信息的局部特征而忽略了上下文信息，其实体角色识别能力还有较大提升空间。本团队将进一步研究如何通过更加有效的模型架构、更加高效的抽取逻辑实现实体关系联合抽取过程中对上下文信息的获取和利用。

2. 噪声数据鲁棒的实体关系联合抽取

本书所研究的监督实体关系联合抽取任务依赖于大规模、高质量的标注数据。在面对 NYT 等包含大量噪声的数据时，模型准确率、训练效率等都会受到影响。然而，正如本书所述，缺乏高质量标注数据是实体关系抽取领域的常态。在后续研究中，将实体关系联合抽取与基于强化学习去噪、基于注意力机制噪声语句权重削减、基于深度聚类方法的噪声语句转化等方式相结合，实现噪声数据鲁棒的实体关系联合抽取技术，同样是本领域一个亟待解决的问题。

3. 无监督实体关系联合抽取

虽然实体关系联合抽取方法已经取得巨大的成就，在某些数据集上已经达到可实际应用的水平，但当前的方法皆严重依赖于大规模、高质量标注数据。因此，在生产生活中构建一个实体关系联合抽取系统需要消耗大量人工成本，且该系统的迁移能力、泛化能力都存在缺陷。解决这一问题的直接思路就是研究无监督实体关系联合抽取技术，即在没有任何标注数据的前提下，从非结构化文本中抽取人们所关注的关系三元组。换言之，给定关系类型，无监督实体关系联合抽取模型需要从原始文本中抽取出所有满足特定类型的（头实体，关系，尾实体）三元组。该任务富有挑战且意义重大。

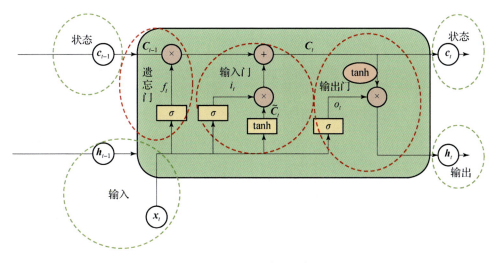

图 2.5.2 LSTM 单元示意图

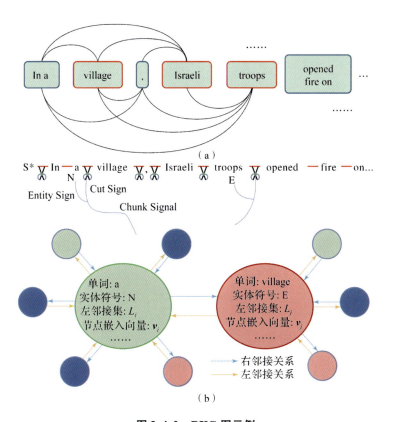

图 3.4.2 RKG 图示例

(a) 句子子图；(b) 语料子图

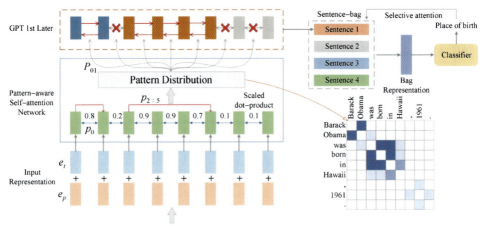

图 3.5.1　PSAN–RE 模型结构图

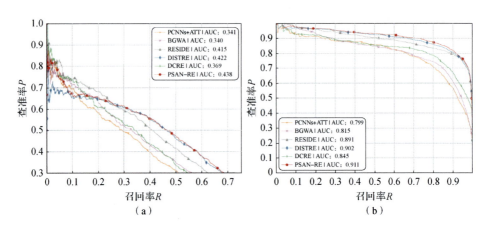

图 3.5.2　不同模型在两个数据集上的 PR 曲线
（a）PR 曲线（NYT）；（b）PR 曲线（GIDS）

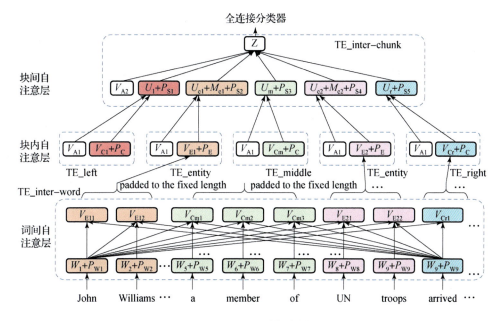

图 3.6.2 MGSR 模型结构图

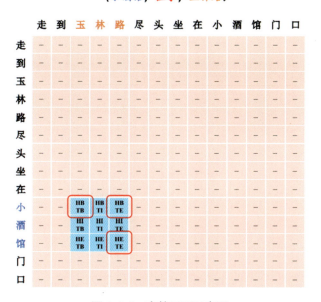

图 4.4.1 字符匹配示意图

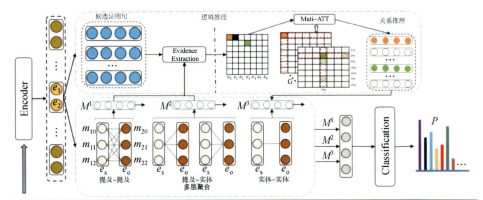

图 5.2.3　HALR 模型框架

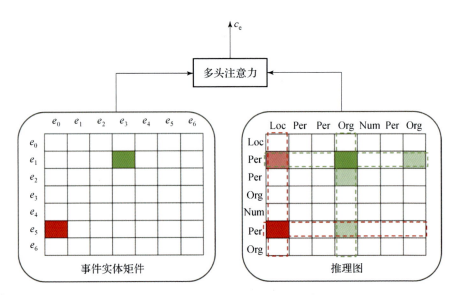

图 5.2.4　基于实体和实体类型的关系推理图